机工IT

李金 著

自学 Python

编程基础、科学计算及数据分析

第2版

SELF-TAUGHT PYTHON

PROGRAMMING BASIS、SCIENTIFIC CALCULATION AND DATA ANALYSIS

本书是面向 Python 学习者和使用者的一本实用学习笔记，在前一版的基础之上进行了全面修订。全书共 11 章，第 1 章介绍 Python 的基础知识，包括 Anaconda、IPython 解释器、Jupyter Notebook 等 Python 基本工具的使用；第 2 章介绍 Python 的基本用法，包括基础语法、数据类型、判断与循环、函数与模块、异常与警告、文件读写、内置函数；第 3 章介绍 Python 的进阶用法，包括函数进阶、迭代器与生成器、装饰器、上下文管理器与 with 语句、变量作用域；第 4 章介绍 Python 面向对象编程，包括对象的方法与属性、继承与复用；第 5 章介绍常见的 Python 标准库；第 6 章介绍 Python 科学计算基础模块 NumPy，包括 NumPy 数组的操作、广播机制、索引和读写；第 7 章介绍 Python 数据可视化模块 Matplotlib，包括基于函数和对象的可视化操作；第 8 章介绍 Python 科学计算进阶模块 SciPy，包括概率、线性代数等模块；第 9 章介绍 Python 数据分析基础模块 Pandas，包括 Series 和 DataFrame 的使用；第 10 章介绍一个用 Python 分析中文小说文本的案例；第 11 章介绍一个用 Python 对手写数字进行机器学习处理的案例。

本书适合刚接触 Python 的初学者以及希望使用 Python 处理和分析数据的读者阅读，也可作为学习和使用 Python 的工具书或参考资料使用。

本书配备有全套案例数据集、源代码，可通过扫描关注机械工业出版社计算机分社官方微信订阅号——IT 有得聊，回复 71413 即可获取。

图书在版编目（CIP）数据

自学 Python：编程基础、科学计算及数据分析 / 李金著. —2 版. —北京：机械工业出版社，2022.9

ISBN 978-7-111-71413-2

Ⅰ. ①自…　Ⅱ. ①李…　Ⅲ. ①软件工具-程序设计　Ⅳ. ①TP311.561

中国版本图书馆 CIP 数据核字（2022）第 149882 号

机械工业出版社（北京市百万庄大街 22 号　邮政编码　100037）

策划编辑：王　斌　　责任编辑：王　斌　解　芳

责任校对：张艳霞　　责任印制：刘　媛

涿州市京南印刷厂印刷

2022 年 9 月第 2 版 • 第 1 次印刷

184mm×240mm • 18 印张 • 441 千字

标准书号：ISBN 978-7-111-71413-2

定价：89.90 元

电话服务

客服电话：010-88361066

010-88379833

010-68326294

网络服务

机　工　官　网：www.cmpbook.com

机　工　官　博：weibo.com/cmp1952

金　　书　　网：www.golden-book.com

机工教育服务网：www.cmpedu.com

封底无防伪标均为盗版

前言

“人生苦短，我用 Python。”

Python 是一门越来越流行的编程语言，它免费、易学，而且功能强大，在网络编程、图像用户界面编程、科学计算、数据挖掘、机器学习、人工智能等方面都有着广泛的应用。

我在一年多的时间里，通过自学，从一个 Python“小白”成长为一个 Python“老手”，在这个过程中，用笔记的形式记录了自己学习和使用 Python 的经验。根据这段经历，于 2019 年出版了本书的第 1 版（基于 Python 2.7 版本）。

经过数年的时间，这个学习笔记依然有着不小的阅读量：在知乎的高分问答“如何系统地自学 Python？”阅读量达到千万量级（https://www.zhihu.com/question/29138020/answer/81972368），GitHub 上的学习笔记的 Star 达 6300 以上，Fork 达 2900 以上（https://github.com/lijin-THU/notes-python）。

由于对 Python 的学习、应用需求与日俱增，并且 Python 3 已成为主流，所以我对第 1 版的内容进行了大量的修改，升级改版为基于 Python 3 的自学笔记，相信会对开始学习并使用 Python 的朋友有所帮助。

本书的集成开发环境是 Anaconda，它是一个功能强大的 Python 计算环境。本书利用 IPython 解释器、Jupyter Notebook 等工具开展 Python 编程的实践。

本书首先介绍了 Python 工具的使用、Python 基础和进阶用法、面向对象编程，为读者打下良好的基础：优秀的工具能帮助读者更有效地学习和使用 Python；基础和进阶用法能让读者对 Python 的用法有一些基本的认知；面向对象编程可以让读者了解一些基础的设计模式。

接下来，本书介绍了一些关键的 Python 模块，这些模块包括 Python 标准库中的自带模块，以及 NumPy、Matplotlib、SciPy、Pandas 等最常用的模块。这些模块提供了强大的功能：标准库模块提供了处理编程常见问题的工具，NumPy 模块提供了科学计算的基础类型——数组，Matplotlib 模块可以对数据进行可视化，SciPy 模块可以进行概率、线性代数等的操作，而 Pandas 模块则提供了数据分析的基本功能。

最后，本书详细讲解了两个用 Python 进行数据分析与机器学习编程的实例，通过这两个例子，读者可以了解数据分析和机器学习的一些基本流程。

本书基于学习笔记而来，内容更贴近实际，例子也简单易懂。除了介绍 Python 的用法，本书还加入了很多原理上的解释，并辅以实例进行说明。因此，与其他 Python 书籍相比，本书不仅具有知其然的功能，还具有知其所以然的特点，从而能更好地帮助 Python 初学者进行自学。

本书使用 Python 3 版本。考虑到书中涉及模块的功能可能会随版本更新而改变，因此，本书主要介绍各个模块的核心功能，对于一些细节用法不做过多介绍。

特别地，结合我学习工作以来遇到的实际情况，虽然 Python 2 已经不再被维护，但一些企业和项目由于历史原因仍然保留了许多用 Python 2 编写的代码。为了方便广大读者在实际工作学习中阅读和运维基于 Python 2 的代码，本书将 Python 2 与 Python 3 的一些核心区别标注出来，以便读者掌握。

本书配备有全套案例数据集、源代码，可通过扫描关注机械工业出版社计算机分社官方微信公众号——IT 有得聊，回复 XXXXX 即可获取。

致谢

本书基于很多资料和知识整理汇集而成，因此，我不可能完全统计出所有对本书的内容做出贡献的人士。在这里，我向所有贡献者们致以最诚挚的谢意。

我要感谢我的家人，他们默默的支持，是我最坚实的后盾。

我要感谢我的导师张长水教授，他严谨的教导，是我终身受益的财富。

我要感谢我的朋友蒋楠、胡捷、王磊和潘伟燊，没有他们的真诚鼓励，我也不会坚持记完我的笔记。

我还要感谢机工社的编辑王斌（IT 大公鸡），有了他的鼎力相助，才有了这本书的成型与出版。

机缘巧合促成了这本书的诞生，这也必将成为我一生中最宝贵的经历。非常希望本书能够对正踏上 Python 学习之路的朋友有所帮助！

李金

2022.3.27

目录

第1章 初识 Python

Python 是一种非常流行的编程语言，广受大家的喜爱。本章将向读者介绍 Python 的基础知识，并演示如何安装 Python 3 编程环境，并对一些 Python 工具的基本使用方法进行介绍。

本章要点：

- 了解关于 Python 的基础知识。
- 学习安装 Python 3 编程环境。
- 学习一些 Python 工具的使用。

1.1 人生苦短，我用 Python

Python 是一种非常简单实用的编程语言，在工业界与学术界得到广泛应用。

1.1.1 Python 简介

一些关于 Python 的小知识：

- Python 的作者是荷兰人吉多·范罗苏姆（Guido van Rossum）。
- 第一版 Python 的诞生时间是 1989 年圣诞节假期。
- Python 是一种蟒蛇的名字，所以 Python 的标志上有蛇的样式。
- Python 名字的由来，据说是因为作者本人当时是 BBC 电视剧《蒙提·派森的飞行马戏团》（Monty Python's Flying Circus）的粉丝。
- Python 的设计哲学是优雅、明确、简单。
- Python 3 于 2008 年 12 月 3 日发布，不完全兼容 Python 2。2020 年 1 月 1 日起，Python 不再提供对 Python 2 版本的官方支持。

Python 是编程界的“全能战士”，拥有丰富的开源第三方模块支持，被广泛应用于网络编程、图形用户界面编程、科学计算、机器学习、数据挖掘等方面。从效率上看，纯 Python 代码的运行速度不如传统的 C/C++、Java 等语言，但 Python 的学习和使用要更为方便。一个需要花 1h 写 100 行的 C/C++程序，用 Python 实现可能只需要花 5min 写 10 行。因此，在很多情况下，使用 Python 在开发速度上的收益要远大于运行速度上的损失。很多 Python 的第三方科学计算模块（如 NumPy 等）使用运行速度更快的 C/C++/Fortran 语言作为底层实现，而将 Python 作为上层接口调用。这种做法既能享受 Python 的开发速度，又能保证程序的运行速度。Python 官方网址为 https://www.python.org/。

1.1.2 版本的选择

目前被广泛使用的 Python 版本是 Python 2 和 Python 3。两个版本的 Python 不完全兼容，在使用上存在一定的差异。自 2020 年 1 月 1 日起，Python 官方停止了对 Python 2 的支持，继续使用 Python 2 会因为不再支持相关模块，影响系统安全和使用体验。虽然两个版本的 Python 在使用方法上存在一定的差异，但两者的基本用法是相通的，学会了其中一种，不难在短时间内上手另一种。

不少企业因代码或实际项目升级 Python 版本的成本很高，所以保留了许多的 Python 2 程序。因此，对于一些 Python 2 和 Python 3 使用上的核心差别，本书会进行一些针对性的介绍，方便读者阅读一些基于 Python 2 编写的代码或是对已有的 Python 2 代码进行升级改造。在之后的章节中，如无特殊说明，Python 一词可认为 Python 2 与 Python 3 共享，即两者都适用；而对于两个版本在使用上的差异，本书会以 Python 2 或 Python 3 进行明确说明。

1.2 安装 Python 环境

为了运行 Python，首先需要在计算机安装 Python 开发环境。

1.2.1 集成开发环境：Anaconda

使用 Python 进行编程，通常需要搭建一个 Python 的集成开发环境。集成开发环境（Integrated Development Environment，IDE）是一种辅助进行程序开发的应用，通常包括代码编辑器、编译器、调试器和用户图形界面等。

对于初学者而言，本书推荐 Anaconda 作为首选的 Python 集成开发环境。Anaconda 是一个优秀的 Python 科学计算环境，它不仅包含 Python，还包含 100 多个常用的 Python 科学计算模块，如 NumPy、SciPy、Pandas 等。Anaconda 可以在 Windows、Mac、Linux 上运行，其安装方法十分简单，只需要根据操作系统选择对应的版本即可，其下载地址为https://www.anaconda.com/products/individual#Downloads。

根据操作系统的不同，可以选择 Python 3 对应的最新安装包进行下载和安装。安装完成后，后续 Anaconda 的更新升级不需要重新下载安装包，可以通过命令行界面使用以下两个 conda 命令完成更新。

```
$ conda update conda
$ conda update anaconda
```

命令行界面（Command Line Interface）是一种用文本与操作系统交互的方式，在不同系统下打开的方式也不同。

- Windows 操作系统：单击开始菜单，选择 Anaconda PowerShell Prompt(Anaconda3) 或 Anaconda Prompt(Anaconda3)。
- Linux、Mac 操作系统：从终端或 Terminal 来进入命令行界面。

Windows 操作系统下，命令行界面如图 1-1 所示。

在本书中，所有命令行界面的输入都以“$”符号开头，并且省略最后的〈Enter〉键。

对于想要使用 Python 开发项目的读者，本书推荐使用 JetBrains 公司开发的 PyCharm 编辑器进行管理和开发，支持 Windows、Mac、Linux 操作系统，并提供免费的社区版下载。读者可根据需要自行下载，其下载地址为https://www.jetbrains.com/zh-cn/pycharm/download。

图 1-1　命令行界面（Windows 系统）

1.2.2　第一行 Python 代码

安装好 Anaconda 后，可以通过命令行界面接入 Python 解释器：

```
$ python
```

解释器（Interpreter）是编程语言的一种模式，它能够将高级编程语言逐行解释并运行。Windows 系统下，Python 解释器的初始界面如图 1-2 所示。

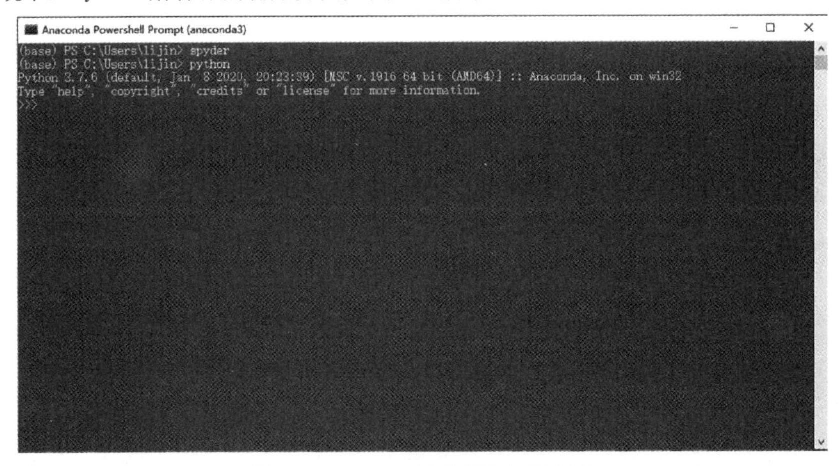

图 1-2　Python 解释器的初始界面

显示内容如下。

```
Python 3.7.6 (default, Jan  8 2020, 20:23:39) [MSC v.1916 64 bit (AMD64)] :: Anaconda, Inc. on win32
Type "help", "copyright", "credits" or "license" for more information.
>>>
```

其中，“>>>”是提示符，作用是提示在此处可以输入一些内容。编程界的第一行代码，自然是著名的 Hello World，即显示一行“Hello World!”的输出。在提示符后，输入“print("Hello World!")”：

```
>>> print("Hello World!")
```

按〈Enter〉键，会显示：

```
Hello World!
>>>
```

Python 解释器打印了字符串“Hello World!”，并在下一行显示了一个新的“>>>”提示符，以便接着输入新的内容。在本书中，“打印”一词特指在计算机屏幕上输出文本，并非通过打印机打印出来。print()是 Python 3 中用来打印变量的函数，是最常用的函数之一。

Python 解释器只能运行满足 Python 语法的内容，对于非 Python 代码会显示错误信息。例如：

```
>>> This is a python program
  File "<stdin>", line 1
    This is a python program
SyntaxError: invalid syntax
>>>
```

Python 解释器不能理解输入的内容，所以提示了一个错误信息。在提示完错误信息后，解释器会给出一个新的“>>>”提示符，以便继续输入内容。

1.3 使用 Python 工具

本节将介绍 Python 的一些基础工具的使用方法。

1.3.1 IPython 解释器

本书不推荐读者使用 Python 自带的解释器，推荐使用另一个功能更强大的解释器——IPython 解释器。Anaconda 中已经包含了 IPython 解释器，可以从命令行界面进入：

```
$ ipython
```

其初始界面如图 1-3 所示。

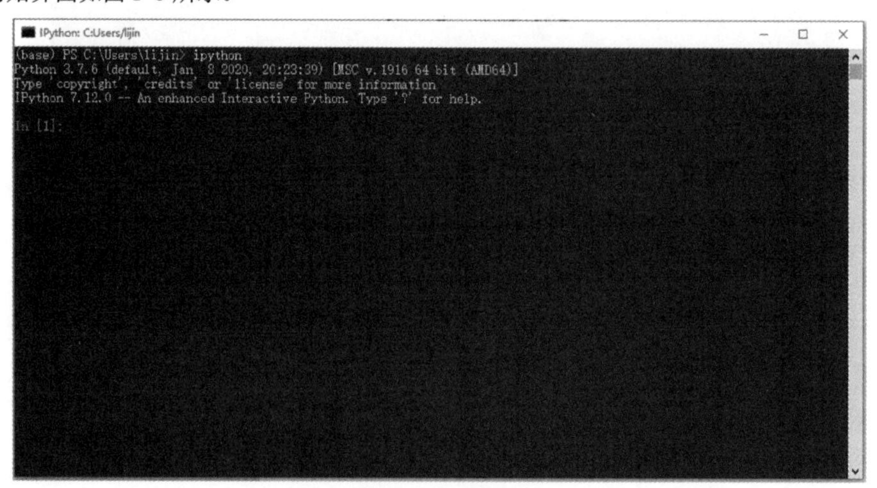

图 1-3　IPython 解释器的初始界面

相对于 Python 解释器，IPython 解释器在功能上要更加强大，使用也更加方便。Python 解释器中可以执行的命令，在 IPython 解释器中都可以执行。因此，本书使用 IPython 解释器代替 Python 解释器进行演示。

在 IPython 解释器执行第一行 Python 代码：

```
In [1]: print("Hello World!")
```

与 Python 解释器不同，IPython 解释器用“In []:”来提示输入新的内容。按〈Enter〉键之后，可以得到与 Python 解释器类似的结果：

```
Hello World!
In [2]:
```

其中，“In []:”中的数字会随着输入按顺序增加。

使用 IPython 解释器进行简单的赋值操作：

```
In [2]: a = 1
```

在解释器中输入刚才赋值的变量名，会有一个“Out []”的标识来显示变量的值：

```
In [3]: a
Out[3]: 1
```

除了通常的 Python 代码，IPython 解释器中还可以使用一些有特殊功能的魔术命令。魔术命令（Magic Command）是 IPython 中提供的一些以百分号“%”开头的特殊命令，这些命令有一些特殊的功能。例如，%whos 命令可以查看当前的变量空间：

```
In [4]: %whos
Variable   Type    Data/Info
-----------------------------
a          int     1
```

%pwd 命令可以查看当前工作目录：

```
In [5]: %pwd
Out[5]: 'C:\\Users\\lijin'
```

魔术命令只能在 IPython 解释器中运行，Python 解释器并不支持。所有可用的魔术命令可以使用魔术命令%lsmagic 查询，比较常用的魔术命令还有如下几种。

- %run：执行一个 Python 脚本。
- %timeit：查看单行代码的运行效率。
- %cd：改变当前工作目录。
- %ls：显示当前目录下的文件。
- %%timeit：查看多行代码的运行效率。
- %%writefile：将多行内容写入一个文件中。

除了魔术命令之外，IPython 解释器还有很多其他的特性。例如，在函数或变量后使用问号“?”可以查看帮助：

```
In [6]: sum?
Signature: sum(iterable, start=0, /)
```

```
Docstring:
Return the sum of a 'start' value (default: 0) plus an iterable of numbers
When the iterable is empty, return the start value.
This function is intended specifically for use with numeric values and may
reject non-numeric types.
Type:      builtin_function_or_method
```

以感叹号“!”开头，可以像命令行一样执行系统命令：

```
In [7]: !ping www.python.org
正在 Ping dualstack.python.map.fastly.net [151.101.228.223] 具有 32 字节的数据:
来自 151.101.228.223 的回复: 字节=32 时间=99ms TTL=52
来自 151.101.228.223 的回复: 字节=32 时间=72ms TTL=52
来自 151.101.228.223 的回复: 字节=32 时间=93ms TTL=52
请求超时。
151.101.228.223 的 Ping 统计信息:
数据包: 已发送 = 4，已接收 = 3，丢失 = 1 (25% 丢失)，
往返行程的估计时间(以毫秒为单位):
    最短 = 72ms，最长 = 99ms，平均 = 88ms
```

当输入出现错误时，IPython 解释器也会给出错误的位置和原因：

```
In [8]: 1 + "hello"
---------------------------------------------------------------------------
TypeError                                 Traceback (most recent call last)
<ipython-input-8-92709354cfb6> in <module>
----> 1 1 + "hello"
TypeError: unsupported operand type(s) for +: 'int' and 'str'
```

1.3.2 代码的运行模式：解释器模式与脚本模式

Python 代码有两种运行模式，分别是解释器模式和脚本模式。

1．解释器模式

本书的第一行 Python 代码就是使用解释器模式运行的。由于 IPython 解释器具备 Python 解释器的完整功能，本书只对 IPython 解释器的使用进行介绍。

一个典型的解释器模式代码如下：

```
In [1]: print("Hello World!")       # 注释，不会被执行
Hello World!
In [2]: a = 2                       # 赋值语句
In [3]: a                           # 查看变量
Out[3]: 2
In [4]: for idx in range(3):        # 多行代码第一行
   ...:     print(idx)              # 多行代码第二行
   ...:
0
1
2
```

各个部分的含义如下。

- 以“#”开头到行末的部分是注释，注释起到说明代码的作用，不会被 Python 执行，注释不是必需的，可以省略。
- “In []:”表示是输入代码的指示符，里面的数字会一直增加。
- 输入多行代码时，IPython 会自动显示“...:”，表示包含多行代码的输入块。
- “Out[]:”表示上一个输入“In []:”块中最后一行的值，如果最后一行的值为 None，则不显示。
- print()函数打印到屏幕的结果显示在“In []:”块的下方，“Out[]:”块的上方。

2．脚本模式

与解释器模式对应，Python 的另一种执行模式叫作脚本模式。脚本模式需要将 Python 代码写入一个文本文件运行。将上文解释器模式中使用的代码写入一个文本文件，命名为“test.py”，其内容为：

```
print("Hello World!")                    # 一些注释，不会被执行
a = 2
a
for idx in range(3):
    print(idx)
```

在文件所在的文件夹打开命令行界面，输入：

```
$ python test.py
```

便可以得到脚本模式下 Python 代码执行的结果：

```
Hello World!
0
1
2
```

Windows 系统下，可以在文件所在文件夹下，通过按〈Shift〉键和单击鼠标右键，选择在此处打开 PowerShell（或 Shell）窗口，打开这个文件夹对应的命令行界面；Windows、Mac、Linux 系统下，也可以通过命令行的“cd”命令，将当前工作目录移动到这个文件所在的目录。例如，移动到 Windows 系统中的桌面目录：

```
$ cd C:\Users\lijin\Desktop
```

或者移动到 Mac 系统中的桌面目录：

```
$ cd /Users/lijin/Desktop
```

3．解释器模式与脚本模式的差别

读者可能已经注意到在两种运行模式下的一些差别。本书简单地将差别总结为以下两点：第一，屏幕打印的内容差别，解释器模式可以通过“Out:”的部分，输出代码最后一行的变量值；而脚本模式中，只有 print()函数打印的内容才会被显示到屏幕上，非 print()函数的结果并不会被输出。第二，错误处理的差别，在解释器模式下，当输入代码有误时，解释器会给出错误原因，并前进到下一个输入，可以继续写入代码；而在脚本模式下，如果输入的代码包含错误，在错误之后的所有代码都不会被 Python 执行。

一般来说，解释器模式适合学习和调试代码，而脚本模式更多地被用于处理现实中的实际任务。

不管是解释器模式还是脚本模式，Python 的基本语法是一致的。注意，IPython 解释器中的魔术命令与以“!”开头的命令不能在脚本模式直接使用。

1.3.3 学习工具：Jupyter Notebook

对于初学者来说，直接使用命令行界面和解释器进行 Python 学习可能不太习惯，一个更友好的选择是使用 Jupyter Notebook 进行学习。Jupyter Notebook 是一种可以在浏览器中运行和保存 Python 代码的应用。

Anaconda 中已经包含了 Jupyter Notebook，可以通过命令行进入（Windows 系统下，也可以通过开始菜单选择 Jupyter Notebook 进入）：

```
$ jupyter notebook
```

执行后，浏览器会打开一个如图 1-4 所示的界面。默认情况下，该页面的内容是命令行当前所在目录的文件夹与文件。

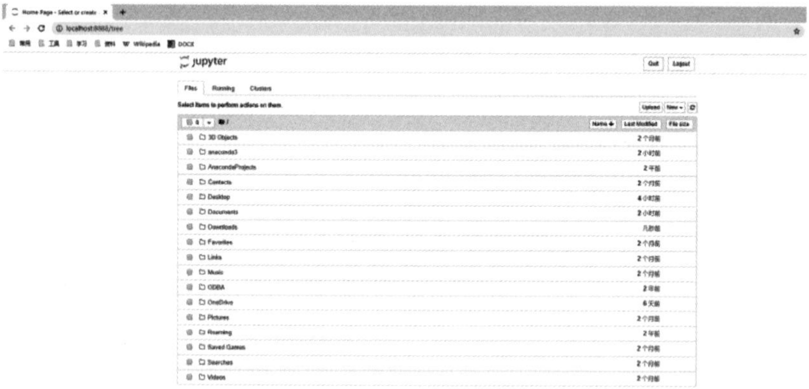

图 1-4　Jupyter Notebook 界面

单击右上的“New”按钮，可以新建一个“Python 3”的 Notebook，并在其中输入代码，如图 1-5 所示。

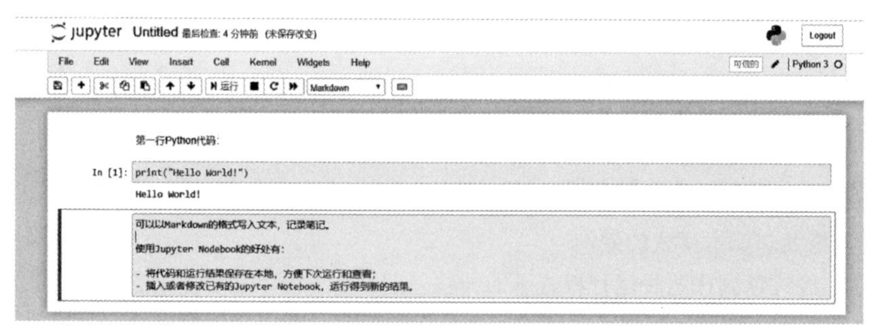

图 1-5　Jupyter Notebook 演示

其中，写有“第一行 Python 代码”字样的是 Markdown 块，它支持 Markdown 语法，可以用它来写相关的说明文字；带有“In []”的部分是代码模块，与 IPython 解释器的用法相同，可以用它运行 Python 代码。

使用 Jupyter Notebook，可以将代码与运行结果保存到本地文件中，方便下次运行和查看，并可以通过文件与其他用户进行分享；通过修改已有的 Notebook 文件，读者也可以得到新的运行结果。在本书的学习中，建议读者为每个章节都准备独立的 Jupyter Notebook，用于保存相关代码，并记录一些相关的笔记。

1.4　本章学习笔记

本章介绍了 Python 的一些基础知识。Anaconda 作为一个优秀的 Python 科学计算集成开发环境，十分适合想要进行科学计算的初学者使用。IPython 解释器和 Jupyter Notebook 则是强大的 Python 学习和分享工具。

学完本章，读者应该做到：

- 安装一个 Python 3 的集成开发环境，如 Anaconda。
- 知道如何使用 Python 或 IPython 解释器。
- 知道 Python 代码的两种运行模式。
- 了解并掌握 Jupyter Notebook 的基本使用。

1. 本章新术语

本章涉及的新术语见表 1-1。

表 1-1　本章涉及的新术语

术　语	英　文	说　明
集成开发环境	Integrated Development Environment (IDE)	一种辅助程序开发的应用，通常包括编辑器、编译器、调试器和用户图形界面等
命令行界面	Command Line Interface	一种用文本与操作系统交互的方式
解释器	Interpreter	一种将编程语言逐行解释执行的模式
魔术命令	Magic Command	IPython 中以百分号开头的特殊命令

2. 本章新函数

本章涉及的新函数见表 1-2。

表 1-2　本章涉及的新函数

函数	用途
print()	用来打印变量的函数

3. 本章 **Python 2** 与 **Python 3** 的区别

本章不涉及 Python 2 与 Python 3 的区别。

第 2 章 Python 基础

Python 是一门简明易懂的编程语言。本章将学习 Python 语言的基本使用，读者应掌握 Python 的基本使用方法，为后续的深入学习打下基础。

本章要点：

- 基本数据类型及其使用。
- 判断和循环的使用。
- 函数与模块的使用。
- 异常与警告的处理。
- 文件的读写。

2.1 基础语法简介

本节将对 Python 的各种基础用法进行简单的演示和介绍，具体的细节与原理将在之后的章节中逐步展开介绍。

1. 简单的数学运算

Python 支持简单的数学运算，例如，数字间的加减乘除：

```
In [1]: 2 + 2
Out[1]: 4
In [2]: 7 - 2.5
Out[2]: 4.5
In [3]: 3 * 2.5
Out[3]: 7.5
In [4]: 8 / 4
Out[4]: 2.0
```

2. 变量的赋值

变量（Variable）是一个有名字的对象，可以利用变量名对变量进行操作。在 Python 中，可以直接使用“=”对变量进行赋值。例如，将值 0.2 赋给变量 a：

```
In [5]: a = 0.2
```

IPython 解释器没有显示“Out []”的结果，原因是赋值表达式的返回值为 None。None 是 Python

中一种特殊的数据类型，表示空类型，即什么都没有。

Python 对变量的值和类型没有任何限制，可以随时修改变量 a 的值和类型，如“a = 100”或者“a = 'abc'”。除了值，也可以将一个完整的表达式赋给变量。Python 会先计算表达式，然后将表达式计算得到的结果赋给变量。例如，将表达式“4*3”赋值给 a 后，a 的值为 12：

```
In [6]: a = 4 * 3
In [7]: a
Out[7]: 12
```

Python 还支持一次给多个变量赋值的方式：

```
In [8]: a, b = 0.2, 2
```

赋值后，a 的值为 0.2，b 的值为 2。

3．函数的调用

Python 中的函数可以通过“函数名(参数)”的方式调用，完成不同的功能。例如，用 abs() 函数计算绝对值：

```
In [9]: abs(-3.2)
Out[9]: 3.2
```

用 max() 函数计算一组数的最大值：

```
In [10]: max(1, 3, 4, 2)
Out[10]: 4
```

4．基础类型数据的生成

在 Python 中，基础类型的数据可以使用不同的语法来生成。

（1）数字

在 Python 中，数字可以直接输入。例如，负数：

```
In [11]: -1
Out[11]: -1
```

科学计数法：

```
In [12]: 3.2e3
Out[12]: 3200.0
```

复数：

```
In [13]: 1 + 3j
Out[13]: (1+3j)
```

（2）字符串

Python 用一对引号生成字符串，可以使用一对单引号或者一对双引号，但是两者不能混用。例如，用一对引号生成字符串“Hello World!”：

```
In [14]: s1 = "Hello World!"
In [15]: s2 = 'Hello World!'
```

变量的类型可以使用 type() 函数来查看：

```
In [16]: type(s1)
Out[16]: str
```

对于多行字符串，Python 提供了三引号的机制来生成：

```
In [17]: s1 = """Hello World!
    ...: Python is good!"""
In [18]: s2 = '''Hello World!
    ...: Python is good!'''
In [19]: print(s1)
Hello World!
Python is good!
```

（3）列表

Python 用中括号“[]”来生成列表类型的数据。列表是一组数据的有序排列，例如：

```
In [20]: a = [1, 2.0, 'hello', 5 + 1.0]
In [21]: a
Out[21]: [1, 2.0, 'hello', 6.0]
In [22]: type(a)
Out[22]: list
```

（4）集合

Python 用大括号“{}”来生成集合类型的数据。集合是一组无序的不重复数据，例如：

```
In [23]: s = {1, 2, 3, 2}
In [24]: s
Out[24]: {1, 2, 3}
In [25]: type(s)
Out[25]: set
```

（5）字典

在 Python 中，大括号除了可以生成集合外，还可以用键值对的方式生成字典，例如：

```
In [26]: d = {'dogs':5, 'cats':4}
In [27]: d
Out[27]: {'dogs': 5, 'cats': 4}
In [28]: type(d)
Out[28]: dict
```

5．判断和循环

在 Python 中，判断可以用 if 结构实现：

```
In [30]: if 5 > 2 * 3:
    ...:     print("5 is greater than 2 * 3!")
    ...: else:
    ...:     print("5 is less or equal than 2 * 3!")
    ...:
5 is less or equal than 2 * 3!
```

循环可以用 for 结构实现：

```
In [30]: nums = [1, 2, 3, 4, 5]
```

```
In [31]: total = 0
In [32]: for n in nums:
    ...:     total += n
    ...:
In [33]: total
Out[33]: 15
```

其中，if、else、for 等是 Python 语言的保留关键字。保留关键字（Reserved Keywords）是一类特殊的符号，这些符号有一定特殊的含义，不能被当作普通的变量来使用。在 Python 中，常用的保留关键字还有：

```
False None True and as assert break class continue def del elif else
except finally for from global if import in is lambda not or pass raise
try while with yield
```

6. 代码块的缩进

在判断和循环的例子中，Python 使用了缩进来控制不同条件下运行的代码内容，缩进本身没有具体的格式要求，可以使用空格、制表符等进行缩进，比较常用的缩进方式是二空格缩进或四空格缩进。缩进格式相同的一段代码被认为是一个代码块。例如，一个使用四空格缩进的 for 循环：

```
for i in [1, 2, 3, 4]:
    print(i)
    print(i * 3)
print("hello!")
```

在这个 for 循环中，第 2、3 行的缩进相同，属于同一个代码块，表示的是 for 循环中被重复执行的部分。最后一行的缩进与 for 循环相同，会在 for 循环结束运行之后执行。

在 Python 中，需要缩进的情况如下。

- 判断：if、elif、else 语句。
- 循环：while 语句、for 语句。
- 定义函数：def 语句。
- 定义类：class 语句。
- 上下文管理器：with 语句。
- 处理异常：try、expect、finally 语句。

在缩进代码块时，Python 都会使用冒号“:”去引导，这个冒号是必不可少的。因此，缩进的代码块通常具有如下形式：

```
if/while/def/class/with/else/elif/try/ expect/finally ...:
    ...
```

Python 代码通过缩进来组织和控制代码，因此，缩进只有在需要缩进的地方才能使用，且属于同一代码块的必须使用同样的缩进大小。以下几种用法在 Python 中都是不被允许的。例如，在不需要缩进的地方缩进：

```
a = 1
    b = 2
```

需要缩进的地方没缩进：

```
if a > 2:
b = 2
```

同一代码块内使用不同的缩进：

```
if a > b:
   c = a + 1
  d = b - 1
```

代码缩进虽然一定程度上限制了写代码的自由度，但可以使 Python 代码看起来更加规范，也更加简洁。本书统一采用四空格缩进的方式进行代码编写。

7. 模块/包的使用

Python 的强大之处在于有很多功能强大的模块与包进行功能扩展，模块/包的导入需要使用 import 关键字。例如，使用 math 模块计算平方根：

```
In [34]: import math
In [35]: math.sqrt(16)
Out[35]: 4.0
```

8. 自定义类型

除了基础类型，Python 中还可以用 class 关键字来定义自定义类型。例如：

```
In [36]: class Person(object):
    ...:     def __init__(self, first, last, age):
    ...:         self.first = first
    ...:         self.last = last
    ...:         self.age = age
    ...:
    ...:     def full_name(self):
    ...:         return self.first + ' ' + self.last
    ...:
```

其说明如下。

- 第一行的 Person(object) 表示自定义类的名称为 Person，该类继承自类 object。
- 第一个 def 关键字定义的.__init__()是用来初始化对象的方法，其中，self 表示对象自身，self.xxx 表示对象的属性。
- 第二个 def 关键字定义的.full_name()是该类的一个方法。

有了定义后，可以使用类名来构造该类的一个新对象：

```
In [37]: person = Person('Mertle', 'Sedgewick', 52)
```

使用类名构造对象时，Python 会调用该类的.__init__()方法对传入的三个参数进行处理，它们分别对应于.__init__()方法的三个参数 first、last、age。在初始化之后，对象 person 具有.first、.last 和.age 这三个属性。属性可以通过“.”来直接读取：

```
In [38]: person.first
Out[38]: 'Mertle'
```

属性可以通过赋值修改：

```
In [39]: person.last
Out[39]: 'Sedgewick'
In [40]: person.last = 'Smith'
In [41]: person.last
Out[41]: 'Smith'
```

新属性可以通过赋值添加：

```
In [42]: person.location = 'China'
In [43]: person.location
Out[43]: 'China'
```

.full_name()是对象的一个方法，可以直接调用：

```
In [44]: person.full_name()
Out[44]: 'Mertle Smith'
```

9. 变量的命名规范

Python 变量的命名很自由，除了保留关键字外，一个合法的 Python 变量名可以由小写字母、大写字母、数字或下画线“_”组成，变量名中可以包含数字，但不能以数字开头，且不能全部由数字组成。建议读者按照以下方式对变量进行命名。

- 普通变量：全小写字母，单词之间用下画线分割，如 my_var。
- 全局常量：全大写字母，单词之间用下画线分割，如 MY_CONST。
- 自定义类名：首字母大写，不使用下画线区分单词，如 MyClass。
- 自定义函数或类方法：与普通变量一样，如 my_function()。
- 自定义模块/包名：全小写字母，不使用下画线，如 mymodule。
- Python 中的变量和值区分大小写，a 和 A 代表的是两个不同的变量。

10. 变量名的覆盖

Python 的命名规则比较宽松，对变量类型也没有限制，在使用时，如果使用了一个 Python 已有的名称对变量进行命名，可能会出现意想不到的结果。例如，Python 中取最大值的函数为 max()，它是一个系统自带函数：

```
In [45]: type(max)
Out[45]: builtin_function_or_method
```

Python 允许代码中直接用 max 给某个变量命名：

```
In [46]: max = 1
In [47]: type(max)
Out[47]: int
```

此时，原有的函数名 max 被新变量覆盖，变成整数 1，max()函数无法正常使用：

```
In [48]: max(4, 5)
---------------------------------------------------------------------------
TypeError                                 Traceback (most recent call last)
<ipython-input-48-844ab04d5106> in <module>
----> 1 max(4, 5)
TypeError: 'int' object is not callable
```

2.2 数据类型

数据类型（Data Type）是一个编程语言的基础，它决定了数据在计算机内存中的存储方式，每一个变量都有一种对应的数据类型。基于不同的数据类型，可以实现很多复杂的功能。在 Python 中，常用的数据类型见表 2-1。

表 2-1 Python 中的常用数据类型

类　型	实　例	类　型	实　例
整型	-100	列表	[1, 1.2, 'hello']
浮点型	3.1416	元组	('ring', 1000)
布尔型	True, False	字典	{1, 2, 3}
字符串	'hello'	集合	{'dogs': 5, 'pigs': 3}

其中，整型、浮点型、布尔型和字符串是 Python 中最基本的类型；列表、元组、字典、集合是 Python 中的内置容器类型。容器（Container）是用来存放基本对象或者其他容器对象的一种类型。

2.2.1 数字

Python 3 中的数字类型主要包括四种，分别是整型、浮点型、复数型、布尔型：

```
In [1]: type(3)
Out[1]: int
In [2]: type(3.1416)
Out[2]: float
In [3]: type(True)
Out[3]: bool
In [4]: type(1 + 2j)
Out[4]: complex
```

1. 整型

整型（Integer）是最基本的数字类型，表示一个整数。整型支持基本的加（+）、减（-）、乘（*）、除（/）四则运算，例如：

```
In [5]: 2 + 2
Out[5]: 4
In [6]: 3 - 4
Out[6]: -1
In [7]: 4 * 5
Out[7]: 20
In [8]: 12 / 3
Out[8]: 4.0
```

除了除法外，两个整型的运算结果返回的是整型。两个整数的除法在 Python 3 中返回的是一个浮点数，这一点与 Python 2 不同。Python 2 与 Python 3 的区别之整数除法：在 Python 2 中，两个整数的运算结果只能是整数，除不尽时将结果向下取整，返回小于该结果的最大整数，如 12/5 的值为 2；在 Python 3 中，整数之间的除法一律返回浮点数，12/5 的结果为 2.4：

```
In [9]: 12 / 5
Out[9]: 2.4
```

不过，Python 3 继承了 Python 2 中整数除法“//”的用法，返回向下取整后的值：

```
In [10]: 12 // 5
Out[10]: 2
```

除了加、减、乘、除操作，整型还支持取余（%）和幂指数（**）运算：

```
In [11]: 32 % 5
Out[11]: 2
In [12]: 10 ** 3
Out[12]: 1000
```

Python 3 中的整型只有一种，不像 Python 2 将整型分成了整型和长整型两种类型。Python 2 与 Python 3 的区别之整型与长整型：在 Python 2 中，当整数类型的值大于系统规定的范围时，Python 会自动将整数的类型由整型转换为长整型（long）。在 Python 3 中，长整型被取消，任意大小的整数都是整型（int）：

```
In [13]: type(30000000000000000000000000000000000)
Out[13]: int
```

2．浮点型

浮点型（Floating Point Number）对应数学世界中的实数，在 Python 中也支持加、减、乘、除的运算，包括整除和取余，例如：

```
In [14]: 3.4 - 3.2
Out[14]: 0.19999999999999973
In [15]: 12.3 + 32
Out[15]: 44.3
In [16]: 2.5 ** 2
Out[16]: 6.25
In [17]: 12.1 / 2
Out[17]: 6.05
In [18]: 12.1 // 2
Out[18]: 6.0
In [19]: 12.1 % 2
Out[19]: 0.09999999999999964
```

整数是一种特殊的实数，在 Python 中，浮点数与整数的计算结果会被转换为更一般的浮点数。如果浮点数的整数部分或小数部分为 0，则 0 可以省略，如.23 表示 0.23，5.表示 5.0。值得注意的是，在上面的例子中，3.4-3.2 的结果并不是 0.2，这并不是 Python 计算错误，而是因为在计算机中，浮点数是对实数的一种近似表示，本身存在一定的误差，Python 返回的是在两个有误差浮点数进行运算之后得到的值。

3．复数型

复数型（Complex）是表示复数的类型，对应于数学上的复数概念。与数学上通常使用字母 i 表示虚部不同，Python 使用字母 j 来表示复数的虚部，例如，复数 1+2i 表示为

```
In [20]: a = 1 + 2j
```

其实部与虚部为浮点数，分别为

```
In [21]: a.real
Out[21]: 1.0
In [22]: a.imag
Out[22]: 2.0
```

其复共轭为

```
In [23]: a.conjugate()
Out[23]: (1-2j)
```

4．布尔型

布尔型（Boolean）是一种取值为 True 和 False 的二值变量，分别对应逻辑上的真和假。在 Python 中，布尔型变量一般通过比较表达式得到，例如，比较两个数字的大小：

```
In [24]: 1 > 2
Out[24]: False
```

常用的比较符号包括小于“<”、大于“>”、小于或等于“<=”、大于或等于“>=”、等于“==”、不等于“!=”等。Python 中还支持链式的连续比较表达式：

```
In [25]: a = 2
In [26]: 1 < a <= 4
Out[26]: True
```

布尔值可以看作一种特殊的整数，True 相当于整数 1，False 相当于整数 0，可以像整数一样进行运算：

```
In [27]: 1 + True
Out[27]: 2
In [28]: True * 2
Out[28]: 2
In [29]: False + True
Out[29]: 1
```

5．混合运算

Python 支持将多个数学运算操作放在一起进行混合运算，例如：

```
In [30]: 1 + 2 - (3 * 4 / 6) ** 5 + 7 % 5
Out[30]: -27.0
```

其运算规则遵循一定的优先级顺序，从高到低排列如下：

- 小括号内的运算。
- 乘幂运算（**）。
- 乘（*）、除（/）、整数除法（//）、取余（%）。
- 加（+）、减（-）。

不同优先级的组合按照优先级次序计算，同一优先级按照先后次序计算。

6．原地运算

Python 支持原地运算（In-place）操作，其形式如下：

```
In [31]: b = 2.5
In [32]: b += 2
In [33]: b
Out[33]: 4.5
```

其中，b+=2 的作用等价于 b=b+2，类似的运算符还有-=、*=、/=等。

7. 数学函数

Python 提供了一些简单的数学函数对数字进行处理，例如，绝对值函数 abs()：

```
In [34]: abs(-12)
Out[34]: 12
```

四舍五入取整函数 round()：

```
In [35]: round(12.6)
Out[35]: 13
```

取一组数的最大值函数 max()和最小值函数 min()：

```
In [36]: max(2, 4, 3.0)
Out[36]: 4
In [37]: min(2, -4, 3.0, 1)
Out[37]: -4
```

8. 其他表示形式

数字的表示通常以十进制为基础。十进制（Decimal）是以 10 为基数的计数方法，使用 0～9 表示数字，十进制下有 9+1=10。

在计算机科学中，根据进位的不同，还存在其他进制的表示方法，如二进制、八进制和十六进制等。二进制（Binary）是以 2 为基数的计数方法，使用 0 和 1 表示数字。在二进制下有 1+1=10。在 Python 中，二进制数字以 0b 开头表示，例如：

```
In [38]: 0b101010
Out[38]: 42
```

八进制（Octal）是以 8 为基数的计数方法，使用 0～7 表示数字。在八进制下有 7+1=10。Python 3 中的八进制数字以 0o 开头：

```
In [39]: 0o67
Out[39]: 55
```

十六进制（Hexadecimal）是以 16 为基数的计数方法，使用数字 0～9 以及字母 A～F（或者 a～f，不区分大小写），其中，A～F 分别对应十进制中的 10～15。Python 中的十六进制数字以 0x 开头：

```
In [40]: 0xff
Out[40]: 255
```

除了不同的进制，数字也可以用科学计数法表示。在科学计数法（Scientific Notation）中，一个数被写成一个绝对值在 1～10 的实数 a 与一个 10 的 n 次幂的积，并用 e 表示 10 的 n 次方：

```
In [41]: 1e-6
Out[41]: 1e-06
```

在 Python 中，科学计数法前面的实数可以不是 1～10 的数，例如：

```
In [42]: 233e-10
Out[42]: 2.33e-08
```

2.2.2 字符串

字符串（String）是由零个或多个字符组成的有限序列，在编程语言中表示文本。

1．字符串的生成

Python 用一对单引号或者双引号来生成字符串：

```
In [1]: "hello world!"
Out[1]: "hello world!"
In [2]: 'hello world!'
Out[2]: 'hello world!'
```

当字符串中存在单引号或双引号时，可以用另一种引号包含来生成。例如，用一组双引号生成一个带单引号的字符串：

```
In [3]: "I'm good at Python!"
Out[3]: "I'm good at Python!"
```

也可以在字符串里的引号前加一个转义符号“\”，表示字符串中的引号：

```
In [4]: 'I\'m good at Python!'
Out[4]: "I'm good at Python!"
```

2．字符串的基本操作

字符串支持两种运算，即加法和数乘。加法操作是将字符串按照顺序连接。例如，将两个字符串相加：

```
In [5]: "hello" + "world"
Out[5]: "helloworld"
```

数乘是将字符串与整数相乘，得到一组重复的字符串。例如，将字符串重复 3 次：

```
In [6]: 'abc' * 3
Out[6]: 'abcabcabc'
```

一个字符串的长度可以通过 len()函数得到，表示字符串中单字符的数量：

```
In [7]: len('hello world!')
Out[7]: 12
```

3．字符串的常用方法

Python 是一种面向对象的语言，字符串也是一种对象。

在计算机科学中，对象（Object）指在内存中装载的一个实例，有唯一的标识符。对象通常具有属性（Attribute）和方法（Method）。其中，方法是面向对象编程的一个重要特性。Python 使用以下形式来调用方法：

```
object.method()
```

作为一种对象，字符串有一些常用的方法。

（1）.split()方法

.split()方法将字符串按照空白字符分割，并返回分割后的字符串列表。默认情况下，多个空白字符会被当作一个进行分割，例如：

```
In [8]: "1 2 3 4    5".split()
Out[8]: ['1', '2', '3', '4', '5']
```

也可以在方法中，指定分割字符串对字符串进行分割。例如，使用逗号分割字符串：

```
In [9]: line = "1,2,3,4,5"
In [10]: line.split(",")
Out[10]: ['1', '2', '3', '4', '5']
```

除了分割字符，还可以指定分割的最大次数。例如，分割两次得到三个字符串：

```
In [11]: line.split(",", 2)
Out[11]: ['1', '2', '3,4,5']
```

当分割的字符串不存在或者小于最大次数时，分割方法不会报错。例如，用空格分割一个不包含空格的字符串：

```
In [12]: line.split(" ")
Out[12]: ['1,2,3,4,5']
```

字符串还支持.rsplit()方法，从字符串的结尾开始进行分割。.rsplit()方法的参数与.split()方法相同，在不指定分割的最大次数时，它的表现与.split()方法相同：

```
In [13]: line.rsplit(",")
Out[13]: ['1', '2', '3', '4', '5']
```

指定最大分割次数时，.rsplit()方法从字符串最后开始分割：

```
In [14]: line.rsplit(",", 2)
Out[14]: ['1,2,3', '4', '5']
```

（2）.join()方法

.join()方法可以连接一组字符串，其作用是以当前字符串为连接符，将一组字符串中的元素连成一个完整的字符串。例如，以空格为分隔符将一组字符串连接成一个字符串：

```
In [15]: nums = ['1', '2', '3', '4', '5']
In [16]: " ".join(nums)
Out[16]: '1 2 3 4 5'
```

以冒号为连接符：

```
In [17]: ':'.join(nums)
Out[17]: '1:2:3:4:5'
```

（3）.replace()方法

.replace()方法将字符中的指定部分替换成新的内容，并得到新的字符串。例如，将字符串中的“world”替换为“python”：

```
In [18]: s = 'hello world'
In [19]: s.replace('world', 'python')
Out[19]: 'hello python'
```

调用.replace()方法后，原字符串的值不会被改变：

```
In [20]: s
Out[20]: 'hello world'
```

默认情况下，.replace()方法会将字符串中所有可替换的部分都替换掉，例如，将所有的空格替换为冒号：

```
In [21]: '1 2 3 4 5'.replace(' ', ':')
Out[21]: '1:2:3:4:5'
```

与.split 方法类似，.replace()方法支持使用额外参数指定替换的最大次数。例如，只替换一个空格：

```
In [22]: '1 2 3 4 5'.replace(' ', ':', 1)
Out[22]: '1:2 3 4 5'
```

（4）.find()方法

.find()方法返回一个字符串在当前字符串中的初始位置：

```
In [23]: "hello world".find("world")
Out[23]: 6
```

如果查找的字符串不存在，返回-1。

（5）.upper()和.lower()方法

.upper()方法返回将原字符串字母全部大写的新字符串：

```
In [24]: "hello world".upper()
Out[24]: 'HELLO WORLD'
```

.lower()方法返回将原字符串字母全部小写的新字符串：

```
In [25]: s = "HELLO WORLD"
In [26]: s.lower()
Out[26]: "hello world"
```

调用这两个方法不会改变原字符串的值：

```
In [27]: s
Out[27]: "HELLO WORLD"
```

（6）.strip()方法

.strip()方法返回一个将原字符串两端的多余空格删除的新字符串：

```
In [28]: s = "  hello world   "
In [29]: s.strip()
Out[29]: "hello world"
```

类似.split()方法与.rsplit()方法的关系，Python 提供了.lstrip()方法返回将原字符串开头多余空格除去的新字符串：

```
In [30]: s.lstrip()
Out[30]: "hello world   "
```

.rstrip()方法返回将原字符串结尾多余空格除去的新字符串：

```
In [31]: s.rstrip()
Out[31]: "  hello world"
```

这些方法都不会改变原始字符串的值：

```
In [32]: s
Out[32]: "  hello world   "
```

.strip()方法还支持传入参数，删除字符串首尾两端的指定字符，并得到一个新字符串。例如，删除掉两端所有的“=”或“-”：

```
In [33]: "---=hello world===".strip("-=")
Out[33]: "hello world"
```

4．多行字符串的生成

Python 语法不支持多行字符串的换行操作，为了支持这样的功能，Python 用一对三引号"""或者'''来生成多行字符串：

```
In [34]: a = """hello world.
    ...: it is a nice day."""
In [35]: print(a)
hello world.
it is a nice day.
```

在存储形式上，Python 用转义字符“\n”来表示换行：

```
In [36]: a
Out[36]: 'hello world.\nit is a nice day.'
```

转义字符（Escape Sequence）是一种表示字符的机制，它以一个反斜杠“\”开头，后面跟另一个字符、一个 3 位八进制数或者一个十六进制数，用来表示一些不可打印的符号，如换行符“\n”或制表符“\t”。由于反斜杠被用于转义字符的开头，所以在字符串中表示反斜杠需要使用转义字符“\\”。

另外，也可以直接在字符串中写入转义字符表示回车，例如：

```
In [37]: a = "hello world.\nit is a nice day."
In [38]: print(a)
hello world.
it is a nice day.
```

5．代码的换行

当某一行代码太长时，为了美观起见，通常将其转换为多行代码。在 Python 中，如果一个单行字符串太长，有两种方式可以将单行代码变为多行代码。即使用括号“()”或使用反斜杠“\”。使用括号换行的例子：

```
In [39]: a = ("hello world."
    ...:      "it's a nice day."
    ...:      "python is good.")
```

```
In [40]: a
Out[40]: "hello world.it's a nice day.python is good."
```

使用反斜杠换行的例子：

```
In [41]: a = "hello world." \
    ...: "it's a nice day." \
    ...: "python is good."
In [42]: a
Out[42]: "hello world.it's a nice day.python is good."
```

虽然代码换了行，但是实际表示的字符串并没有换行符号“\n”。

6．数字与字符串的相互转换

（1）数字转字符串

将数字转换为字符串可以用 str()函数，该函数不仅能作用于数字类型，也能作用在其他的数据类型上。str()函数可以将一个对象转换为字符串，例如：

```
In [43]: str(1.1 + 2.2)
Out[43]: '3.3000000000000003'
```

除了十进制之外，整数还有其他进制的表示形式。Python 提供了一组十进制整数转换为其他进制字符串的转换函数，即十进制 str()、十六进制 hex()、八进制 oct()和二进制 bin()：

```
In [44]: str(255)
Out[44]: '255'
In [45]: hex(255)
Out[45]: '0xff'
In [46]: oct(255)
Out[46]: '0o377'
In [47]: bin(255)
Out[47]: '0b11111111'
```

（2）字符串转数字

Python 也提供了一系列函数，将字符串转换为数字。int()函数可以将字符串转换为整数，默认是按照十进制进行转换：

```
In [48]: int('255')
Out[48]: 255
```

int()函数可以提供额外参数，指定转换的进制：

```
In [49]: int('FF', 16)
Out[49]: 255
In [50]: int('377', 8)
In [50]: 255
In [51]: int('0b11111111', 2)
Out[51]: 255
```

float()函数可以将字符串转换为浮点数：

```
In [52]: float('2.5')
Out[52]: 2.5
```

（3）数字与 Unicode 字符编码的相互转换

Unicode 又称万国码、国际码、统一码、单一码等，它将世界上大部分的文字系统进行了整理、编码，并将数字跟字符进行一对一的编码，使得计算机可以用更为简单的方式来呈现和处理文字。Python 用 ord()函数查看单个字符的 Unicode 编码值，例如：

```
In [53]: ord('我')
Out[53]: 25105
```

反过来，Python 提供了 chr()函数将 Unicode 编码值转换为字符：

```
In [54]: chr(25105)
Out[54]: '我'
```

7. 字符串的格式化

利用数字与字符串的相互转换，可以将字符串与数字进行组合，得到一个新的字符串。例如，将名字和年龄用有意义的文本表示出来：

```
In [55]: name, age = 'John', 10
In [56]: name + ' is ' + str(age) + ' years old.'
Out[56]: 'John is 10 years old.'
```

当需要转换的变量很多时，使用 str()函数和字符串加法的方式显得很不方便。Python 提供了多种方法，对各种变量和字符串进行格式化处理。

（1）使用以百分号开头的占位符进行格式化

使用以百分号开头的占位符对字符串和变量进行格式化：

```
In [57]: '%s is %d years old.' % (name, age)
Out[57]: 'John is 10 years old.'
```

其中，字符串中以百分号开头的部分表示占位符，常用的占位符有以下几种。

- %s，表示字符串。
- %d，表示整数。
- %f，表示浮点数。

使用百分号表达式，Python 按照占位符与变量的排列顺序进行替换，name 的值替代了字符串中的%s，age 的值则替代了%d。

（2）使用大括号占位符与.format()方法进行格式化

为了更有效地进行格式化，Python 提供了功能更强大的.format()方法来实现字符串的格式化。.format()方法可以将字符串中的大括号当作占位符，用传入的参数依次替代：

```
In [58]: '{} is {} years old.'.format(name, age)
Out[58]: 'John is 10 years old.'
```

比百分号格式化更强大的是，.format()方法支持在占位符中指定传入参数的位置索引，索引的计数从 0 开始。例如，将.format()方法中的 name 参数与 age 参数互换位置，并指定第一个占位符用位置为 1 的参数 name，第二个占位符用位置为 0 的参数 age，可以得到一样的结果：

```
In [59]: '{1} is {0} years old.'.format(age, name)
Out[59]: 'John is 10 years old.'
```

指定位置时，指定的位置可以在字符串中重复多次。例如，只传入两个参数，完成四处替换：

```
In [60]: x = 5
In [61]: '{0} + {0} + {0} is {1}'.format(x, x * 3)
Out[61]: '5 + 5 + 5 is 15'
```

除了指定参数位置外，Python 还支持在占位符中使用参数名进行格式化，调用时，需要显示指定这些参数的值。例如，用 nm 表示名字，用 ag 表示年龄，并在.format()方法中指定这两个参数的值：

```
In [62]: '{nm} is {ag} years old.'.format(ag=age, nm=name)
Out[62]: 'John is 10 years old.'
```

事实上，占位符控制格式化的完整表达方式为：

```
{<field name>:<format>}
```

其中，<field name>部分是参数的位置或名称，如“1”或“ag”，可以省略，省略时按照参数传入的顺序指定；<format>可以是类似 s、d、f 这样的输出类型，也可以省略，省略时一般返回 str()函数返回的结果。例如，“{:10s}”表示按长度为 10 的字符串对变量进行格式化，如果长度不足 10，在变量后补空格：

```
In [63]: '{:10s} is good'.format('Python')
Out[63]: 'Python     is good'
```

对于占位符的格式，本书不做更多的介绍，只给出几个例子供读者参考。例如，“{:010d}”指定整数，长度为 10，长度不足 10 时，在前面补 0：

```
In [64]: '{:010d} is good'.format(100)
Out[64]: '0000000100 is good'
```

“{:.2f}”指定浮点数，显示小数点后两位：

```
In [65]: 'pi is around {:.2f}'.format(3.1415926)
Out[65]: 'pi is around 3.14'
```

（3）使用占位符和 f 字符串进行格式化

相对于 Python 2，Python 3.6 之后还加入了一种使用 f 字符串进行格式化的方式，可以直接在字符串中传入已有变量的表达式，进行格式化，而不需要使用方法传入参数。例如，在字符串前加上 f 前缀，并在占位符中直接使用已有的变量：

```
In [66]: f'{name} is {age} years old.'
Out[66]: 'John is 10 years old.'
```

f 字符串支持对变量的格式进行控制。例如，计算圆周率的 2 倍，并保留两位小数：

```
In [67]: pi = 3.1415926
In [68]: f'pi * 2 is around {pi * 2:.2f}'
Out[68]: 'pi * 2 is around 6.28'
```

Python 2 与 Python 3 的区别之 f 字符串：在 Python 3 中，引入了以 f 为前缀的 f 字符串进行格式化，可以在占位符中直接使用已有变量的表达式。在 Python 3.8 以后的版本中，f 字符串还支持增加等号的用法，自动将表达式和结果同时输出：

```
In [69]: f'{pi=}, {pi*2=}'
Out[69]: 'pi=3.1415926, pi*2=6.2831852'
In [70]: f'{pi}, {pi * 2}'
Out[70]: '3.1415926, 6.2831852'
```

8. 字符串的不同类型：**bytes、str、unicode**

Python 2 和 Python 3 在字符串的类型使用上有较大的差异。Python 2 的字符串默认是基于 ASCII 编码表示的。ASCII（American Standard Code for Information Interchange）即美国信息交换标准代码，主要用于显示现代英语和其他西欧语言，它用 0～255 的值来表示单个字符。为了更好地表达其他非字母语言的文字，人们创建了新的 Unicode 编码方式。Python 2 中使用“u”前缀表示 Unicode 编码的 unicode 类型，如 u"中国"。在 Python 3 中，str 类型默认使用 Unicode 编码，不再提供单独的 unicode 类型，避免了一些 Python 2 处理其他语言文字的编码问题。同时，Python 3 提供一种以“b”为前缀的 bytes 类型，用来表示基于 ASCII 编码的字符：

```
In [71]: type(b"python")
Out[71]: bytes
In [72]: type("python")
Out[72]: str
In [73]: type(u"python")
Out[73]: str
```

Python 2 与 Python 3 的区别之字符串类型：在 Python 2 中，str 类型默认使用 ASCII 编码，unicode 类型使用 Unicode 编码；在 Python 3 中，str 类型默认使用 Unicode 编码，bytes 类型使用 ASCII 编码。

2.2.3 索引与分片

1. 索引

在计算机语言中，序列（Sequence）是多个元素按照一定规则组成的对象。一个有序序列可以通过索引位置的方法来访问对应位置的值。索引（Indexing）的作用好比一本书的目录，利用目录中的页码，可以快速找到所需的内容。

Python 使用中括号[]来对有序序列进行索引。例如，字符串可以看成一个由字符组成的有序序列：

```
In [1]: s = "hello world"
In [2]: s[0]
Out[2]: 'h'
```

在 Python 中，索引的位置是从 0 开始的，所以 0 对应序列中的第一个元素，因此，序列中的第 i 个元素，对应的索引值为 i-1。例如，获得字符串的第 5 个字符：

```
In [3]: s[4]
Out[3]: 'o'
```

为了更方便地获取序列中的元素，Python 还引入了负数索引值，表示从后向前的索引。负数索引从-1 开始，-i 表示序列的倒数第 i 个元素。例如：

```
In [4]: s[-2]
```

```
Out[4]: 'l'
```

Python 不允许使用超过序列范围的索引值，否则会抛出异常：

```
In [5]: s[100]
---------------------------------------------------------------------------
IndexError                                Traceback (most recent call last)
<ipython-input-5-2a138df92e52> in <module>
----> 1 s[100]
IndexError: string index out of range
```

2．分片

索引只能从序列中提取单个元素，如果想从序列中一次取出多个元素，则需要使用分片。在有序序列中，分片（Slicing）可以看成是一种特殊的索引，只不过它得到的内容是一个子序列。在 Python 中，分片的用法为：

```
seq[lower:upper:step]
```

对于序列 seq 来说，分片会按照 step 的间隔，从索引 lower 开始，取出直到 upper 位置的一个子序列（不包括 upper）。step 表示子序列取值间隔大小，可以省略，如果省略则默认为 1。例如，取出索引位置 1 和 3 之间的字符串：

```
In [6]: s[1:3]
Out[6]: 'el'
```

与索引类似，分片也支持用负数索引值作为参数。例如：

```
In [7]: s[1: -2]
Out[7]: 'ellowor'
```

lower 和 upper 的值也可以省略。省略 lower 时，相当于 lower 使用默认值 0：

```
In [8]: s[:3]
Out[8]: 'hel'
```

省略 upper 时，相当于 upper 使用默认值 len(s)：

```
In [9]: s[-3:]
Out[9]: 'rld'
```

如果都省略，可以得到序列的一份复制：

```
In [10]: s[:]
Out[10]: 'hello world'
```

令 step 为 2，可以得到一个每两个值取一个的子串：

```
In [11]: s[::2]
Out[11]: 'hlowrd'
```

step 可以取负数，表示从 lower 位置开始，反向遍历直到 upper 为止进行分片。此时，省略 lower 相当于使用默认值 len(s)，省略 upper 相当于使用默认值 0。例如，s[4:: -1]表示字符串 s 中“hello”的一个反序：

```
In [12]: s[4:: -1]
```

```
Out[12]: 'olleh'
```

与索引不同，当 upper 超出长度时，Python 不会抛出异常，只会计算到结尾：

```
In [13]: s[:100]
Out[13]: 'hello world'
```

2.2.4　列表

列表（List）是一个有序的 Python 对象序列。

1. 列表的生成

在 Python 中，列表用一对中括号“[]”生成，中间的元素用逗号“,”隔开：

```
In [1]: a = [1, 2.0, 'hello']
In [2]: type(a)
Out[2]: list
```

空列表用“[]”或者 list()函数生成：

```
In [3]: empty_list = []
In [4]: empty_list
Out[4]: []
In [5]: list()
Out[5]: []
```

2. 列表的基本操作

与字符串类似，列表也支持使用 len()函数，返回列表中元素的个数：

```
In [6]: len(a)
Out[6]: 3
```

列表同样支持加法与数乘。列表相加，相当于将这两个列表按顺序连接：

```
In [7]: [1, 2, 3] + [3.2, 'hello']
Out[7]: [1, 2, 3, 3.2, 'hello']
```

列表数乘，相当于将这个列表重复多次：

```
In [8]: a * 2
Out[8]: [1, 2.0, 'hello', 1, 2.0, 'hello']
```

3. 索引和分片

列表是一个有序的序列，支持索引和分片的操作。例如，列表的正负索引：

```
In [9]: a = [10, 11, 12, 13, 14]
In [10]: a[0]
Out[10]: 10
In [11]: a[-1]
Out[11]: 14
```

列表的分片：

```
In [12]: a[2: -1]
Out[12]: [12, 13]
```

与字符串不同的是，列表中的元素可以通过索引和分片来修改。

在 Python 中，字符串是一种不可变的类型，一旦创建就不能修改。如果尝试使用索引修改字符串中的某个字母，Python 会抛出一个异常：

```
In [13]: s = "hello world"
In [14]: s[0] = 'H'
---------------------------------------------------------------------------
TypeError                                 Traceback (most recent call last)
<ipython-input-14-844622ced67a> in <module>
----> 1 s[0] = 'H'
TypeError: 'str' object does not support item assignment
```

列表是一种可变的数据类型，支持通过索引和分片修改自身。例如，利用索引将列表的第一个元素改为 100：

```
In [15]: a
Out[15]: [11, 12, 13, 14, 15]
In [16]: a[0] = 100
In [17]: a
Out[17]: [100, 12, 13, 14, 15]
```

再如，利用分片将列表 a 中的[12, 13]换成[1, 2]：

```
In [18]: a = [11, 12, 13, 14, 15]
In [19]: a[1:3] = [1, 2]
In [20]: a
Out[20]: [11, 1, 2, 14, 15]
```

对于间隔为 1 的连续分片，Python 采用的是整段替换的方法，直接用一个新列表替换原来的分片，两者的元素个数可以不同。例如，将列表 a 中的[1, 2]换成[4, 4, 4, 4]：

```
In [21]: a[1:3] = [4, 4, 4, 4]
In [22]: a
Out[22]: [11, 4, 4, 4, 4, 14, 15]
```

利用这种机制，可以删除列表中的一个连续分片：

```
In [23]: a = [11, 12, 13, 14, 15]
In [24]: a[1:3] = []
In [25]: a
Out[25]: [11, 14, 15]
```

对于间隔不为 1 的不连续分片，赋值时，两者的元素数目必须一致。例如，对列表 a 的第 1、3、5 个元素进行替换：

```
In [26]: a = [11, 12, 13, 14, 15]
In [27]: a[::2] = [1, 3, 5]
In [28]: a
Out[28]: [1, 12, 3, 14, 5]
```

数目不一致时，Python 会抛出异常：

```
In [29]: a[::2] = []
```

```
---------------------------------------------------------------------------
ValueError                                Traceback (most recent call last)
<ipython-input-29-7b6c4e43a9fa> in <module>
----> 1 a[::2] = []
ValueError: attempt to assign sequence of size 0 to extended slice of size 3
```

4．元素的删除

一般不推荐使用分片赋值的方式进行元素的删除。Python 提供了一种更通用的删除列表元素的方法：关键字 del。del 不仅支持分片的删除，还支持单个索引的删除。例如，用 del 关键字删除列表位置 0 处的元素：

```
In [30]: a = [1002, 'a', 'b', 'c']
In [31]: del a[0]
In [32]: a
Out[32]: ['a', 'b', 'c']
```

删除第二到最后一个元素：

```
In [33]: a = [1002, 'a', 'b', 'c']
In [34]: del a[1:]
In [35]: a
Out[35]: [1002]
```

删除间隔为 2 的元素：

```
In [36]: a = ['a', 1, 'b', 2, 'c']
In [37]: del a[::2]
In [38]: a
Out[38]: [1, 2]
```

5．从属关系的判断

可以用关键字 in 和 not in 判断某个元素是否在某个列表中。例如：

```
In [39]: a = [10, 11, 12, 13, 14]
In [40]: 10 in a
Out[40]: True
In [41]: 10 not in a
Out[41]: False
```

关键字 in 也可以用来测试字符串中的从属关系，即用来测试一个字符串是不是另一个字符串的子串：

```
In [42]: s = "hello world"
In [43]: "hello" in s
Out[43]: True
```

6．不改变列表内容的常用方法

字符串调用方法的时候，不会改变字符串本身的值。列表也提供了一些类似的方法，这些方法不会改变列表本身的值。

（1）.count()方法

列表的.count()方法返回列表中某个特定元素出现的次数：

```
In [44]: a = [11, 12, 13, 11, 12]
```

```
In [45]: a.count(11)
Out[45]: 2
```

元素不存在时，返回 0。

(2) .index()方法

.index()方法返回列表中某个元素第一次出现的索引位置：

```
In [46]: a.index(12)
Out[46]: 1
```

元素不存在时，抛出异常：

```
In [47]: a.index(100)
---------------------------------------------------------------------------
ValueError                              Traceback (most recent call last)
<ipython-input-47-ed16592c2786> in <module>
----> 1 a.index(100)
ValueError: 100 is not in list
```

7. 改变列表内容的常用方法

与字符串不同，列表可以通过调用一些方法来改变自身的值。

(1) .append()方法

.append()方法向列表最后添加单个元素：

```
In [48]: a = [10, 11, 12]
In [49]: a.append(11)
In [50]: a
Out[50]: [10, 11, 12, 11]
```

该方法每次向列表中添加一个元素。如果添加的元素是序列，那么列表的最后一个元素就是这个序列，Python 不会将其展开：

```
In [51]: a.append([1, 2])
In [52]: a
Out[52]: [10, 11, 12, 11, [1,2]]
```

(2) .extend()方法

如果想要一次添加多个值，可以使用.extend()方法，将另一个序列中的元素依次添加到列表的最后：

```
In [53]: a = [10, 11, 12]
In [54]: a.extend([1, 2])
In [55]: a
Out[55]: [10, 11, 12, 1, 2]
```

(3) .insert()方法

.insert()方法在指定索引位置处插入一个元素，令列表的该位置等于这个元素，并将之前在该位置以及后面的元素依次后移一位：

```
In [56]: a = [10, 11, 12, 13, 11]
In [57]: a.insert(2, 'a')
In [58]: a
```

```
Out[58]: [10, 11, 'a', 12, 13, 11]
```

(4).sort()方法

.sort()方法将列表中的元素按照一定的规则从小到大排序：

```
In [59]: a = [10, 1, 11, 13, 11, 2]
In [60]: a.sort()
In [61]: a
Out[61]: [1, 2, 10, 11, 11, 13]
```

Python 2 中支持对不同类型的元素进行排序，比如字符串与数字。而 Python 3 则不再支持对不同类型的元素进行排序，会抛出异常：

```
In [62]: a = [2, 1, 1.5, 'cc', 'abc', [1, 'a'], [1, 2, 3]]
In [63]: a.sort()
---------------------------------------------------------------------------
TypeError                                 Traceback (most recent call last)
<ipython-input-70-2ed0d7de6146> in <module>
----> 1 a.sort()
TypeError: '<' not supported between instances of 'str' and 'float'
```

本质上是因为 Python 3 不再支持两个不同类型元素之间的比较操作：

```
In [64]: 2 <"cc"
---------------------------------------------------------------------------
TypeError                                 Traceback (most recent call last)
<ipython-input-74-f825692e69c0> in <module>
----> 1 2 <"cc"
TypeError: '<' not supported between instances of 'int' and 'str'
```

Python 2 与 Python 3 的区别之不同类型的比较：Python 2 按照某种约定的规则，支持不同类型元素之间的比较，如字符串与数字；Python 3 不再支持。

调用.sort()方法时，可以加入 reverse 参数，使列表按照从大到小的顺序进行排序：

```
In [65]: a = [10, 1, 11, 13, 11, 2]
In [66]: a.sort(reverse=True)
In [67]: a
Out[67]: [13, 11, 11, 10, 2, 1]
```

如果不想改变原来列表的值，可以使用 sorted()函数得到一个排序后的新列表：

```
In [68]: a = [10, 1, 11, 13, 11, 2]
In [69]: sorted(a)
Out[69]: [1, 2, 10, 11, 11, 13]
In [70]: a
Out[70]: [10, 1, 11, 13, 11, 2]
```

(5).reverse()方法

.reverse()方法将列表中的元素逆序排列：

```
In [71]: a = [1, 2, 3, 4, 5, 6]
In [72]: a.reverse()
```

```
In [73]: a
Out[73]: [6, 5, 4, 3, 2, 1]
```

如果不想改变原来列表的值，可以使用 reversed()函数，得到一个新的反序列表。

2.2.5 元组

元组（Tuple）是一种与列表类似的序列类型。元组的基本用法与列表十分类似，只不过元组一旦创建，就不能改变，因此，元组可以看成是一种不可变的列表。

1．元组的生成和基本操作

Python 用一对小括号“()”来生成元组：

```
In [1]: (10, 11, 12, 13, 14)
Out[1]: (10, 11, 12, 13, 14)
```

对于含有两个或以上元素的元组，在构造时可以省略括号：

```
In [2]: t = 10, 11, 12, 13, 14
In [3]: t
Out[3]: (10, 11, 12, 13, 14)
In [4]: type(t)
Out[4]: tuple
```

元组可以通过索引和切片来查看元素，规则与列表一样。例如，索引单个元素：

```
In [5]: t[0]
Out[5]: 10
```

切片得到一个子元组：

```
In [6]: t[1:3]
Out[6]: (11, 12)
```

不过，元组不支持用索引和切片进行修改：

```
In [7]: t[0] = 1
---------------------------------------------------------------------------
TypeError                                 Traceback (most recent call last)
<ipython-input-6-da6c1cabf0b0> in <module>
----> 1 t[0] = 1
TypeError: 'tuple' object does not support item assignment
```

2．只含单个元素的元组

由于小括号“()”在表达式中有特殊的含义，因此，对于只含有单个元素的元组，只加小括号时，Python 会认为这是普通的表达式。例如，用“(10)”给变量 a 进行赋值：

```
In [8]: a = (10)
In [9]: type(a)
Out[9]: int
```

a 的类型并不是元组，而是整型。为了定义只含一个元素的元组，可以在单元素后面加上一个额外的逗号“,”来表示元组：

```
In [10]: a = (10,)
In [11]: type(a)
Out[11]: tuple
```

单元素元组的括号也可以省略，但额外的逗号不可以省略：

```
In [12]: a = 10,
In [13]: type(a)
Out[13]: tuple
```

3．元组的方法

元组支持.count()方法和.index()方法，其用法与列表一致。例如：

```
In [14]: a = (10, 11, 12, 13, 14)
In [15]: a.count(10)
Out[15]: 1
In [16]: a.index(12)
Out[16]: 2
```

4．列表与元组的互相转换

列表和元组之间可以使用 tuple()函数和 list()函数互相转换：

```
In [17]: list(a)
Out[17]: [10, 11, 12, 13, 14]
In [18]: tuple(list(a))
Out[18]: (10, 11, 12, 13, 14)
```

5．列表与元组的生成速度比较

在 IPython 中，可以使用魔术命令%timeit 来对代码的运行进行计时。%timeit 可以计算某一行 Python 代码的运行速度。例如，比较 Python 中列表与元组的生成速度：

```
In [19]: %timeit [1,2,3,4,5,6,7,8,9,10,11,12,13,14,15,16,17,18,19,20,21]
156 ns ± 3.62 ns per loop (mean ± std. dev. of 7 runs, 10000000 loops each)
In [20]: %timeit (1,2,3,4,5,6,7,8,9,10,11,12,13,14,15,16,17,18,19,20,21)
10.1 ns ± 0.385 ns per loop (mean ± std. dev. of 7 runs, 100000000 loops each)
```

可以看到，同样的元素，元组的生成速度比列表的生成速度快得多。

6．元组的不可变性

元组具有不可变性。元组一旦创建，其大小便不能改变，也不能给元组的某个元素重新赋值。不过，这种不可变性不是绝对的。如果元组中的元素本身可变，那么可以通过调用该元素的方法来修改元组。考虑这样的一个元组，其第一个元素是列表：

```
In [21]: a = ([1, 2], 3, 4)
In [22]: a
Out[22]: ([1, 2], 3, 4)
```

Python 虽然不允许直接用 a[0]赋值，但可以通过调用 a[0]的方法来改变 a[0]。例如，使用.append()方法向 a[0]添加新值后，整个元组也发生了改变：

```
In [23]: a[0].append(5)
In [24]: a
```

```
Out[24]: ([1, 2, 5], 3, 4)
```

这种用法不是很常见，本书也不推荐读者使用。

7. 元组与多变量赋值

Python 支持多变量赋值的模式：

```
In [25]: a, b = 1, 2
In [26]: a
Out[26]: 1
In [27]: b
Out[27]: 2
```

Python 中的多变量赋值，本质是两个元组中的元素进行一一对应，此时，等号两边的元素数目必须相等。例如，将包含两个元素的元组 t 的值分别赋给 a 和 b：

```
In [28]: t = (1, 2)
In [29]: a, b = t
In [30]: a
Out[30]: 1
```

利用多变量赋值，变量的交换可以用一行代码实现：

```
In [32]: a, b = b, a
In [31]: a, b
Out[31]: (2, 1)
```

多变量赋值支持超过两个值的操作，只要等号两边的元素数相同即可：

```
In [33]: a, b, c = 1, 2, 3
```

多变量赋值还支持嵌套赋值的形式：

```
In [34]: a, (b, c) = 1, (2, 3)
In [35]: c
Out[35]: 3
```

事实上，不仅是元组，列表也支持多变量赋值，只要等号左右的形式能一一对应即可：

```
In [36]: a, b = [1, 2]
In [37]: a
Out[37]: 1
```

2.2.6 可变与不可变类型

按照创建后值是否可以改变，Python 中的对象可以分成两类：可变类型和不可变类型。可变类型（Mutable Type）可以通过一些操作来改变自身的值。列表是一种可变类型，可以通过很多方法改变自身的值。例如，使用索引来改变它的值：

```
In [1]: a = [1, 2, 3, 4]
In [2]: a[0] = 100
In [3]: a
Out[3]: [100, 2, 3, 4]
```

使用方法来改变它的值：

```
In [4]: a.append(5)
In [5]: a
Out[5]: [100, 2, 3, 4, 5]
```

使用 del 关键字来改变它的值：

```
In [6]: del a[0]
In [7]: a
Out[7]: [2, 3, 4, 5]
```

不可变类型（Immutable Type）不能通过这些操作来改变它的值。字符串是一种不可变类型，不能通过索引来改变它的值：

```
In [8]: s = "hello world"
In [9]: s[0] = 'z'
---------------------------------------------------------------------------
TypeError                                 Traceback (most recent call last)
<ipython-input-9-83b06971f05e> in <module>
----> 1 s[0] = 'z'
TypeError: 'str' object does not support item assignment
```

调用字符串的方法会返回一个新的字符串，并不改变原来的值。可以用重新赋值的方法来改变 s 的值：

```
In [10]: s = s.replace('world', 'Mars')
In [11]: s
Out[11]: 'hello Mars'
```

对变量 s 重新赋值时，Python 会重新分配计算机内存，创建一个新的字符串，原来的字符串并没有被修改，因此，这不违反字符串不可变的性质。

按照是否可变，Python 中的基础数据类型大致分为两类。

- 不可变类型：整数、浮点数、复数、字符串、元组、不可变集合等。
- 可变类型：列表、字典、集合、NumPy 数组、自定义类型等。

Python 中的数字和字符串都是不可变类型；常用的容器类型列表、字典、集合等都是可变的；元组和不可变集合相当于对列表和集合的一种不可变实现。

2.2.7　字典

字典（Dictionary）是 Python 中一种由“键-值”组成的常用数据结构。类比于现实生活中的字典，把“键”想象成字典中的单词，“值”想象成单词对应的解释，“键-值”就相当于一种“单词-解释”的对应。在 Python 中，字典的作用就是通过查询“单词”，来得到它对应的“解释”。

1. 字典的生成和基本操作

Python 中使用一对大括号“{}”或者 dict()函数来创建字典。空的字典可以用以下两种方法产生：

```
In [1]: a = {}
In [2]: type(a)
Out[2]: dict
In [3]: type(dict())
```

```
Out[3]: dict
```

字典支持使用索引向字典中插入键值对：

```
In [4]: a["one"] = 1
In [5]: a["two"] = 2
In [6]: a
Out[6]: {'one': 1, 'two': 2}
```

字符串“one”和“two”是索引的键，1 和 2 是对应的值。对于字典，作为索引的键可以是数字，也可以是字符串。可以利用索引查看字典中某个键的对应值：

```
In [7]: a["one"]
Out[7]: 1
```

字典是可变类型，支持通过赋值修改某个键对应的值：

```
In [8]: a["one"] = "No.1"
In [9]: a["one"]
Out[9]: 'No.1'
```

字典中的元素是没有顺序的，因此，字典只支持用键进行索引，不支持用位置索引。如果使用字典中不存在的键进行索引，Python 会抛出异常：

```
In [10]: a[1]
---------------------------------------------------------------------------
KeyError                                  Traceback (most recent call last)
<ipython-input-10-cc39af2a359c> in <module>
----> 1 a[1]
KeyError: 1
```

也可以使用“{'one': 1, 'two': 2}”的结构来创建字典：

```
In [11]: b = {'one': 1, 'two': 2}
In [12]: b['one']
Out[12]: 1
```

2．键的不可变性

字典是一种高效的存储结构，其内部使用基于哈希值的算法，用来保证从字典中读取键值对的效率。不过，哈希值算法要求字典的键必须是一种不可变类型。使用可变类型作为键时，Python 会抛出异常，例如：

```
In [13]: a[[1, 2]] = 1
---------------------------------------------------------------------------
TypeError                                 Traceback (most recent call last)
<ipython-input-13-ebc48df9a079> in <module>
----> 1 a[[1, 2]] = 1
TypeError: unhashable type: 'list'
```

字典中值的类型则没有任何限制。

3．键的常用类型

在不可变类型中，整数和字符串是键最常用的两种类型。在数字中，通常使用整数作为字典的键，由于浮点数存在精度问题，一般不作为键的类型。例如，考虑如下的情况：

```
In [14]: data = {}
In [15]: data[1.1 + 2.2] = 6.6
```

虽然看起来字典中的键为 3.3，但是查寻键 3.3 的值时，Python 会抛出异常：

```
In [16]: data[3.3]
---------------------------------------------------------------------------
KeyError                                  Traceback (most recent call last)
<ipython-input-16-a48e87d01daa> in <module>
----> 1 data[3.3]
KeyError: 3.3
```

原因是浮点数计算存在精度问题：

```
In [17]: data
Out[17]: {3.3000000000000003: 6.6}
```

除了数字和字符串，元组也可以作为一种常用的键值。

4．从属关系的判断

与列表类似，可以用关键字 in 来判断某个键是否在字典中：

```
In [18]: barn = {'cows': 1, 'dogs': 5, 'cats': 3}
In [19]: 'chickens' in barn
Out[19]: False
In [20]: 'cows' in barn
Out[20]: True
In [21]: 5 in barn            # 虽然 5 是字典的值，但它不是字典的键
Out[21]: False
```

5．字典的常用方法

（1）.get()方法

用索引查询字典中不存在的键时，Python 会抛出异常：

```
In [22]: a = {'one': "this is number 1", "two": "this is number 2"}
In [23]: a["three"]
---------------------------------------------------------------------------
KeyError                                  Traceback (most recent call last)
<ipython-input-27-8a5f2913f00e> in <module>
----> 1 a["three"]
KeyError: 'three'
```

为了在键不存在时避免这种异常，字典提供了.get()方法。字典的.get()方法接受两个参数 key 和 default，其中 default 可以省略，默认为 None。该方法返回字典中键 key 对应的值，当键不存在时，返回 default 指定的值：

```
In [24]: a.get("three")
```

改用.get()方法后，由于.get()方法默认的 default 参数为 None，而 IPython 解释器在输出时自动忽略了 None，所以看起来没有任何返回结果。

可以通过传入第二个参数的方法来改变 default 参数的默认值：

```
In [25]: a.get("three", "undefined")
Out[25]: 'undefined'
```

（2）.update()方法

字典可以通过索引来插入、修改单个键值对，如果想一次更新多个键值对，这种方法就显得比较麻烦。字典提供了.update()方法来一次更新多个键值对。例如，将字典 b 中的内容一次更新到字典 a 中：

```
In [26]: a = {"one": 2, "three": 3}
In [27]: b = {"one": 1, "two": 2}
In [28]: a.update(b)
In [29]: a
Out[29]: {'one': 1, 'three': 3, 'two': 2}
```

可以看到，a 的.update()方法更新了原来已有的键“one”，并添加了原来没有的键“two”。

（3）.keys()方法

.keys()方法返回一个由所有键组成的序列，其类型为 dict_keys：

```
In [30]: a.keys()
Out[30]: dict_keys(['one', 'three', 'two'])
```

（4）.values()方法

.values()方法返回一个由所有值组成的序列，其类型为 dict_values：

```
In [31]: a.values()
Out[31]: dict_values([1, 3, 2])
```

（5）.items()方法

.items()方法返回一个由所有键值对元组组成的序列，其类型为 dict_items：

```
In [32]: a.items()
Out[32]: dict_items([('one', 1), ('three', 3), ('two', 2)])
```

（6）.setdefault()方法

.setdefault()方法接受 key 和 default 两个参数，如果 key 在字典中，返回其对应的值，如果不存在，则先用 default 的值对 key 进行插入，并返回 default。其中，default 的值可以省略，默认值为 None：

```
In [33]: a.setdefault('four', 4)
Out[33]: 4
In [34]: a
Out[34]: {'one': 1, 'three': 3, 'two': 2, 'four': 4}
```

6．使用 dict()函数初始化

除了通常的定义方式，字典也能通过 dict()函数来进行初始化。dict()函数的参数可以是另一个字典，也可以是一个由键值对元组构成的列表：

```
In [35]: dict([('three', 3), ('two', 2), ('one', 1)])
```

```
Out[35]: {'one': 1, 'three': 3, 'two': 2}
```

这样的列表也可以作为.update()方法的参数来更新字典的值。

2.2.8　集合与不可变集合

字符串和列表都是一种有序序列，而集合（Set）是一种无序的序列。集合中的元素具有唯一性，即集合中不存在两个同样的元素。为了确保集合中不包含同样的元素，在 Python 中，集合的元素只能是不可变类型的，如数字、字符串、元组等。浮点数由于存在精度的问题，一般不建议在集合中使用。

1. 集合的生成

空集合可以用 set()函数来生成：

```
In [1]: type(set())
Out[1]: set
```

set()函数也可以接受一个序列作为参数，来初始化这个集合：

```
In [2]: set([1, 2, 3, 1])
Out[2]: {1, 2, 3}
```

因为集合中的元素有唯一性，所以重复的元素 1 只保留了一个。

集合也可以用一对大括号“{}”来创建：

```
In [3]: {1, 2, 3, 1}
Out[3]: {1, 2, 3}
```

但空集合只能用 set()函数来创建，因为空的大括号创建的是一个空字典：

```
In [4]: type({})
Out[4]: dict
```

2. 集合的基本运算

集合的运算可以用维恩图来描述。如图 2-1 所示，两个圆形分别表示集合 A 和 B，区域 1 表示 A 和 B 的交集；区域 2 表示 A 与 B 的差集；区域 3 表示 B 与 A 的差集；区域 2 和区域 3 合在一起是 A 和 B 的对称差集；区域 1、区域 2 和区域 3 合在一起是 A 和 B 的并集。

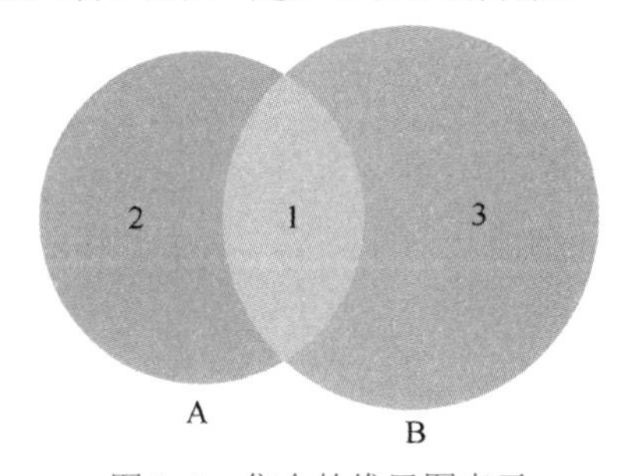

图 2-1　集合的维恩图表示

以两个集合 a 和 b 为例介绍集合的基础运算：

```
In [5]: a, b = {1, 2, 3, 4}, {3, 4, 5, 6}
```

（1）并集

两个集合的并集可以用操作符“|”实现，得到一个包含两个集合所有元素的新集合：

```
In [6]: a | b
Out[6]: {1, 2, 3, 4, 5, 6}
In [7]: b | a
Out[7]: {1, 2, 3, 4, 5, 6}
```

并集运算是可交换的，即 a|b 与 b|a 返回的是相同的结果。也可以用.union()方法得到两个集合的并集：

```
In [8]: a.union(b)
Out[8]: {1, 2, 3, 4, 5, 6}
```

（2）交集

两个集合的交集可以用操作符“&”实现，返回包含两个集合公有元素的集合：

```
In [9]: a & b
Out[9]: {3, 4}
In [10]: b & a
Out[10]: {3, 4}
```

交集运算也是可交换的，即 a&b 与 b&a 返回的是相同的结果。也可以用.intersection()方法得到两个集合的交集：

```
In [11]: a.intersection(b)
Out[11]: {3, 4}
```

（3）差集

两个集合的差集可以用操作符“-”实现，返回在第一个集合而不在第二个集合中的元素组成的集合。差集运算是不可交换的，因为 a-b 返回的是在 a 不在 b 中的元素组成的集合，而 b-a 返回的是在 b 不在 a 中的元素组成的集合：

```
In [12]: a - b
Out[12]: {1, 2}
In [13]: b - a
Out[13]: {5, 6}
```

也可以用.difference()方法得到两个集合的差集：

```
In [14]: a.difference(b)    # 相当于 a-b
Out[14]: {1, 2}
In [15]: b.difference(a)     # 相当于 b-a
Out[15]: {5, 6}
```

（4）对称差集

两个集合的对称差集可以用操作符“^”实现，等于两个集合的并集与交集的差：

```
In [16]: a ^ b
Out[16]: {1, 2, 5, 6}
In [17]: b ^ a
Out[17]: {1, 2, 5, 6}
```

对称差是可交换的操作，它对应的方法是.symmetric_difference()：

```
In [18]: a.symmetric_difference(b)
Out[18]: {1, 2, 5, 6}
```

3．集合的包含关系

如果集合 A 的元素都是另一个集合 B 的元素，那么 A 就是 B 的一个子集。如果 A 与 B 不相同，那么 A 是 B 的一个真子集。因此，B 是 B 自己的子集，但不是自己的真子集。在 Python 中，判断子集关系可以用运算符“<=”实现：

```
In [19]: a = {1, 2, 3}
In [20]: b = {1, 2}
In [21]: b <= a
Out[21]: True
```

也可以用.issubset()方法来判断是不是某个集合的子集：

```
In [22]: b.issubset(a)
Out[22]: True
```

与之相对应，可以反过来使用“>=”操作符或者集合的.issuperset()方法来验证一个集合是否包含另一个集合：

```
In [23]: a.issuperset(b)
Out[23]: True
In [24]: a >= b
Out[24]: True
```

真子集可以用符号“<”或者“>”去判断：

```
In [25]: b < a
Out[25]: True
In [26]: {1, 2, 3} < a
Out[26]: False
```

4．集合的方法

（1）.add()方法

集合用.add()方法添加单个元素，且添加的元素必须是不可变类型的：

```
In [27]: t = {1, 2, 3}
In [28]: t.add(5)
In [29]: t
Out[29]: {1, 2, 3, 5}
```

如果添加的元素已经在集合中，集合不改变：

```
In [30]: t.add(3)
In [31]: t
Out[31]: {1, 2, 3, 5}
```

（2）.update()方法

与列表的.extend()方法类似，.update()方法用来向集合添加多个元素，可以接受一个序列作为参数：

```
In [32]: t.update([1, 6, 7])
In [33]: t
Out[33]: {1, 2, 3, 5, 6, 7}
```

5. 判断从属关系

集合中是否含有某个元素可以用关键字 in 判断：

```
In [34]: 5 in t
Out[34]: True
In [35]: 11 in t
Out[35]: False
```

6. 不可变集合

集合是可变类型，与列表和元组的关系对应，Python 提供了一种不可变集合（Frozen Set）的数据结构。不可变集合是一种不可变类型，一旦创建就不能改变，可以使用 frozenset()函数构建：

```
In [36]: s = frozenset([1, 2, 3, 'a', 1])
In [37]: s
Out[37]: frozenset({1, 2, 3, 'a'})
```

不可变集合的一个主要用途是作为字典的键。相对于用元组作为键时(a, b)和(b, a)对应不同键的情况，不可变集合可以让它们代表同一个键。

2.2.9 赋值机制

为了方便读者更好地理解不同的数据类型，接下来对 Python 的赋值机制进行简单介绍。

考虑下面的例子，对于列表 x，若想修改列表的第一个元素，而又不想改变列表 x 的原始值，一个看起来“有效”的办法是将 x“复制”一份给 y，然后对列表 y 进行修改：

```
In [1]: x = [1, 2, 3, 4]
In [2]: y = x
In [3]: y[0] = 100
```

但是，在这样的操作下，x 的值发生了变化：

```
In [4]: x
Out[4]: [100, 2, 3, 4]
```

因此，直接使用 y=x 将列表赋值给 y 并不能真正实现复制效果。为了理解上面的现象，需要对 Python 的内部赋值机制进行了解。按照 Python 中数据类型的划分，赋值机制可以分成基本类型和容器类型两大类。

1. 基本类型的赋值机制

（1）赋值机制分析

基本类型主要包括数字和字符串。考虑下面一段代码在 Python 中的执行过程：

```
x = 500
```

```
y = x
y = 'foo'
```

1）执行第一句：x = 500。数字是基本类型，将基本类型的值赋给变量时，Python 会向计算机申请相应的内存空间存储相关的值，然后在命名空间中将变量指向这个内存空间的地址。

具体来说，Python 先向系统申请了一个 PyInt 大小的内存来存储整数对象 500，记该内存的地址为 pos1。接着，Python 在命名空间中让变量 x 指向内存地址 pos1。

基本类型是不可变类型，不可变类型一旦创建就不能修改，所以现在内存 pos1 中存储的内容是不可变的。内存和命名空间的情况见表 2-2。

表 2-2　内存和命名空间的情况：第 1 句

内存空间	命名空间
pos1：PyInt(500)（不可变）	x：pos1

2）执行第二句：y = x。将变量赋给变量时，Python 不会创建新的内存来存储变量的值，在命名空间中，这两个变量指向同一个内存地址。这里，Python 让 y 与 x 同时指向了 pos1。内存和命名空间的情况见表 2-3。

表 2-3　内存和命名空间的情况：第 2 句

内存空间	命名空间
pos1：PyInt(500)（不可变）	x：pos1 y：pos1

3）执行第三句：y = 'foo'。字符串是基本类型，Python 首先分配了一个地址为 pos2、大小为 PyStr 的内存来存储字符串'foo'，接着将变量 y 指向的位置变为 pos2。内存和命名空间的情况见表 2-4。

表 2-4　内存和命名空间的情况：第 3 句

内存空间	命名空间
pos1：PyInt(500)（不可变） pos2：PyStr('foo')（不可变）	x：pos1 y：pos2

（2）结果验证

在 Python 中，id() 函数可以用来查看一个变量的内存地址。例如，执行第一句后 x 的内存地址为：

```
In [5]: x = 500
In [6]: id(x)
Out[6]: 3052122092688
```

id() 函数返回的结果表示变量 x 现在指向的内存地址的值，这个值不固定，与计算机实际分配的内存地址有关。

执行第二句后，y 的内存地址为：

```
In [7]: y = x
In [8]: id(y)
Out[8]: 3052122092688
```

y 和 x 的返回结果一样，说明 y 和 x 现在指向了同一块内存。在 Python 中，除了 id()函数，也可以使用关键字 is 来判断两个变量是不是同一个对象：

```
In [9]: x is y
Out[9]: True
```

执行第三句，y 的地址发生变化，x 与 y 不再指向同一块内存：

```
In [10]: y = 'foo'
In [11]: id(y)
Out[11]: 3052088742640
In [12]: x is y
Out[12]: False
```

（3）处理值相同的情况

一般来说，Python 会为每个出现的对象单独赋值，即使值是一样的。例如，新定义一个值为 500 的变量 z：

```
In [13]: z = 500
In [14]: id(z)
Out[14]: 3052120329968
In [15]: x is z
Out[15]: False
```

虽然已经有了一个等于 500 的值 x，但是 z 并不会指向这个现成的值，而是创建了一个新的对象。不过，为了提高内存利用率，对于一些简单的对象（比如一些数值较小的整数对象），Python 采用了共用内存的办法：

```
In [16]: x = 2
In [17]: id(x)
Out[17]: 140703224406448
In [18]: z = 2
In [19]: id(z)
Out[19]: 140703224406448
In [20]: x is z
Out[20]: True
```

2．容器类型的赋值机制

（1）赋值机制分析

容器类型的赋值机制与基本类型不一样。以列表为例，考虑下列代码的执行过程：

```
x = [500, 501, 502]
y = x
y[1] = 600
y = [700, 800]
```

1）执行第一句：x = [500, 501, 502]。基本类型在内存中存储的是相应的值，而容器类型由元素构成，在内存中存储的是元素值对应的内存地址。

具体来说，Python 首先会分配三个 PyInt 大小的内存来分别存储整数 500、501、502，其内存地址分别为 pos1、pos2、pos3；接着，为列表分配一段 PyList 大小的内存地址 pos4，用来存储这些整数对应的内存地址；最后，在命名空间中，让 x 指向 pos4。内存和命名空间的情况见表 2-5。

表 2-5　内存和命名空间情况：第 1 句

内 存 空 间	命 名 空 间
pos1: PyInt(500)（不可变） pos2: PyInt(501)（不可变） pos3: PyInt(502)（不可变） pos4: PyList(pos1, pos2, pos3)（可变）	x: pos4

与基本类型不同的是，容器类型中存储的内存地址是可变的。

2）执行第二句：y = x。与基本类型类似，x 和 y 同时指向了 pos4。内存和命名空间的情况见表 2-6。

表 2-6　内存和命名空间情况：第 2 句

内 存 空 间	命 名 空 间
pos1: PyInt(500)（不可变） pos2: PyInt(501)（不可变） pos3: PyInt(502)（不可变） pos4: PyList(pos1, pos2, pos3)（可变）	x: pos4 y: pos4

3）执行第三句：y[1] = 600。Python 首先为 600 分配了一个新内存 pos5，再把 pos4 中 y[1] 对应的内存地址由 pos2 修改为 pos5。由于变量 x 也是指向 pos4 的，所以，修改 y 导致 x 发生变化。此时，由于没有变量继续使用 pos2 位置的值，Python 会自动调用垃圾处理机制将内存 pos2 回收。内存和命名空间的情况见表 2-7。

表 2-7　内存和命名空间情况：第 3 句

内 存 空 间	命 名 空 间
pos1 : PyInt(500)（不可变） pos2 :（垃圾回收） pos3 : PyInt(502)（不可变） pos4 : PyList(pos1, pos5, pos3)（可变） pos5 : PyInt(600)（不可变）	x: pos4 y: pos4

4）执行第四句：y = [700, 800]。Python 会重新创建一个列表，然后让 y 指向它，x 仍然指向原来的内存位置，没有发生变化。内存和命名空间的情况见表 2-8。

表 2-8　内存和命名空间情况：第 4 句

内 存 空 间	命 名 空 间
pos1 : PyInt(500)（不可变） pos3 : PyInt(502)（不可变） pos4 : PyList(pos1, pos5, pos3)（可变） pos5 : PyInt(600)（不可变） pos6 : PyInt(700)（不可变） pos7 : PyInt(800)（不可变） pos8 : PyList(pos6, pos7)（可变）	x: pos4 y: pos8

（2）结果验证

同样，可以用 id()函数对这一过程进行验证：

```
In [21]: x = [500, 501, 502]
In [22]: id(x[0])
Out[22]: 3052122092848
In [23]: id(x[1])
Out[23]: 3052122091568
In [24]: id(x[2])
Out[24]: 3052122092656
In [25]: id(x)
Out[25]: 3052121936840
```

进行赋值，验证 id(y)与 id(x)相同：

```
In [26]: y = x
In [27]: id(y)
Out[27]: 3052121936840
In [28]: x is y
Out[28]: True
```

修改 y[1]，id(y)并不改变：

```
In [29]: y[1] = 600
In [30]: id(y)
Out[30]: 3052121936840
In [31]: x is y
Out[31]: True
```

而 id(x[1])和 id(y[1])的值都变为一个相同的新值：

```
In [32]: id(x[1]), id(y[1])
Out[32]: (3052122093680, 3052122093680)
```

最后更改 y 的值，id(y)的值改变，id(x)还是原来的值：

```
In [33]: y = [700, 800]
In [34]: id(y)
Out[34]: 3052121885896
In [35]: x is y
Out[35]: False
```

（3）其他类型的情况

字典、集合等的赋值也采用了类似的机制：

```
In [36]: x = {1: 1, 2: 4}
In [37]: y = x
In [38]: x is y
Out[38]: True
```

对于比较大的列表、字典或集合，复制所有的元素通常比较耗时，也占用了额外内存，所以 Python 通过让它们共享一块内存，来更高效地完成赋值。为了得到一个复制，比较常用的做法是使用生成函数构造一个新的对象。例如，使用 list()函数复制一个列表：

```
In [39]: x = [1, 2, 3]
In [40]: y = list(x)
```

```
In [41]: x is y
Out[41]: False
```

由于 x 和 y 不再指向同一块内存，修改 y 不会影响 x 的值：

```
In [42]: y[1] = 10
In [43]: x
Out[43]: [1, 2, 3]
```

与之类似，字典、集合可以使用 dict()、set()函数实现一个完全的复制。

2.3　判断与循环

判断和循环是程序的重要组成部分，Python 可以通过它们实现很多复杂的功能。

2.3.1　判断

判断语句（If-Statement）基于某种条件触发，当条件满足时，执行特定的操作。

1．if 语句

Python 使用关键字 if 语句实现判断，最简单的用法为：

```
if <condition>:
    <statements>
```

它包含这样几个部分：

- if 关键字，表示这是一条判断语句。
- <condition>表示判断的条件，当这个条件被满足（即条件为真）时，执行<statements>中的代码，若条件不满足，<statements>中的代码不会被执行。
- 冒号“:”表示判断代码块的开始。
- <statements>表示条件满足时，执行的代码块。

例如：

```
In [1]: x = 0.5
In [2]: if x > 0:
   ...:     print("Hey!")
   ...:     print("x is positive")
   ...:
Hey!
x is positive
```

因为 x 满足大于 0 的条件，所以程序会打印出相关文字。条件不满足时，程序不会执行 if 代码块中的部分，例如：

```
In [3]: x = -0.5
In [4]: if x > 0:
   ...:     print("Hey!")
   ...:     print("x is positive")
   ...:
```

若判断语句执行的代码块结束，之后的代码需要回到判断语句开始时的缩进状态才能继续执行：

```
In [5]: x = 0.5
In [6]: if x > 0:
   ...:     print("x is positive")
   ...: print("Continue running")
   ...:
x is positive
Continue running
```

x<0 的情况：

```
In [7]: x = -0.5
In [8]: if x > 0:
   ...:     print("x is positive")
   ...: print("Continue running")
   ...:
Continue running
```

在这些例子中，最后一句不属于 if 语句，不管条件满不满足，它都会被执行。

2．elif 和 else 语句

更一般地，一个完整的 if 结构通常如下：

```
if <condition 1>:
    <statements>
elif <condition 2>:
     <statements>
elif ...:
    ...
elif <condition N>:
     <statements>
else:
    <statements>
```

其中，关键字 elif 表示的是 else if 的意思。其执行过程为：

- 条件<condition 1>满足，执行 if 后的代码块，跳过 elif 和 else 的部分。
- 条件<condition 1>不满足，跳过 if 后的代码块，转到第一个 elif 语句看条件<condition 2>，<condition 2>满足时执行它对应的代码块，否则转到下一个 elif 语句。
- 如果 if 和 elif 的条件都不满足，则执行 else 对应的代码块。

例如：

```
In [9]: x = -0.5
In [10]: if x > 0:
    ...:     print("x is positive")
    ...: elif x == 0:
    ...:     print("x is zero.")
    ...: else:
    ...:     print("x is negative")
    ...:
```

```
x is negative
```

对于一个 if 语句，elif 的个数没有限制，可以没有，可以有一个，也可以有多个。例如，不使用 elif 的情况：

```
In [11]: x = -0.5
In [12]: if x > 0:
    ...:     print("x is positive")
    ...: else:
    ...:     print("x is not positive")
    ...:
x is not positive
```

使用多个 elif 的情况：

```
In [13]: x = 88
In [14]: if x < 0:
    ...:     print("x < 0")
    ...: elif x < 10:
    ...:     print("0 <= x < 10")
    ...: elif x < 100:
    ...:     print("10 <= x < 100")
    ...: else:
    ...:     print("x > 100")
    ...:
10 <= x < 100
```

else 语句也可以没有，但最多只有一个，一旦出现要放在所有的 if 和 elif 语句后面。

3. 判断条件

在判断语句中，通常使用布尔型变量作为判断条件。不过，Python 对于判断条件没有任何限制，除了布尔型，判断条件可以是数字、字符串，也可以是列表、元组、字典等结构。在 Python 中，除了以下几种情况，大部分的值都会被当作真处理：

- False，包括所有计算结果为 False 的表达式。
- None，包括所有计算结果为 None 的表达式。
- 数字 0，包括所有计算结果为整数 0 的表达式。
- 空字符串，空列表，空字典，空集合，空元组。

值得注意的是，浮点数 0.0 会被当作 False。例如：

```
In [15]: if 0.0:
    ...:     print("hello!")
    ...:
```

在这个例子中，if 条件不满足，结果不会被执行。不过，一般不推荐使用浮点数作为判断条件，因为浮点数存在精度的问题：

```
In [16]: if 1.4 - 1.3 - 0.1:
    ...:     print("hello!")
    ...:
hello!
```

复杂的判断条件可以使用关键字 and、or 和 not 进行组合得到，它们分别对应逻辑上且、或、非的操作：

```
In [17]: x, y = 10, -5
In [18]: x > 0 and y < 0
Out[18]: True
In [19]: not x > 0
Out[19]: False
In [20]: x < 0 or y < 0
Out[20]: True
```

如果有括号，先计算括号里面的内容：

```
In [21]: x > 0 and (y < 0 or y > 10)
Out[21]: True
```

组合的对象并不一定需要是布尔型：

```
In [22]: 10 and 2333
Out[22]: 2333
In [23]: not [1, 2, 3]
Out[23]: False
In [24]: (1, 2) or 0
Out[24]: (1, 2)
```

非布尔型的对象组合，其计算结果满足一定的规则。对于关键字 and 来说：

- 如果两个值都为真，返回第二个值。
- 如果至少有一个值为假，返回第一个为假的值。

计算的返回值是传入的表达式值，而不是 True 或者 False：

```
In [25]: [] and 2333
Out[25]: []
```

与 and 相反，对于关键字 or 来说：

- 如果两个值都为假，返回第二个值。
- 如果至少有一个值为真，返回第一个为真的值。

例如：

```
In [26]: [] or 0
Out[26]: 0
```

4. if 表达式

除了正常的判断语句，关键词 if 还可以写到表达式中，构成一个 if 表达式：

```
<value1> if <condition> else <value2>
```

当条件<condition>满足时，表达式值为<value1>，否则为<value2>。例如：

```
In [27]: a = 5
In [28]: b = "big" if a > 10 else "small"
In [29]: b
Out[29]: "small"
```

2.3.2　循环

循环（Loop）的作用是将一段代码重复执行多次。在 Python 中，循环结构主要有 while 循环和 for 循环两种结构。

1．while 循环

while 循环的基本形式为：

```
while <condition>:
    <statesments>
```

Python 会重复执行<statesments>代码块，直到不满足条件<condition>为止。例如，用 while 循环来计算数字 1～9 的和：

```
In [1]: i, total = 1, 0
In [2]: while i< 10:
   ...:     total += i
   ...:     i += 1
   ...:
In [3]: total
Out[3]: 45
```

循环在 i=10 时停止，不再进行后面的计算。

2．for 循环

for 循环是 Python 中另一种实现循环的形式，其结构为：

```
for <variable> in <sequence>:
    <statements>
```

for 循环与 while 循环的不同之处在于，for 循环是遍历一个序列<sequence>，每次将遍历得到的值放入变量<variable>中，而 while 循环则是执行到条件不满足为止。有序序列（如列表、字符串等）和无序序列（如字典、集合等）都可以被 for 循环遍历。例如，列表是一种有序序列：

```
In [4]: country = ['China', 'US', 'England']
In [5]: for c in country:
   ...:     print("Visiting", c)
   ...:
Visiting China
Visiting US
Visiting England
```

for 循环每次从列表 country 中取出一个元素，赋给变量 c，然后在循环中处理 c。for 循环在列表中所有的元素都被遍历完时结束。序列通常使用 for 循环的模式进行遍历，与之前 while 循环的方式不同，for 循环遍历完序列后，序列的值不会发生改变。

再如，用 for 循环计算数字 1～9 的和：

```
In [6]: total = 0
In [7]: for i in range(10):
   ...:     total += i
   ...:
```

```
In [8]: total
Out[8]: 45
```

其中，range()函数可以用来生成一个连续的整数序列对象，其基本用法如下。

- range(stop)：生成从 0 开始到 stop-1 的整数组成的 range 对象。
- range(start, stop)：生成从 start 开始到 stop-1 的整数组成的 range 对象。
- range(start, stop, step)：生成从 start 开始到 stop-1 间隔为 step 的整数组成的 range 对象。

几个 range()函数的例子：

```
In [9]: range(5)
Out[9]: range(0, 5)
In [10]: range(1, 5, 2)
Out[10]: range(1, 5, 2)
```

值得注意的是，range()函数在 Python 2 和 Python 3 中的返回值并不相同。Python 2 与 Python 3 的区别之 range 函数的返回值：在 Python 2 中，range()函数的返回值是列表；在 Python 3 中，range()函数生成的则是一个 range 迭代器对象，可以用 list()函数将其转换为一个列表：

```
In [11]: list(range(1, 5))
Out[11]: [1, 2, 3, 4]
```

关于迭代器对象的知识，将在 3.2.1 节详细介绍。

3. 不同类型序列的 for 循环遍历

除了列表，其他的序列也支持使用 for 循环进行遍历。有序序列（包括字符串、列表、元组等）的遍历方式，都是按顺序从第一个元素开始进行遍历。例如，遍历一个元组：

```
In [12]: values = (5, 4, 3, 2)
In [13]: for i in values:
    ...:     print(i, end=" ")
    ...:
5 4 3 2
```

这里用到了 print()函数的一个技巧：print 默认会在输入的内容后自动加上回车，可以通过设定 end 参数将其修改为空格。

无序序列（如集合、字典等）按照某种设定的内部顺序进行 for 循环遍历，这种顺序不一定是有序的，如集合：

```
In [14]: values = {5, 4, 3, 2}
In [15]: for i in values:
    ...:     print(i, end=" ")
    ...:
2 3 4 5
```

字典的 for 循环会按照键的某种顺序进行遍历：

```
In [16]: values = {1: "one", 2: "two", 3: "three"}
In [17]: for i in values:
    ...:     print(i, end=" ")
    ...:
1 2 3
```

如果想要同时得到字典的键对应的值，可以使用以下两种方式。第一种是用索引：

```
In [18]: values
Out[18]: {1: 'one', 2: 'two', 3: 'three'}
In [19]: for k in values:
    ...:     print(k, values[k])
    ...:
1 one
2 two
3 three
```

第二种是使用字典的.items()方法进行遍历：

```
In [20]: for k, v in values.items():
    ...:     print(k, v)
    ...:
1 one
2 two
3 three
```

第二种方法是利用.items()方法的返回值，然后再使用多变量赋值机制将键值对分别赋值给 k 和 v：

```
In [21]: values.items()
Out[21]: dict_items([(1, 'one'), (2, 'two'), (3, 'three')])
```

4．关键字 continue 和 break

continue 和 break 都是循环中用来执行特定功能的关键字，这两个关键字通常与判断语句一起使用，用来处理循环中的一些特殊情况。for 循环和 while 循环都支持关键词 continue 和 break 的使用。

（1）关键字 continue

在执行某次循环时，如果遇到 continue，程序将不再停止执行循环中 continue 后面的部分，直接开始下一次循环。例如，在遍历列表时，可以使用 continue 来忽略所有的奇数值：

```
In [22]: values = [7, 6, 4, 7, 19, 2, 1]
In [23]: for i in values:
    ...:     if i % 2:
    ...:         continue
    ...:     print(i, end="")
    ...:
642
```

在循环的过程，如果 i 为奇数（即除 2 的余数不为 0），continue 后面的 print()函数会被跳过，直接循环下一个 i；如果 i 为偶数，continue 语句的条件不满足，print()函数被执行。

（2）关键词 break

在执行某次循环时，如果遇到 break，不管后续的循环条件是否满足，也不管序列是否已经被遍历完毕，程序都会停止并跳出循环。例如，在遍历列表时，当列表中有大于 10 的值时，停止循环：

```
In [24]: for i in values:
    ...:     if i> 10:
    ...:         break
    ...:     print(i, end="")
```

```
    ...:
7 6 4 7
```

循环和判断可以相互多层嵌套，即判断中可以有新的判断或循环，循环中可以有新的循环，对于continue 和 break 语句来说，它们只对当前的循环有效，对更外层的循环不起作用。

5．循环中的 else 语句

while 循环和 for 循环的后面还可以接 else 语句，且和关键字 break 一起连用。循环后的 else 语句在 break 没被触发时执行。例如，break 被执行，else 语句不执行的情况：

```
In [25]: for i in values:
    ...:     if i> 10:
    ...:         print(i)
    ...:         break
    ...: else:
    ...:     print("All value <= 10")
    ...:
19
```

再如，break 没有执行，else 语句被执行的情况：

```
In [26]: values = [7, 6, 4, 7]
In [27]: for i in values:
    ...:     if i> 10:
    ...:         print(i)
    ...:         break
    ...: else:
    ...:     print "All value <= 10"
    ...:
All value <= 10
```

6．列表推导式

要得到一组数的平方，一个简单的想法是使用循环实现：

```
In [28]: values = [10, 21, 4, 7, 12]
In [29]: squares = []
In [30]: for i in values:
    ...:     squares.append(i ** 2)
    ...:
In [31]: squares
Out[31]: [100, 441, 16, 49, 144]
```

Python 提供了列表推导式（List Comprehension）的机制，使用更简单的方式来创建这个列表：

```
In [32]: [x ** 2 for x in values]
Out[32]: [100, 441, 16, 49, 144]
```

列表推导式的基本形式是使用一个 for 循环，对序列的元素依次进行操作得到另一个序列。在上面的例子中，这个操作是对 values 中的每个值进行平方。

列表推导式中还可以加入判断语句，实现对序列中元素的筛选。例如，只保留列表中不大于 10 的数的平方：

```
In [33]: [x ** 2 for x in values if x <= 10]
Out[33]: [100, 16, 49]
```

除了列表外，字典也可以用列表推导式生成，只不过要写成“k: v”键值对的形式：

```
In [34]: {x: x**2 for x in values if x <= 10}
Out[34]: {10: 100, 4: 16, 7: 49}
```

7. enumerate()和 zip()函数

在 Python 中，除了 range()函数外，enumerate()函数和 zip()函数常与 for 循环一起使用。for 循环可以遍历容器类型中的元素，如果希望在得到这些元素的同时，也得到列表中相应的索引位置信息，直接使用 for 循环的方式遍历就显得不那么方便。为此，Python 提供了 enumerate()的函数来实现这样的功能，其用法为：

```
In [35]: x = [2, 4, 6]
In [36]: for i, n in enumerate(x):
    ...:     print("pos {} is {}".format(i, n))
    ...:
pos 0 is 2
pos 1 is 4
pos 2 is 6
```

enumerate()函数在 for 循环的每一轮会将一对由索引位置、值组成的元组分别传给 i 和 n。如果只需要索引位置信息，也可以将 range()函数和 len()函数相结合：

```
In [37]: for i in range(len(x)):
    ...:     print(i, end=' ')
    ...:
0 1 2
```

在 for 循环中另一个常用的函数是 zip()函数，它接受多个序列，返回一个 zip 对象，可以被 for 循环遍历，遍历的第 i 个元素是一个元组，由所有序列的第 i 个元素组成：

```
In [38]: y = ['a', 'b', 'c']
In [39]: for i, j in zip(x, y):
    ...:     print(i, j)
    ...:
2 a
4 b
6 c
```

与 range()函数类似，zip()函数在 Python 2 和 Python 3 中的使用方法也有所不同。Python 2 与 Python 3 的区别之 zip 函数的返回值：在 Python 2 中，zip()函数的返回值是元组作为元素组成的一个列表，而在 Python 3 中，zip()函数生成的则是一个 zip 迭代器对象，可以通过 list()函数转换为列表：

```
In [40]: list(zip(x, y))
Out[40]: [(2, 'a'), (4, 'b'), (6, 'c')]
```

对于 zip()函数来说：

- 接受的序列可以是列表，也可以是其他类型的序列。

- 可以接受两个或以上的序列。
- 当序列的长度不同时，zip()函数返回的长度与序列中最短的一个相同。

例如，接受第三个序列，集合 z，长度为 5：

```
In [41]: z = {1, 2, 3, 4, 5}
In [42]: list(zip(x, y, z))
Out[42]: [(2, 'a', 1), (4, 'b', 2), (6, 'c', 3)]
```

如果某个参数是字典，zip()函数会保留它的键：

```
In [43]: w = {1: 'one', 2: 'two', 3: 'three'}
In [44]: list(zip(x, w))
Out[44]: [(2, 1), (4, 2), (6, 3)]
```

2.4 函数与模块

函数和模块是 Python 可扩展性的一个重要组成部分。函数可以帮助复用代码，减少代码量；模块使人们可以使用现成代码，避免重复工作。

2.4.1 函数

计算机科学中，函数（Function）是程序负责完成某项特定任务的代码单元，具有一定的独立性。函数通过名称进行调用，用一个小括号接受参数，并得到返回值，例如：

```
c = max(a, b)
```

1. 函数的定义

在 Python 中，函数在定义时需要满足这样的规则：

- 使用关键字 def 引导。
- def 后面是函数的名称，括号中是函数的参数，不同的参数用逗号“，”隔开，参数可以为空，但括号不能省略。
- 函数的代码块要缩进。
- 可以用一对"""包含的字符串作为函数的说明，来解释函数的用途，可省略，在查看函数帮助时会显示。
- 使用关键字 return 返回一个特定的值，如果省略，返回 None。

例如，定义一个接受两个变量 x 和 y 的函数 add()，计算 x 与 y 的和，并返回该值：

```
In [1]: def add(x, y):
   ...:     """Add two numbers"""
   ...:     return x + y
   ...:
```

2. 函数的调用

定义好函数后，函数并不会自动执行，需要调用它才能执行相关的内容。函数的调用使用函数名加括号的形式，参数放在括号中：

```
In [2]: add(2, 3)
```

```
Out[2]: 5
In [3]: add('foo', 'bar')
Out[3]: 'foobar'
```

Python 不限定函数参数的输入类型，因此，使用不同类型的对象作为参数并不会报错，只要这些传入的参数支持相关的操作即可。对于 add()函数而言，由于数字和字符串都支持加法操作，因此上面的调用都是合法的。当传入的两个参数不支持加法时，Python 会将抛出异常：

```
In [4]: add(2, 'foo')
---------------------------------------------------------------------------
TypeError                                 Traceback (most recent call last)
<ipython-input-4-6f8dcf7eb280> in <module>()
----> 1 add(2, "foo")
<ipython-input-1-e831943cfaf2> in add(x, y)
----> 3     return x + y
TypeError: unsupported operand type(s) for +: 'int' and 'str'
```

当传入的参数数目与实际不符时，也会抛出异常：

```
In [5]: add(1, 2, 3)
---------------------------------------------------------------------------
TypeError                                 Traceback (most recent call last)
<ipython-input-5-ed7bae31fc7d> in <module>()
----> 1 add(1, 2, 3)
TypeError: add() takes exactly 2 arguments (3 given)
In [6]: add(1)
---------------------------------------------------------------------------
TypeError                                 Traceback (most recent call last)
<ipython-input-6-ed7bae31fc7d> in <module>()
----> 1 add(1)
TypeError: add() takes exactly 2 arguments (1 given)
```

传入参数时，Python 提供了两种模式，第一种是按照参数的顺序传入，另一种是使用键值模式，按照参数名称传入参数。例如，使用键值模式，上面的例子可以写成：

```
In [7]: add(x=2, y=3)
Out[7]: 5
In [8]: add(x='foo', y='bar')
Out[8]: 'foobar'
```

两种模式可以混用，此时，Python 会先按照顺序模式给参数赋值，然后使用键值对模式赋值：

```
In [9]: add(2, y=3)
Out[9]: 5
```

在混用时，需要注意不能给同一个值赋值多次，类似于 add(2, x=3)的形式会抛出异常，因为此时函数中 x 被赋值了两次。

3．带默认参数的函数

在定义函数时，函数的参数可以设定默认值。例如，定义一个一元二次函数，并让参数 a、b、c 带有默认值：

```
In [10]: def quad(x, a=1, b=0, c=0):
    ...:     return a * x ** 2 + b * x + c
    ...:
```

定义时，Python 要求所有带默认值的参数必须放在不带默认值的参数后面。如果调用函数时不传入这些参数，Python 会自动调用其他参数的默认值进行计算。例如，只传入 x，其他的都用默认参数：

```
In [11]: quad(2.0)
Out[11]: 4.0
```

传入 x 和 b，a 和 c 使用默认值：

```
In [12]: quad(2.0, b=3)
Out[12]: 10.0
```

传入 x、a 和 c，参数 b 用默认值：

```
In [13]: quad(2.0, 2, c=4)
Out[13]: 12.0
```

4. 接受不定数目参数的函数

有些函数可以接受不定数目的参数，如 max()和 min()等。不定数目参数的功能，可以在定义函数时使用星号“*”来实现。例如，可以修改 add()函数，使其能实现两个或多个值的相加：

```
In [14]: def add(x, *ys):
    ...:     total = x
    ...:     for y in ys:
    ...:         total += y
    ...:     return total
    ...:
In [15]: add(1, 2, 3, 4)
Out[15]: 10
```

add()函数中的参数*ys 表示一个可变数目的参数，可以把它看成一个元组，调用 add(1, 2, 3, 4)时，第一个参数 1 传给了 x，剩下的参数作为一个元组传给了 ys，因此，ys 的值为(2, 3, 4)。

星号支持按顺序模式传入的参数，事实上，Python 还支持使用任意键值对作为参数，这种功能可以在函数定义时使用两个星号“**”来实现：

```
In [16]: def add(x, **ys):
    ...:     total = x
    ...:     for k, v in ys.items():
    ...:         print("adding", k)
    ...:         total += v
    ...:     return total
    ...:
In [17]: add(1, y=2, z=3, w=4)
adding y
adding z
adding w
Out[17]: 10
```

**ys 表示这是一个不定名字的参数，它本质上是一个字典，调用 add(1, y=2, z=3, w=4)时，ys 对应的值为字典{'y': 2, 'z': 3, 'w': 4}。这两种模式可以混用，不过要按顺序传入参数，即先传入位置参数，后传入关键字参数：

```
In [18]: def foo(*args, **kwargs):
    ...:     print(args)
    ...:     print(kwargs)
    ...:
In [19]: foo(2, 3, x='bar', z=10)
(2, 3)
{'x': 'bar', 'z': 10}
```

反过来，即使函数中没有使用星号来定义参数，Python 也支持在元组或者字典前加星号，将其作为参数传递给函数，不过这样的用法不是特别常见：

```
In [20]: def add(x, y):
    ...:     return x + y
    ...:
In [21]: z = (2, 3)
In [22]: add(*z)
Out[22]: 5
In [23]: w = {'x': 2, 'y': 3}
In [24]: add(**w)
Out[24]: 5
```

5．返回多个值的函数

函数可以返回多个值。例如，下面的函数返回一个序列的最大值和最小值：

```
In [25]: def min_max(x):
    ...:     return min(x), max(x)
    ...:
In [26]: t = [1, 3, 5, 7, 9]
In [27]: a, b = min_max(t)
In [28]: a
Out[28]: 1
In [29]: b
Out[29]: 9
```

事实上，Python 返回的是一个元组，只不过元组的括号被省略了。对于返回的元组，Python 的多变量赋值机制将它赋给了两个值：

```
In [30]: min_max(t)
Out[30]: (1, 9)
```

2.4.2 模块

1．模块简介

解释器模式通常用于学习、演示和排查问题，实际编写程序时通常需要使用脚本模式。在使用脚本模式时，随着代码量的增长，可能需要将某一个程序文件切分成多个部分，以便管理和维护。在这种情况下，在使用一些公共的函数和变量时，在每个文件里都复制粘贴一份定义显然是很浪费的，需要有一种能够复用公共部分的方式。Python 提供了模块机制来完成这种功能。

在模块机制下，可以将公用的函数和变量放到一个文件中，然后从别的脚本或者解释器模式中导入这个文件中的内容。这个包含函数和定义的文件被称为模块（Module）。通过模块，可以复用现成的代码，减少工作量。

在 Python 中，所有以.py 结尾的文件都可以被当作一个模块使用。例如，定义这样一个文件“ex1.py”：

```
PI = 3.1416
def my_sum(lst):
    tot = lst[0]
    for value in lst[1:]:
        tot = tot + value
    return tot

w = [0, 1, 2, 3]
print(my_sum(w), PI)
```

在 IPython 解释器中，可以使用魔术命令%%writefile 来创建这个文件：

```
In [1]: %%writefile ex1.py
   ...: PI = 3.1416
   ...: def my_sum(lst):
   ...:     tot = lst[0]
   ...:     for value in lst[1:]:
   ...:         tot = tot + value
   ...:     return tot
   ...: w = [0, 1, 2, 3]
   ...: print(my_sum(w), PI)
   ...:
```

可以直接使用魔术命令%run 来运行这个脚本，会输出结果：

```
In [2]: %run ex1.py
6 3.1416
```

这个脚本可以被当作一个模块，导入到解释器或者其他脚本中。在 Python 中，导入模块使用关键字 import，语法为：

```
import <module>
```

其中，<module>是不带.py 后缀的文件名，所以“ex1.py”可以这样被引入：

```
In [3]: import ex1
6 3.1416
```

在导入时，Python 会执行一遍模块中的所有内容，所以“ex1.py”文件中最后的结果被输出了。导入后，ex1 是一个被导入的模块：

```
In [4]: type(ex1)
module
```

导入后，ex1.py 中的变量都被载入，可以使用“<module>.<variable>”的形式来调用它们：

```
In [5]: ex1.PI, ex1.w
Out[5]: (3.1416, [0, 1, 2, 3])
```

模块中的变量可以被修改：

```
In [6]: ex1.PI = 3.14
```

模块里的函数可以用“<module>.<function>”的形式调用：

```
In [7]: ex1.my_sum([2, 3, 4])
Out[7]: 9
```

为了提高效率，在同一个程序中，已经载入的模块再次载入时，即使模块的内容已经改变，Python 也不会真正执行载入操作。例如，再次导入模块时，程序“ex1.py”的结果不会再次输出：

```
In [8]: import ex1
```

在导入模块时，Python 会对“ex1.py”文件进行一次编译，得到以.pyc 结尾的文件“ex1.pyc”，这是 Python 生成的二进制程序表示。

2. __name__变量

在导入模块时，有时候不希望执行脚本中的某些语句，如模块 ex1 中的 print()函数等，此时，可以借由__name__变量来实现这样的功能。

__name__变量在 Python 文件作为脚本执行或者作为模块导入时的值有一定的差异。作为脚本执行时，__name__变量对应的值是字符串'__main__'；而作为模块导入时，__name__变量对应的值是模块的名称。因此，可以在模块 ex1 中的 print()函数前加上对__name__变量的判断语句，得到文件“ex2.py”：

```
In [9]: %%writefile ex2.py
   ...: PI = 3.1416
   ...: def my_sum(lst):
   ...:     tot = lst[0]
   ...:     for value in lst[1:]:
   ...:         tot = tot + value
   ...:     return tot
   ...: if __name__ == '__main__':
   ...:     w = [0, 1, 2, 3]
   ...:     print(my_sum(w), PI)
   ...:
```

作为脚本运行它时，__name__的条件满足：

```
In [10]: %run ex2.py
6 3.1416
```

作为模块导入它时，__name__的条件不满足，判断里面的内容不会被执行：

```
In [11]: import ex2
```

3. 模块的导入方式

除了 import 关键字直接导入模块的形式外，模块还有一些其他的导入方式，可以根据实际需要选择合适的方式导入模块。模块的导入方式见表 2-9。

表 2-9 模块的导入方式

导入方式	调用方式	备注
import ex2	ex2.my_sum	常用
import ex2 as e2	e2.my_sum	对于比较长的模块进行缩写
import ex2.my_sum	ex2.mysum	只导入 ex2.my_sum 函数
import ex2.my_sum as e2s	e2s	对于比较长的函数进行改写
from ex2 import my_sum, PI	my_sum, PI	直接导入需要的内容
from ex2 import *	my_sum, PI	从模块导入所有变量，不推荐

导入模块时，Python 会优先在当前程序的工作目录中寻找模块；如果找不到，则会去 Python 系统的工作目录中寻找。

4．控制模块的导入内容

默认情况下，模块会导入脚本中所有已定义的内容，这种做法可能导入了一些不需要的内容。Python 提供了__all__变量来控制模块导入的内容，在指定了__all__变量时，Python 只会导入__all__中定义的内容。例如，在 ex1 中，假设只需要导入 PI、my_sum，不需要导入 w，可以在模块 ex1 中，令：

```
__all__ = [PI, my_sum]
```

此时，模块 ex1 中只有 PI 和 my_sum 两个能被导入。

5．dir()函数

可以用 dir()函数查看一个模块所包含的所有对象：

```
In [12]: dir(ex2)
Out[12]: ['PI',
          '__builtins__',
          '__cached__',
          '__doc__',
          '__file__',
          '__loader__',
          '__name__',
          '__package__',
          '__spec__',
          'my_sum']
```

如果不给定参数，dir()函数返回当前已定义的所有变量。

6．包

包（Package）是一个由多个模块组成的集合，用来管理多个模块。一个 Python 包的基本结构如下：

```
foo/
    __init__.py
    bar.py（定义了函数 func）
baz.py（定义了函数 funz）
```

“foo”是一个文件夹，其他的是文件。其中，“__init__.py”文件必不可少，用来表示 foo 是一个可以被 import 的包，“__init__.py”文件可以是一个空文件。调用 import foo 会导入“__init__.py”文件中的所有内容。

foo 包内的两个子模块 bar 和 baz 可以通过这样的方式来调用：

```
import foo.bar
from foo import baz
import foo.bar.func
from fun.baz import funz
```

使用“from <package> import <item>”的形式时，<item>既可以是一个子模块，也可以是模块中的一个函数或变量。除了子模块，包内还可以含有子包。例如，foo 是一个含有子包 formater 和 helper 的 Python 包：

```
foo/
    __init__.py
formater/
    bar.py
baz.py
    ...
    helper/
        echo.py
        ...
```

假设在“foo/formater”文件夹中的“bar.py”文件中，希望导入 foo 包中其他的子模块或子包，可以使用以下方式：

```
from . import baz
from .. import helper
from ..helper import echo
```

其中，“.”代表当前文件夹，“..”代表当前文件夹的父文件夹。为了方便叙述，在之后的章节中，本书不做区分，将包和模块统称为模块。

2.5　异常与警告

异常和警告是编写程序过程中经常遇到的问题。了解异常和警告的相关知识，可以更好地处理编程中遇到的问题。

2.5.1　异常

1. 捕捉异常

在运行代码时，不可避免地会遇到程序出错的情况，在 Python 中，这些错误通常叫作异常(Exception)。例如，编写一个用于计算以 10 为底的对数的程序，该程序利用 input()函数从命令行读取输入，计算它的对数并输出结果，直到输入为“q”为止：

```
import math
while True:
    text = input('> ')
```

```
    if text[0] == 'q':
        break
    x = float(text)
    y = math.log10(x)
    print("log10({0}) = {1}".format(x, y))
```

程序似乎看起来没什么问题，然而，输入负数-1 时，程序抛出了一个 ValueError 异常，原因是对数函数不能接受一个非正值输入：

```
> -1
---------------------------------------------------------------------------
ValueError                              Traceback (most recent call last)
<ipython-input-1-ceb8cf66641b> in <module>()
----> 8     y = math.log10(x)
ValueError: math domain error
```

正常情况下，Python 程序在抛出异常后就会停止执行。如果不希望程序停止运行，可以使用一对关键字 try 和 except 来处理异常，其基本形式如下：

```
try:
    <statements>
except <error>:
    <statements>
```

当 try 块中的代码遇到异常时，这个异常会首先由 except 块的代码进行处理。如果 except 块能处理这个异常，则执行 except 块相应的内容，然后程序继续执行；如果不能，该异常将被继续抛出。

在上面的例子中，代码抛出的异常类型是 ValueError。为了让程序接受异常输入，首先将可能出错的部分放入 try 块，再用关键字 except 处理 ValueError 类型的异常：

```
import math
while True:
    try:
        text = input('> ')
        if text[0] == 'q':
            break
        x = float(text)
        y = math.log10(x)
        print("log10({0}) = {1}".format(x, y))
    except ValueError:
        print("the value must be greater than 0")
```

再执行时，输入负数或者 0 都不会中断程序，而是打印 expect 块输出的信息：

```
> -1
the value must be greater than 0
> 0
the value must be greater than 0
> 1
log10(1.0) = 0.0
> q
```

2．处理不同类型的错误信息

对上面的代码进行修改，将 y 的值改为 1/math.log10(x)：

```
import math
while True:
    try:
        text = input('> ')
        f text[0] == 'q':
            break
        x = float(text)
        y = 1 / math.log10(x)
        print("1 / log10({0}) = {1}".format(x, y))
    except ValueError:
        print("the value must be greater than 0")
```

如果输入 1：

```
> 1
---------------------------------------------------------------------------
ZeroDivisionError                         Traceback (most recent call last)
<ipython-input-3-7607f1ae6af9> in <module>()
----> 9         y = 1 / math.log10(x)
ZeroDivisionError: float division by zero
```

由于 1 的对数为 0，数学上 1 除以 0 是一个非法操作，所以 Python 抛出了一个类型为 ZeroDivisionError 的异常。这个异常首先传到 except 块中，但 except 块并不能处理这种类型的异常，因此，该异常被继续传递，程序停止运行。

这个问题有以下几种解决方式。

1）可以使用 Exception 替换 ValueError，直接捕获所有的异常。Exception 类型是各种异常的总称，所以 ZeroDivisionError 类型和 ValueError 类型都是一种特殊的 Exception：

```
import math
while True:
    try:
        text = input('> ')
        if text[0] == 'q':
            break
        x = float(text)
        y = 1 / math.log10(x)
        print("1 / log10({0}) = {1}".format(x, y))
    except Exception:
        print("invalid value")
```

因此，所有异常都会被 except 块处理：

```
> 1
invalid value
> 0
invalid value
> -1
```

```
invalid value
> 2
1 / log10(2.0) = 3.32192809489
> q
```

2）可以在一个 except 块中用元组声明多个异常类型，程序抛出的任意一种类型的异常都可以被处理：

```
import math
while True:
    try:
        text = input('> ')
        if text[0] == 'q':
            break
        x = float(text)
        y = 1 / math.log10(x)
        print("1 / log10({0}) = {1}".format(x, y))
    except (ValueError, ZeroDivisionError):
        print("invalid value")
```

3）可以通过多个 except 块分别处理各种类型的异常，每个 except 块负责处理一种类型的异常：

```
import math
while True:
    try:
        text = input('> ')
        if text[0] == 'q':
            break
        x = float(text)
        y = 1 / math.log10(x)
        print("1 / log10({0}) = {1}".format(x, y))
    except ValueError:
        print("the value must be greater than 0")
    except ZeroDivisionError:
        print("the value must not be 1")
```

在这种情况下，两种类型的异常会被程序使用不同的逻辑分别处理：

```
> 1
the value must not be 1
> -1
the value must be greater than 0
>abcde
the value must be greater than 0
> 2
1 / log10(2.0) = 3.32192809489
> q
```

3．得到异常的具体信息

在上面的例子中，输入字符串“abcde”时，上面的程序会提示“the value must be greater

than 0”，这与实际情况不符，因为抛出 ValueError 异常的部分并不是 math.log10()函数，而是前面的 float()函数。

调用 float('abcde')时，由于所给字符串不能转换为浮点数，Python 会抛出一个“ValueError: could not convert string to float: abcde”的异常。这个异常其实包含两部分的内容：第一部分表示异常的类型，如 ValueError，第二部分表示异常的具体说明。可以修改 except 块，使其感知异常的具体信息：

```
except SomeError as e:
    print(e)
```

利用这种方式，可以将捕获到的异常保存在变量 e 中：

```
import math
while True:
    try:
        text = input('> ')
        if text[0] == 'q':
            break
        x = float(text)
        y = 1 / math.log10(x)
        print("1 / log10({0}) = {1}".format(x, y))
    except Exception as e:
        print(e)
```

输入非法值时，能得到异常的具体信息：

```
> 1
float division by zero
> -1
math domain error
>abcde
could not convert string to float: abcde
> 2
1 / log10(2.0) = 3.32192809489
> q
```

4. 主动抛出异常

在程序运行过程中，可以使用关键字 raise 主动抛出异常。例如，当变量 month 为不合法的月份时抛出异常：

```
if month > 12 or month < 1:
    raise ValueError("month must be between 1 and 12")
```

抛出的异常类型为 ValueError，括号中为具体说明信息。

5. finally 关键字

异常处理时，还可以加入一个以关键字 finally 开头的代码块，其作用为不管 try 块中的代码是否抛出异常，finally 块中的内容总是会被执行。例如，一个没有异常的 finally 块：

```
In [1]: try:
   ...:     print(1)
   ...: finally:
```

```
   ...:     print('finally was called.')
   ...:
1
finally was called.
```

抛出异常的 try 块，如果异常没有被处理，finally 块在抛出异常之前执行：

```
In [2]: try:
   ...:     print(1 / 0)
   ...: finally:
   ...:     print('finally was called.')
   ...:
finally was called.
---------------------------------------------------------------------------
ZeroDivisionError                         Traceback (most recent call last)
<ipython-input-13-87ecdf8b9265> in <module>()
----> 2    print(1 / 0)
ZeroDivisionError: division by zero
```

如果异常被 except 块处理了，finally 块在异常被处理后执行：

```
In [3]: try:
   ...:     print(1 / 0)
   ...: except ZeroDivisionError:
   ...:     print('divide by 0.')
   ...: finally:
   ...:     print('finally was called.')
   ...:
divide by 0.
finally was called.
```

关于 finally 块的执行顺序，总结如下：

- 没有异常，try 块结束后执行。
- 异常抛出，except 块没有处理异常，在抛出异常前执行。
- 异常抛出，except 块处理了异常，在异常被处理后执行。

2.5.2 警告

在 Python 中，警告（Warning）通常被用来告知用户，某种做法是不被鼓励的，但这种做法不会影响程序的正常运行。使用警告需要导入相关的模块：

```
In [1]: import warnings
```

然后调用 warnings 模块中的 warn 函数来抛出警告：

```
warn(msg, WarningType = UserWarning)
```

msg 是警告的提示信息，WarningType 参数用来指定警告的类型，如果不指定，默认的类型是 UserWarning（用户警告）：

```
In [2]: warnings.warn("test")
```

```
UserWarning: test
```

Python 中常见的警告类型主要有以下几种。

- Warning，与 Exception 类似，所有警告的父类，任意警告是一个 Warning 类。
- UserWarning，用户警告，warn 函数的默认类型。
- DeprecationWarning，表示用户使用了未来会被废弃的功能。
- FutureWarning，表示用户使用了未来可能会改变的功能。
- RuntimeWarning，运行时警告。

2.6 文件读写

使用 Python 读写文件是一个经常会遇到的问题。Python 提供了一些方便的文件处理模式来完成读写文件的功能。

2.6.1 读文件

假设有一个文件“test.txt”，内容为：

```
this is a test file.
hello world!
python is good!
today is a good day.
```

Python 提供了 open()函数，使用文件名作为参数来打开一个文件：

```
In [1]: f = open('test.txt')
```

open()函数返回一个打开的文件对象：

```
In [2]: f
Out[2]: <_io.TextIOWrapper name='test.txt' mode='r' encoding='UTF-8'>
```

其中，“r”表示只读模式，encoding 表示文件打开的编码方式。open()函数默认以只读的方式打开文件，如果文件不存在，程序会抛出异常。只读模式（Read-Only Mode）指的是只能读取文件的内容而不能修改它。

可以调用.read()方法来一次读取文件中的所有内容：

```
In [3]: f.read()
Out[3]: 'this is a test file.\nhello world!\npython is good!\ntoday is a
good day.'
```

读取完一个文件时，需要使用.close()方法将这个文件关闭：

```
In [4]: f.close()
```

刚才的.close()方法已经将文件关闭，再次读取需要重新打开该文件：

```
In [5]: f = open('test.txt')
```

也可以使用.readlines()方法对文件内容按行读取，该方法会返回一个列表，每个元素为文件中每一行的内容：

```
In [6]: f.readlines()
Out[6]:['this is a test file.\n',
        'hello world!\n',
        'python is good!\n',
        'today is a good day.']
In [7]: f.close()
```

.readlines()方法返回的列表中，每一行行末的回车符“\n”会被保留。

可以使用 for 循环对文件对象进行遍历，每次读取一行，直到不能读取为止：

```
In [8]: f = open('test.txt')
In [9]: for line in f:
   ...:     print(line)
   ...:
this is a test file.
hello world!
python is good!
today is a good day.
In [10]: f.close()
```

还可以使用.readline()函数只读取文件的一行：

```
In [11]: f = open('test.txt')
In [12]: f.readline()
Out[12]: 'this is a test file\n'
```

在这种情况下，由于文件并没有被读取完整，可以继续读取后续的内容。如果此时调用.read()方法，会得到除第一行之外的所有内容：

```
In [13]: f.read()
Out[13]: 'hello world!\npython is good!\ntoday is a good day.'
In [14]: f.close()
```

2.6.2 写文件

Python 写文件同样使用 open()函数，只不过需要改变它的文件打开方式。open()函数默认的打开方式为只读，即“mode='r'”：

```
open(name, mode='r')
```

写文件的时候，可以通过传入一个参数将模式转换为写：

```
In [1]: f = open('myfile.txt', 'w')
```

这里，模式“w”表示文件使用只写模式（Write-Only Mode）打开。在该模式下，如果文件不存在，这个文件会被创建出来；如果文件存在，文件中的内容将被清空。

在写文件模式下，可以使用文件对象的.write()方法向其中写入文字：

```
In [2]: f.write('hello world!')
Out[2]: 12
```

文件写入完成后，和读文件一样，需要关闭这个文件：

```
In [3]: f.close()
```

可以通过读取这个文件的内容来验证是否已经将文字写入这个文件：

```
In [4]: f = open('myfile.txt')
In [5]: f.read()
Out[5]: 'hello world!'
In [6]: f.close()
```

如果文件已经存在，只写模式会清除之前文件的所有内容，重新开始写入，在这种情况下，文件中之前的数据是不可恢复的：

```
In [7]: f = open('myfile.txt', 'w')
In [8]: f.write('another hello world!')
Out[8]: 20
In [9]: f.close()
In [10]: f = open('myfile.txt')
In [11]: f.read()
Out[11]: 'another hello world!'
In [12]: f.close()
```

除了只读、只写模式之外，open()函数还支持其他操作模式，比如以“a”表示的追加模式（Append Mode）。追加模式不会覆盖原有的内容，而是从文件的结尾开始写入：

```
In [13]: f = open('myfile.txt', 'a')
In [14]: f.write(' and more!')
Out[14]: 10
In [15]: f.close()
In [16]: f = open('myfile.txt')
In [17]: f.read()
Out[17]: 'another hello world! and more!'
In [18]: f.close()
```

打开文件之后，需要使用.close()方法关闭这个文件。在 Python 中，当一个文件对象不再被其他变量引用时，Python 会自动调用.close()方法关闭这个文件。因此，大多数情况下，即使忘记调用文件的.close()方法，文件最终还是会被正常关闭。不过在少数情况下，如果在写文件时没有关闭文件，可能会遇到文件没有及时写入的问题：

```
In [19]: f = open('newfile.txt','w')
In [20]: f.write('hello world!')
Out[20]: 12
In [21]: g = open('newfile.txt', 'r')
In [22]: g.read()
Out[22]: ''
```

虽然写入了“hello world”，但是在文件关闭之前，这个内容并没有被完全写入磁盘，所以读取该文件时，拿到的结果仍为空。由于 Python 3 中的字符串已经全部变为 Unicode，中文字符串的读写不再像 Python 2 中存在各种转换问题，可以直接进行读写：

```
In [23]: f = open('myfile.txt', 'w')
```

```
In [24]: f.write('你好，世界！')
Out[24]: 6
In [25]: f.close()
In [26]: f = open('myfile.txt')
In [27]: f.read()
Out[27]: '你好，世界！'
In [28]: f.close()
```

2.7 内置函数

内置函数在 Python 中可以直接使用，不需要额外引入其他模块进行调用。这里对常用的 Python 内置函数进行归纳总结。

2.7.1 数字相关的内置函数

1．绝对值的计算：abs()函数

abs(x)函数用于返回数字 x 的绝对值，x 可以是整数、长整数、浮点数；如果 x 是复数，则返回它的模：

```
In [1]: abs(-12)
Out[1]: 12
In [2]: abs(3+4j)
Out[2]: 5.0
```

2．商和余数的计算：divmod()函数

函数 divmod(a, b)用于返回一个元组。如果参数是整数，它返回(a // b, a % b)，如果参数是浮点数，返回(q, a % b)，其中 q 通常是 a / b 向下取整得到的结果，不过由于浮点数的精度问题，q 有可能比真实值小 1：

```
In [3]: divmod(14, 3)
Out[3]: (4, 2)
In [4]: divmod(2.3, 0.5)
Out[4]: (4.0, 0.2999999999999998)
```

3．幂的计算：pow()

求幂函数的用法为：

```
pow(x, y[, z])
```

在不给定 z 的情况下，函数返回 x 的 y 次方，相当于 x ** y。给定参数 z 时，返回 x 的 y 次方模 z 的结果：

```
In [5]: pow(2, 50)
Out[5]: 1125899906842624
In [6]: pow(2, 50, 1000)
Out[6]: 624
```

pow(x, y, z)要比使用 pow(x, y) % z 高效。

4．近似值的计算：round()

近似函数的用法为：

```
round(num[, ndigits])
```

参数 ndigits 用来指定近似到小数点后几位，默认为 0，即默认返回近似到整数的浮点数值：

```
In [7]: round(3.14159)
Out[7]: 3
In [8]: round(3.14159, 2)
Out[8]: 3.14
```

2.7.2　序列相关的内置函数

1．序列的真假判断：all()、any()

all()函数接受一个序列，当序列中所有的元素都计算为真时，返回 True，否则返回 False；而函数 any()则在序列中的任意一个元素为真时返回 True，否则返回 False。判断真假的规则与判断语句中的判断条件一致：

```
In [1]: all(["abc", 1, 2.3, [1, 2, 3]])
Out[1]: True
In [2]: any(["", 0, [], False, {1, 2}])
Out[2]: True
```

2．序列的最值：max()和 min()

可以用 max()函数和 min()函数来求最值：

```
In [3]: max([1, 3, 2])
Out[3]: 3
In [4]: max(1, 3, 2)
Out[4]: 3
In [5]: min(1, 3, 2)
Out[5]: 1
In [6]: min([1, 3, 2])
Out[6]: 1
```

3．序列的切片：slice()

在调用切片时使用“start:stop:step”的形式，这样形式的序列可以通过 slice()函数来生成，得到一个 slice 对象，如“5:10:2”：

```
In [7]: slice(5, 10, 2)
Out[7]: slice(5, 10, 2)
```

直接使用“5:10:2”则会报错：

```
In [8]: 5:10:2
  File "<ipython-input-24-1a46de73c1e2>", line 1
    5:10:2
     ^
SyntaxError: invalid syntax
```

slice 对象的作用与“start:stop:step”相同：

```
In [9]: range(20)[slice(5, 10, 2)]
Out[9]: range(5, 10, 2)
In [10]: range(20)[5:10:2]
Out[10]: range(5, 10, 2)
```

4．序列的和：sum()

sum()函数可以对序列进行求和：

```
In [11]: sum([1, 2, 3, 4])
Out[11]: 10
```

2.7.3 其他内置函数

1．print()函数

print()函数是最常用的 Python 函数之一，在 Python 3 中，print()函数可以将变量的值打印出来，基本用法为：

```
print(value, ..., sep=' ', end='\n', file=sys.stdout, flush=False)
```

其中，value 可以有任意多个，sep 表示每个 value 之间的分割符，end 表示 print()函数最终的结束符：

```
In [1]: print(1, 2, 3, sep=',')
1,2,3
```

2．hash()函数

hash()函数返回一个可哈希对象的哈希值：

```
In [2]: hash("hello world!")
Out[2]: 4886888367491137833
```

调用不可哈希对象会报错：

```
In [3]: hash([1,2,3])
---------------------------------------------------------------------------
TypeError                                 Traceback (most recent call last)
<ipython-input-2-35e31e935e9e> in <module>
----> 1 hash([1,2,3])
TypeError: unhashable type: 'list'
```

2.8 本章学习笔记

本章详细介绍了 Python 的基本使用方法，主要包括两部分，一是基础语法结构，二是主要数据类型。熟练掌握这两部分的内容，才能使用 Python 编程解决实际问题。

学完本章，读者应该做到：

- 熟悉 Python 的基础语法。

- 知道 Python 中的主要数据类型。
- 掌握数字、字符串等基本类型的使用。
- 掌握列表、元组、集合、字典等容器类型的使用。
- 了解 Python 的赋值机制。
- 掌握 Python 中的判断和循环语句。
- 知道列表推导式的使用。
- 了解并掌握函数的定义和调用。
- 了解并掌握导入模块和包的方式。
- 了解异常处理和警告。
- 了解 Python 中的常用内置函数。

1. 本章新术语

本章涉及的新术语见表 2-10。

表 2-10　本章涉及的新术语

术　语	英　文	说　明
变量	Variable	有名字的对象
保留关键字	Reserved Keywords	一类有特殊含义的符号，不能作为变量名
数据类型	Data Type	表示数据在计算机内存中的存储方式
容器	Container	一种存储多个其他对象的类型
整型	Integer	一种表示一定范围整数的类型
浮点型	Floating Point Number	一种表示浮点数的类型
复数型	Complex	一种表示复数的类型
布尔型	Boolean	一种表示真假的类型
十进制	Decimal	以 10 为基数的计数方法
二进制	Binary	以 2 为基数的计数方法
八进制	Octal	以 8 为基数的计数方法
十六进制	Hexadecimal	以 16 为基数的计数方法
科学计数法	Scientific Notation	用一个绝对值在 1～10 的实数 a 与 10 的次幂相乘表示数字的形式
字符串	String	由零个或多个字符组成的有限序列
对象	Object	一个在内存中装载的实例，有属性和方法
属性	Attribute	与某个对象绑定，表示对象的状态
方法	Method	与某个对象绑定，用来操作对象
转义字符	Escape Sequence	一种表示字符的机制。通常用于不可打印字符的表示，如换行符或制表符等
Unicode	Unicode	万国码，计算机领域的一项业界标准
ASCII	American Standard Code for Information Interchange	美国信息交换标准代码，一套基于拉丁字母的编码系统
序列	Sequence	多个元素按照一定规则组成的对象
索引	Indexing	利用下标值查询序列中某个元素的方法
分片	Slicing	一种特殊的索引方法，返回一个子序列

（续）

术　语	英　文	说　明
列表	List	一个有序的对象序列，可变
元组	Tuple	一种有序的对象序列，不可变
可变类型	Mutable Type	可以通过操作改变自身值的对象类型
不可变类型	Immutable Type	不可以通过操作改变自身值的对象类型
字典	Dictionary	一种由键值对组成的数据结构
集合	Set	一种无序的序列，具有唯一性，可变
不可变集合	Frozen Set	一种无序的序列，具有唯一性，不可变
判断语句	If-Statement	满足一定条件时触发的特定操作
循环	Loop	满足一定条件时重复执行的特定操作
列表推导式	List Comprehension	使用 for 循环对序列元素依次操作得到的另一个序列
函数	Function	完成某项特定任务的代码单元，具有一定的独立性
模块	Module	包含多个函数和定义的文件，可以导入
包	Package	一种管理多个模块的机制
异常	Exception	运行代码时遇到错误时抛出的提示
警告	Warning	运行代码时遇到某种不合理用法的提示
只读模式	Read-Only Mode	只能读取文件内容，不能修改内容的模式
只写模式	Write-Only Mode	清除文件原有内容，重新写入内容的模式
追加模式	Append Mode	在原有文件内容基础上追加写入的模式

2. 本章新函数

本章涉及的新函数见表 2-11。

表 2-11　本章涉及的新函数

函　数	用　途
abs()	求绝对值
max()	求最大值
type()	得到变量类型
math.sqrt()	求平方根
min()	求最小值
round()	求近似值
int()	将对象转换为整数
float()	将对象转换为浮点数
complex()	将对象转换为复数
len()	得到一个对象的长度
str()	返回一个对象的字符串表示（有可读性）
hex()	数字转十六进制表示
oct()	数字转八进制表示
bin()	数字转二进制表示

（续）

函　　数	用　　途
ord()	字符转 Unicode 编码
chr()	Unicode 编码转字符
list()	生成函数
sorted()	得到一个有序的序列
reversed()	得到一个反序的序列
tuple()	生成一个元组
dict()	生成一个字典
set()	生成一个集合
frozenset()	生产一个不可变集合
id()	返回对象在内存中的地址
range()	得到一段连续的整数序列
enumerate()	遍历时同时返回位置和值
zip()	同时遍历多个对象
dir()	列出所在命名空间里的变量
input()	从命令行读取一行输入
math.log10()	以 10 为底对数
warnings.warn()	抛出警告信息
hash()	返回可哈希对象的哈希值
all()	序列中所有的元素都计算为真时，返回 True
any()	序列中至少有一个元素计算为真时，返回 True

3. 本章 Python 2 与 Python 3 的区别

本章涉及的 Python 2 与 Python 3 的区别见表 2-12。

表 2-12　本章涉及的 Python 2 与 Python 3 的区别

用　　法	Python 2	Python 3
整数除法	两个整数的运算结果只能是整数，对于除不尽的情况，Python 2 会将结果向下取整，返回小于该结果的最大整数，如 12/5 的值为 2	除法返回浮点数，12/5 的结果为 2.4
整型与长整型	当整数大于一定范围时，Python 2 会自动将整数由整型转换为长整型（long）	长整型被取消，整数都是整型（int）
f 字符串	不支持	引入了 f 字符串进行格式化，可以在占位符中直接使用已有变量的表达式
字符串类型	str 类型默认使用 ASCII 编码，unicode 类型使用 Unicode 编码	str 类型默认使用 Unicode 编码，bytes 类型使用 ASCII 编码
不同类型的比较	支持，如字符串与数字可以比较大小	不支持，字符串与数字不可以比较大小
range()函数返回值	返回列表	返回一个 range 迭代器对象
zip()函数返回值	返回列表	返回一个 zip 迭代器对象

第3章 Python进阶

Python 设计了很多机制来实现更高效的编程。本章将学习 Python 的一些进阶用法，包括函数的进阶，迭代器、生成器、装饰器、上下文管理器的使用，以及 Python 中的变量作用域。

本章要点：

- 函数的进阶用法。
- 迭代器和生成器的定义与使用。
- 装饰器的定义与使用。
- 上下文管理器的定义与使用。
- Python 中的变量作用域。

3.1 函数进阶

函数是 Python 的核心，能够提高代码的复用率。为了更好地使用函数，有必要了解函数的一些运行机制和高级用法。

3.1.1 函数参数与返回值

1. 参数的传递机制

在 Python 中，函数参数的传递机制跟赋值机制一样，其本质都是共用内存地址，并不会真正复制对象。这种共享内存的方式叫作引用传递。引用传递（Call By Reference）模式指的是函数在调用过程中，参数与实际传入的对象共享同一块内存地址。

为了进一步理解引用传递的本质，定义如下函数：

```
In [1]: def f(x):
   ...:     return id(x)
   ...:
```

对于给定的参数 x，该函数返回参数 x 对应的内存地址。将该函数作用在数字上：

```
In [2]: a = 1.2
In [3]: id(a)
Out[3]: 4432523472
In [4]: f(a)
```

```
Out[4]: 4432523472
```

函数 f(a)的返回值与 a 的内存地址是一致的。这表示，当函数 f()被调用时，Python 并没有将 a 的值复制一份传给参数 x，而是让参数 x 与 a 共享了同一块内存。换句话说，x 和 a 是同一个对象。再将函数作用在列表上，得到类似的结论：

```
In [5]: b = [1, 2, 3]
In [6]: id(b)
Out[6]: 4432611648
In [7]: f(b)
Out[7]: 4432611648
```

这种共享同一个对象的机制意味着，可以在函数中修改传入参数的值。例如，定义这样的一个函数，对于参数 x，让 x[0]变为 999，并返回修改后的 x：

```
In [8]: def mod_f(x):
   ...:     x[0] = 999
   ...:     return x
   ...:
```

对列表 c 应用这个函数，Python 会先让 x 指向 c 所在的内存。由于 x 和 c 共享同一个对象，修改 x[0]会让 c 的值相应改变：

```
In [9]: c = [1, 2, 3]
In [10]: mod_f(c)
Out[10]: [999, 2, 3]
In [11]: c
Out[11]: [999, 2, 3]
```

不过，如果在函数中给参数 x 赋了一个新值（如另一个列表），根据赋值机制，虽然 x 指向一个新的内存位置，但原来的变量不会改变：

```
In [12]: def no_mod_f(x):
    ...:     x = [4, 5, 6]
    ...:     return x
    ...:
In [13]: d = [1, 2, 3]
In [14]: mod_f(d)
Out[14]: [4, 5, 6]
In [15]: d
Out[15]: [1, 2, 3]
```

2. 默认参数的传递

有默认参数的情况下，Python 会在函数定义时预先为默认参数分配内存，每次调用默认参数时，Python 会从这个预先分配好的内存地址得到这个默认参数，以避免每次生成一个额外的默认参数。这样做能够节约一定的内存空间，不过也可能会得到一些与直觉不符的结果。例如，考虑这样的函数 f，该函数接受一个参数 x，该参数的默认值为空列表：

```
In [16]: def f(x = []):
    ...:     x.append(1)
```

```
   ...:     return x
   ...:
```

如果不给 f 传递参数，直觉上它应该返回列表[1]。但实际上，由于默认参数的传递始终使用的是同一个列表，每次调用默认参数时，函数中.append()方法改变了这个默认列表，所以随着函数的调用，默认参数对应的列表也在变化：

```
In [17]: f()
Out[17]: [1]
In [18]: f()
Out[18]: [1, 1]
In [19]: f()
Out[19]: [1, 1, 1]
```

因此，在使用默认参数时，如果不希望出现这样的情况，应当尽量减少使用可变的容器类型（如列表、字典等）作为函数的默认参数，以免出现意料之外的结果。这种机制并不是 Python 设计上的问题，在某些情况下，这样的机制还能方便程序实现一些特殊的功能，如提供对计算结果的缓存等。

3.1.2 高阶函数

以函数作为参数或者返回一个函数的函数都是高阶函数（High-Order Function）。

1. 函数的对象性

在 Python 中，函数是一种基本类型的对象，例如：

```
In [1]: max
Out[1]: <function max>
```

对象性意味着可以对函数进行以下操作：

- 将函数作为参数传给另一个函数。
- 将函数名赋值给另一个变量。
- 将函数作为另一个函数的返回值。

定义这样两个函数：

```
In [2]: def square(x):
   ...:     return x ** 2
   ...:
In [3]: def cube(x):
   ...:     return x ** 3
   ...:
```

把它们作为字典的值构造一个字典：

```
In [4]: d = {"power2": square,"power3": cube}
In [5]: d["power2"]
Out[5]: <function __main__.square(x)>
```

调用 d["power3"](3)就相当于调用 cube(3)：

```
In [6]: d["power3"](3)
Out[6]: 27
```

2．以函数为参数的函数

函数可以作为另一个函数的参数被调用。假设有这样一个函数：

```
defapply_function(f, sq):
    return [f(x) for x in sq]
```

该函数接受两个参数：一个函数 f 和一个序列 sq，其作用是将函数 f 作用在序列 sq 的每个元素上。由于参数 f 是一个函数，所以这个函数是一个高阶函数。Python 中的 map()函数可以实现同样的功能，其用法为：

```
map(f, sq)
```

其作用是将函数 f 作用到 sq 的每一个元素上去，并返回由所有结果组成的一个 map 对象迭代器。例如，利用 map()函数，可以将之前定义的函数 square()应用到一个序列上去：

```
In [7]: map(square, range(5))
Out[7]: <map at 0x11070ad30>
```

可以使用 list()函数将其转换为一个列表：

```
In [8]: list(map(square, range(5)))
Out[8]: [0, 1, 4, 9, 16]
```

Python 2 与 Python 3 的区别之 map()函数返回值：Python 2 中 map()函数返回的是列表；Python 3 中 map()函数的返回值是一个 map 迭代器对象。

3．以函数为返回值的函数

函数的返回值也可以是个函数。Python 支持在函数中定义子函数，利用子函数可以将之前定义的平方函数和立方函数一般化：

```
In [9]: def power_func(num):
   ...:     def func(x):
   ...:         return x ** num
   ...:     return func
   ...:
```

该函数接受一个参数 num，并定义了一个子函数 func()，最终返回定义的这个子函数。子函数 func()使用了传入的 num 参数来计算对应的值。有了这个函数，平方函数和立方函数可以这样定义：

```
In [10]: square2 = power_func(2)
In [11]: square2(4)
Out[11]: 16
In [12]: cube2 = power_func(3)
In [13]: cube2(5)
Out[13]: 125
```

3.1.3 map()函数和 filter()函数

map()函数接受一个函数 f 和一个序列 sq：

```
map(f, sq)
```

其作用是将函数 f 作用在序列的所有元素上，等价于推导式：

```
f(x) for x in sq
```

filter()函数也接受一个函数 f 和一个序列 sq：

```
filter(f, sq)
```

其作用是通过函数 f 来筛选序列中的元素，等价于推导式：

```
x for x in sq if f(x)
```

考虑一个判断偶数的函数：

```
In [1]: def is_even(x):
   ...:     return x % 2 == 0
   ...:
```

使用 filter()函数，可以得到序列中的所有偶数：

```
In [2]: list(filter(is_even, range(5)))
Out[2]: [0, 2, 4]
```

Python 2 与 Python 3 的区别之 filter()函数返回值：Python 2 中 filter()函数返回的是列表；Python 3 中 map()函数的返回值是一个 filter 迭代器对象。

为了得到结果列表，需要在外面套一个 list()函数。

可以将 map()和 filter()函数一起使用，求序列中所有偶数的平方：

```
In [3]: def square(x):
   ...:     return x ** 2
   ...:
In [4]: list(map(square, filter(is_even, range(5))))
Out[4]: [0, 4, 16]
```

相当于推导式：

```
square(x) for x in range(5) if is_even(x)
```

在实际编写代码时，推荐使用推导式作为 map()函数与 filter()函数的替代，因为推导式的形式更加简洁直观。

3.1.4 Lambda 表达式

在使用函数作为参数的时候，如果传入的函数比较简单或者使用次数较少，在代码文件中直接定义这些函数就显得比较烦琐。为了解决这个问题，Python 提供了 Lambda 表达式（Lambda Expression）来简化函数的定义，其基本形式为：

```
lambda <variables>: <expression>
```

Lambda 表达式返回的是一个函数对象，其中，<variables>的部分是该函数的参数，<expression>则是函数的返回值，用冒号“:”进行分割。Lambda 表达式在定义时只有参数和返回值，并没有给出函数的名称。对于一些简单的函数，这样做可以省去定义函数的麻烦。例如，平方函数可以用 Lambda 表达式定义：

```
In [1]: lambda x: x ** 2
Out[1]: <function __main__.<lambda>(x)>
```

将它传入 map()函数作为参数：

```
In [2]: list(map(lambda x: x ** 2, range(5)))
Out[2]: [0, 1, 4, 9, 16]
```

用 Lambda 表达式作为 filter()函数的输入，判断是否为偶数：

```
In [3]: list(filter(lambda x: x % 2 ==0, range(5)))
Out[3]: [0, 2, 4]
```

也可以直接用 Lambda 表达式给一个变量赋值，这个变量可以当作函数使用：

```
In [4]: cube_lambda = lambda x: x ** 3
In [5]: cube_lambda(2)
Out[5]: 8
```

3.1.5　关键字 global

在 Python 中，函数可以直接使用外部已定义好的变量值。例如，在 foo()函数中，打印外部变量 x 的值：

```
In [1]: x = 15
In [2]: def foo():
   ...:     print(x)
   ...:
In [3]: foo()
15
```

如果在函数中给变量 x 赋值，外面的 x 不会发生变化：

```
In [4]: def foo():
   ...:     x = 18
   ...:     print(x)
   ...:
In [5]: foo()
Out[5]: 18
In [6]: x
Out[6]: 15
```

在函数里直接给 x 赋值不会影响外面的变量 x。foo()函数打印的 x 是 18，但外部变量 x 仍然是 15。如果希望在函数中通过赋值改变外部变量的值，可以使用关键字 global 声明这些外部变量。例如，在函数中用 global 声明外部变量 x，并在函数里给 x 赋值：

```
In [7]: def foo():
   ...:     global x
   ...:     x = [1, 2, 3]
   ...:     print(x)
   ...:
```

此时，调用 foo()函数会改变外部变量 x 的值：

```
In [8]: foo()
Out[8]: [1, 2, 3]
In [9]: x
Out[9]: [1, 2, 3]
```

3.1.6 函数的递归

递归（Recursion）是指函数在执行的过程中调用了自身的行为，通常用于分治法（Divide And Conquer），即将规模较大的复杂问题拆分为规模较小的子问题。例如，阶乘函数可以写成：

```
f(n) = n! = n ×(n-1)! = n ×f(n-1)
```

利用上面的式子，可以把求解 n 阶乘的问题变成了一个求解 n-1 阶乘的问题。以此类推，最后只需要解决最简单的 f(1)的问题。其函数定义如下：

```
In [1]: def fac(n):
   ...:     return 1 if n == 1 else n * fac(n-1)
   ...:
In [2]: fac(6)
Out[2]: 720
```

利用递归，fac()函数被写成了一种非常紧凑的形式：

- 如果 n 为 1，返回 1。
- 如果 n 不为 1，返回递归情况 n*fac(n-1)。

递归可以更快地实现代码，不过在效率上可能会有一定的损失。例如，斐波那契数列为 1、1、2、3、5、8、13……其规律为：

```
F(0)=F(1)=1, F(n)=F(n-1)+F(n-2)
```

即后一个数是前面两个数的和。按照这个逻辑，可以得到递归版本的代码：

```
In [3]: def fib1(n):
   ...:     return 1 if n <= 1 else fib1(n-1) + fib1(n-2)
   ...:
In [4]: list(map(fib1, range(10)))
Out[4]: [1, 1, 2, 3, 5, 8, 13, 21, 34, 55]
```

斐波那契数列也可以用非递归的方式来实现：

```
In [5]: def fib2(n):
   ...:     a, b = 1, 1
   ...:     for _ in range(n):
   ...:         a, b = b, a+b
   ...:     return a
   ...:
In [6]: list(map(fib2, range(10)))
Out[6]: [1, 1, 2, 3, 5, 8, 13, 21, 34, 55]
```

这个非递归版本的代码，其基本过程如下。

- 初始情况：a=F(0)，b=F(1)。

- 第一轮更新：a=F(1)，b=F(0)+F(1)=F(2)。
- 第二轮更新：a=F(2)，b=F(3)。
- 第 n 轮更新：a=F(n)，b=F(n+1)。

利用 IPython 的魔术命令%timeit，可以对这两个函数的运行时间进行比较：

```
In [7]: %timeit fib1(20)
3.23 ms± 154 µs per loop (mean ± std. dev. of 7 runs, 100 loops each)
In [8]: %timeit fib2(20)
1.45 µs ± 29 ns per loop (mean ± std. dev. of 7 runs, 1000000 loops each)
```

可以看到，两者的效率有很大的差别，非递归版本比递归版本要快很多，原因是递归版本中存在大量的重复计算。在递归版本中，调用 fib1(n)时，需要计算一次 fib1(n-1)和一次 fib1(n-2)，而调用 fib1(n-1)时需要再调用一次 fib1(n-2)，这样 fib1(n-2)事实上被计算了两次，随着递归的深入，这样的重复计算越来越多，所以计算速度会比较慢。

为了减少重复计算，可以考虑使用缓存机制来实现一个更快的递归版本。具体来说，可以利用默认参数可变的性质，构造缓存保存已经计算的结果：

```
In [9]: def fib3(n, cache={0:1, 1:1}):
   ...:     try:
   ...:         return cache[n]
   ...:     except KeyError:
   ...:         cache[n] = fib3(n-1) + fib3(n-2)
   ...:         return cache[n]
   ...:
In [10]: list(map(fib3, range(10)))
Out[10]: [1, 1, 2, 3, 5, 8, 13, 21, 34, 55]
```

在 fib3()函数中，默认参数 cache 初始化为一个字典，并且存储初始值 F(0)、F(1)，它起到一个缓存的作用。计算 fib3(n)时，首先在缓存 cache 中查找，如果 cache 中有键 n，直接返回结果；如果没有，抛出一个 KeyError，在 except 的部分，函数使用递归更新 cache[n]的值，然后返回它。

对于该函数，调用 fib3(n-1)使得缓存中保存了 cache[n-2]，再调用 fib3(n-2)的时候会直接返回结果而不是重复计算，提高了计算效率。

带缓存的递归版本的时间效率会在大量调用该函数时达到最佳：

```
In [11]: %timeit fib3(20)
162 ns ± 5.12 ns per loop (mean ± std. dev. of 7 runs, 1000000 loops each)
```

3.2　迭代器与生成器

迭代器与生成器是 Python 中 for 循环机制的重要组成部分，了解迭代器与生成器的原理，能帮助读者更好地理解 for 循环背后的实现原理。

3.2.1　迭代器

1．迭代器的规则

Python 中的容器类型通常包含一个迭代器（Iterator）来帮助它们支持 for 循环的操作。这些容器类型需要实现一个.__iter__()方法返回相应的迭代器：

```
<container>.__iter__()
```

拥有迭代器方法的对象也被称为一个可迭代对象（Iterable Object）。常见的容器类型（如列表、集合、字典、元组等）都有一个对应的迭代器：

```
In [1]: [1, 2, 3].__iter__()
Out[1]: <list_iterator at 0x47c2898>
In [2]: {1, 2, 3}.__iter__()
Out[2]: <set_iterator at 0x47c3318>
In [3]: {1:1, 2:2}.__iter__()
Out[3]: <dict_keyiterator at 0x47b89f8>
In [4]: (1, 2, 3).__iter__()
Out[4]: <tuple_iterator at 0x47ea588>
```

迭代器对象支持.__next__()方法，.__next__()方法返回容器中被迭代到的下一个元素。例如，对于列表的迭代器对象：

```
In [5]: x = [2, 4, 6]
In [6]: i = x.__iter__()
```

第一次调用.__next__()方法时，返回第一个元素 2：

```
In [7]: i.__next__()
Out[7]: 2
```

再次调用.__next__()方法时，返回可迭代对象的下一个元素：

```
In [8]: i.__next__()
Out[8]: 4
```

也可以调用 Python 自带的 next()函数来获得可迭代对象的下一个元素：

```
In [9]: next(i)
Out[9]: 6
```

Python 2 与 Python 3 的区别之迭代器的.__next__()方法：Python 2 中，迭代器的下一个元素使用.next()方法调用；Python 3 中，迭代器则改用.__next__()方法获取下一个元素。

迭代器是一种一次性消费品，迭代完最后一个元素后，调用.__next__()方法不会回到开头，而是抛出一个 StopIteration 异常：

```
In [10]: i.__next__()
---------------------------------------------------------------------------
StopIteration                             Traceback (most recent call last)
<ipython-input-10-e590fe0d22f8> in <module>()
----> 1 i.__next__()
StopIteration:
```

for 循环的运作正是利用了迭代器的这种性质。循环一个容器类型时，Python 首先使用它的.__iter__()方法得到它的迭代器，然后不断调用迭代器的.__next__()方法，在抛出 StopIteration 异常后停止循环。

迭代器对象本身也有一个.__iter__()方法，这个方法必须返回迭代器本身：

```
In [11]: i.__iter__() is i
Out[11]: True
```

在Python中，有一些函数返回的结果是迭代器对象，例如：

```
In [12]: reversed(x)
Out[12]: <list_reverseiteratorat 0x49327f0>
```

其他返回迭代器的函数有range()、map()、zip()、filter()等。

2. 自定义迭代器

对于一个迭代器来说，它需要实现两个方法，任意实现了这两个方法的自定义类型都可以称为一个迭代器：

- .__iter__()方法，返回迭代器自身。
- .__next__()方法，当内容被迭代完时，抛出一个StopIteration异常。

仿照reversed()函数的功能，可以定义一个将列表反序的自定义迭代器。自定义类型使用关键字class 定义，关于自定义类型的部分，本书将在 4.2 节详细介绍。按照迭代器的定义要求，需要实现的基本结构如下：

```
class MyReverse(object):
    def __init__(self, ...):
        ...
    def __iter__(self):
        return self
    def __next__(self):
        ...
        raise StopIteration
```

其中，self 表示自定义对象本身。.__init__()是自定义类型中一个特殊的方法，用来初始化定义的类型。列表反序的迭代器需要接受一个列表进行初始化，因此，.__init__()方法接受一个列表 x 作为参数，具体实现时，让对象的.seq属性存储列表x，.idx属性存储列表x的长度：

```
def __init__(self, x):
    self.seq = x
    self.idx = len(x)
```

对于.__iter__()方法，只需要返回这个对象本身，即self：

```
def __iter__ (self):
    return self
```

对于.__next__()方法，可以利用.idx属性来判断当前迭代到哪个元素：

- 初始情况下，.idx属性等于列表的长度，表示列表中剩下的元素。
- 每次调用.__next__()方法时，idx属性减1。
- 根据.idx属性的大小返回相应位置的元素。
- 当idx属性<0时，说明列表已被迭代完毕，抛出一个StopIteration异常。

按照这样的设想，__next__()方法可以这样定义：

```
    def __next__ (self):
        self.idx -= 1
```

```
        if self.idx>= 0:
            return self.seq[self.idx]
        else:
            raise StopIteration
```

完整的定义如下：

```
In [13]: class MyReverse(object):
    ...:     def __init__ (self, x):
    ...:         self.seq = x
    ...:         self.idx = len(x)
    ...:
    ...:     def __iter__ (self):
    ...:         return self
    ...:
    ...:     def __next__(self):
    ...:         self.idx -= 1
    ...:         if self.idx>= 0:
    ...:             return self.seq[self.idx]
    ...:         else:
    ...:             raise StopIteration
    ...:
```

可以用列表初始化这个迭代器，并将这个迭代器与 for 循环一起使用：

```
In [14]: for i in MyReverse(list(range(10))):
    ...:     print(i, end=' ')
    ...:
9 8 7 6 5 4 3 2 1 0
```

构造迭代器不一定需要容器对象。例如，对一个正整数 n，有如下迭代规则：

- 如果 n 是奇数，令 n=3n+1。
- 如果 n 是偶数，令 n=n/2。

数学上有一个关于该规则的 Collatz 猜想：从任意的正整数 n 开始，使用上述规则迭代，总能在有限次操作内使 n 为 1。利用此规则，可以定义一个迭代器 Collatz，该迭代器初始化接受一个正整数 n，保存在.value 属性中，作为序列的开始：

```
class Collatz(object):
    def __init__ (self, n):
        self.value = n
```

其.__next__()方法按照规则迭代.value 属性，直到它等于 1：

```
def __next__(self):
    if self.value == 1:
        raise StopIteration
    elif self.value % 2 == 0:
        self.value = self.value // 2
    else:
        self.value = 3 * self.value + 1
```

```
        return self.value
```

注意，在计算除法时，由于 Python 3 的除法默认将结果转换为浮点数，这里的除法使用的是整数除法“//”。完整的定义为：

```
In [15]: class Collatz(object):
    ...:     def __init__(self, n):
    ...:         self.value = n
    ...:
    ...:     def __iter__(self):
    ...:         return self
    ...:
    ...:     def __next__(self):
    ...:         if self.value == 1:
    ...:             raise StopIteration
    ...:         elif self.value % 2 == 0:
    ...:             self.value = self.value // 2
    ...:         else:
    ...:             self.value = 3 * self.value + 1
    ...:         return self.value
    ...:
```

用 for 循环迭代生成的迭代器：

```
In [16]: for i in Collatz(7):
    ...:     print(i, end=' ')
    ...:
22 11 34 17 52 26 13 40 20 10 5 16 8 4 2 1
```

在这个过程中，迭代器并没有构造一个完整的容器来存储这个序列，而是在调用迭代器的.__next__()方法的过程中，不断计算得到下一个值。

对于列表、元组、字典等容器类型来说，为了方便多次循环，每次调用.__iter__()方法时会返回一个新的迭代器：

```
In [17]: x = [1, 2, 3]
In [18]: x.__iter__()
Out[18]: <listiterator at 0x1075028b0>
In [19]: x.__iter__()
Out[19]: <listiterator at 0x1075020a0>
```

而对于文件对象来说，由于只会迭代文件对象一次，因此它的.__iter__()方法每次会返回同一个迭代器。

除了.__iter__()方法，Python 还提供了 iter()函数获取可迭代对象的迭代器：

```
In [20]: iter(x)
Out[20]: <listiterator at 0x103c292b0>
```

3.2.2　生成器

直接实现自定义类型迭代器比较麻烦，一个更简单的方法是使用生成器（Generator）来得到自定义的迭代器。与类定义不同，生成器使用函数的形式来定义，并使用 yield 关键字而不是 return 来定义返回值。例如，对于 Collatz 猜想，可以用生成器定义，如下：

```
In [1]: def collatz(n):
   ...:     while n != 1:
   ...:         if n % 2 == 0:
   ...:             n //= 2
   ...:         else:
   ...:             n = 3*n + 1
   ...:         yield n
   ...:
```

这个生成器在 while 循环结束前会 yield 出多个值，每次 yield 出来的值，相当于迭代器对象.__next__()方法的返回值；当生成器不能 yield 出新值时，相当于迭代器对象.__next__()方法抛出了异常。可以使用生成器进行 for 循环：

```
In [2]: for i in collatz(7):
   ...:     print(i, end=" ")
   ...:
22 11 34 17 52 26 13 40 20 10 5 16 8 4 2 1
```

生成器是一种特殊的迭代器，可以通过.__iter__()方法和.__next__()方法来验证：

```
In [3]: c = collatz(7)
In [4]: c
Out[4]: <generator object collatz at 0x000000000487EA68>
In [5]: c.__iter__() is c
Out[5]: True
In [6]: c.__next__()
Out[6]: 22
In [7]: c.__next__()
Out[7]: 11
```

生成器.__next__()方法的返回值对应于每次 yield 的返回值，当所有 yield 的值被消费完之后，调用生成器会自动抛出一个 StopIteration 异常。例如，定义一个只有两条 yield 语句的生成器：

```
In [8]: def test_generator():
   ...:     yield 1
   ...:     yield 2
   ...:
In [9]: g = test_generator()
```

调用两次.__next__()方法：

```
In [10]: g.__next__(), g.__next__()
Out[10]: (1, 2)
```

第 3 次调用.__next__()方法时，生成器抛出了一个 StopIteration 异常：

```
In [11]: g.__next__()
---------------------------------------------------------------------------
StopIteration                             Traceback (most recent call last)
```

```
<ipython-input-11-d7e53364a9a7> in <module>()
----> 1 g.__next__()
StopIteration:
```

逆序函数也可以用生成器实现：

```
In [12]: def my_reverse(data):
    ...:     for index in range(len(data) -1, -1, -1):
    ...:         yield data[index]
    ...:
In [13]: for i in my_reverse('abcde'):
    ...:     print(i, end=' ')
    ...:
e d c b a
```

可以看到，生成器的实现方式要比迭代器更简单。基于 for 循环的列表推导式中的内容也是基于生成器实现的。例如，对于某个列表推导式：

```
In [14]: [x for x in range(10)]
Out[14]: [0, 1, 2, 3, 4, 5, 6, 7, 8, 9]
```

中括号中的 for 循环推导式是一个生成器对象：

```
In [15]: (x for x in range(10))
Out[15]: <generator object <genexpr> at 0x000000000487EEE8>
```

其中，小括号是为了防止歧义，并不是表示元组。推导式生成元组需要显式地调用 tuple() 函数：

```
In [16]: tuple(x for x in range(10))
Out[16]: (0, 1, 2, 3, 4, 5, 6, 7, 8, 9)
```

总之，使用生成器或迭代器不需要一次性保存序列的所有值，而只在需要的时候计算序列的下一个值，从而减少程序使用的内存空间。

3.3　装饰器

装饰器是一种输出另一个函数的函数，了解装饰器的调用与生成机制，能够帮助读者更好地理解和使用函数的高级功能。

3.3.1　装饰器的引入

在介绍装饰器之前，需要先回顾函数的一些基本性质。在 Python 中，函数本身就是一个对象：

```
In [1]: def foo(x):
   ...:     print(x)
   ...:
In [2]: foo
Out[2]: <function __main__.foo(x)>
```

函数可以作为一个参数传给另一个函数：

```
In [3]: def bar(f, x):
```

```
   ...:     x += 1
   ...:     f(x)
   ...:
In [4]: bar(foo, 4)
5
```

假设有这样一个函数 add()：

```
In [5]: def add(x, y):
   ...:     return x + y
   ...:
```

在调试一个复杂程序时，可能会希望在调用函数时，打印一条相关信息，以说明哪个函数被调用了。最简单的做法是在函数中直接加上一条 print()函数的语句：

```
def add(x, y):
    print("calling function add")
    return x + y
```

不过，除了 add()函数，其他的函数都有这样的需求，在每个函数里都加上一行 print()函数显得比较麻烦。为此，对于这类公共的功能，可以考虑使用一个公共函数，该函数接受一个函数作为参数，并打印出这个函数相关的信息，最后返回这个函数本身。

函数的名字可以通过函数的.__name__属性获得：

```
In [6]: add.__name__
Out[6]: 'add'
```

利用.__name__属性，这个公共函数定义如下：

```
In [7]: def loud(f):
   ...:     print("calling function", f.__name__)
   ...:     return f
   ...:
```

调用时，可以用 loud(add)(1, 2)代替 add(1, 2)：

```
In [8]: loud(add)(1, 2)
calling function add
Out[8]: 3
```

换一个系统自带函数作为参数，比如 len()函数：

```
In [9]: loud(len)([1, 2, 3, 4])
calling function len
Out[11]: 4
```

不过，这样的定义方式并不完全符合要求，因为这个语句其实是在调用 loud(add)的时候打印出来的，并不是调用 add()函数本身：

```
In [10]: loud(add)
calling function add
Out[10]: <function __main__.add>
```

函数 add()并没有接受参数，但信息还是被显示了。为了解决这个问题，可以利用高阶函数的特性，在函数中定义新函数，并将打印信息的功能放到一个内部函数中：

```
In [11]: def loud_info(f):
    ...:     def g(*args, **kwargs):
    ...:         print("calling function", f.__name__)
    ...:         return f(*args, **kwargs)
    ...:     return g
    ...:
```

如果只是调用 loud_info(add)而不传入参数，并不会打印相关信息：

```
In [12]: loud_info(add)
Out[12]: <function __main__.loud_info.<locals>.g(*args, **kwargs)>
```

传入参数时，打印信息：

```
In [15]: loud_info(add)(1, 2)
calling function add
Out[15]: 3
```

在 Python 中，像 loud_info()这种为接受函数作为参数，为函数添加新特性的函数，一般称为装饰器（Decorator）。在实际应用中，把函数 f 的每个调用都改成 loud_info(f)显得不是很方便。为此，Python 提供了“@”符号来简化装饰器的使用。只需要在 add()函数的定义前加上一个@loud_info 标志：

```
In [16]: @loud_info
    ...: def add(x, y):
    ...:     return x + y
    ...:
```

再调用 add()函数，会发现装饰器的特性已经被自动加入了：

```
In [17]: add(2, 3)
calling function add
Out[17]: 5
```

3.3.2 装饰器的用法

1．装饰器的基础形式

装饰器的本质是一个接受函数参数的函数，其基本形式是，将一个定义好的装饰器 A 用到函数 f 的定义上：

```
@A
def f():
    ...
```

这相当于进行了一个 f=A(f)的操作。此外，可以对某个函数使用多个装饰器：

```
@A
@B
@C
def f():
    ...
```

这相当于进行了一个 f=A(B(C(f)))的操作。符号“@”必须一行一个，类似“@A@B”或“@A def f(): ...”这样的定义都是非法的。

2． 装饰器的实例

定义一个叫 deco 的装饰器，其作用是给函数加一个.attr 属性并返回函数本身：

```
In [1]: def deco(func):
   ...:     func.attr = 'decorated'
   ...:     return func
   ...:
```

定义一个函数 f，并用 deco 装饰，其中，pass 关键字表示该函数什么都不做：

```
In [2]: @deco
   ...: def f():
   ...:     pass
   ...:
```

定义好的函数 f 有一个.attr 的属性：

```
In [3]: f
Out[3]: <function __main__.f>
In [4]: f.attr
Out[4]: 'decorated'
```

同一个装饰器可以作用在多个函数上。例如，定义一个判断函数参数是否为整数的装饰器：

```
In [5]: def require_int(func):
   ...:     def new_func(arg):
   ...:         assert isinstance(arg, int)
   ...:         return func(arg)
   ...:     return new_func
   ...:
```

为了判断函数参数的类型，该装饰器使用了关键字 assert 和 isinstance()函数：

```
assert isinstance(arg, int)
```

关键字 assert 通常用来检测之后的表达式是否为真，如果表达式值为假，assert 会抛出一个异常，中断程序。isinstance()函数用来检查前一个参数 arg 是否为后一个参数（通常是类型）的一个实例，如果是返回 True，否则返回 False。

将装饰器作用在函数 p1()和 p2()上：

```
In [6]: @require_int
   ...: def p1(arg):
   ...:     print(arg)
   ...:
In [7]: @require_int
   ...: def p2(arg):
   ...:     print(arg*2)
   ...:
```

这样这两个函数都有了判断参数是否为整数的特性。

多个装饰器可以连续作用在同一个函数上。例如，先定义两个装饰器，第一个作用是将函数返回值加 1：

```
In [8]: def plus_one(f):
   ...:     def new_func(x):
   ...:         return f(x) + 1
   ...:     return new_func
   ...:
```

第二个作用是将函数返回值乘以 2：

```
In [9]: def times_two(f):
   ...:     def new_func(x):
   ...:         return f(x) * 2
   ...:     return new_func
   ...:
```

定义一个返回本身的 foo() 函数，再加上这两个装饰器：

```
In [10]: @plus_one
    ...: @times_two
    ...: def foo(x):
    ...:     return x
    ...:
```

通过装饰器的作用，现在的 foo(x) 函数返回的结果为 2x+1：

```
In [11]: foo(13)
Out[11]: 27
```

3．装饰器工厂

装饰器还支持这样的用法，即传入参数：

```
@A
@B
@C(args)
def f(): ...
```

这种用法相当于：

```
D = C(args)
f=A(B(D(f)))
```

即将 C(args) 的返回值看成一个新的装饰器 D。通过给函数 C 传入不同的参数，可以生成不同的装饰器函数，因此有人将函数 C 称为装饰器工厂（Decorator factory）。

之前的例子定义了 plus_one 和 times_two 两个装饰器，可以将它们一般化为装饰器工厂。首先将 plus_one 一般化为一个名为 plus_n 的装饰器工厂：

```
In [12]: def plus_n(n):
    ...:     def plus_dec(f):
    ...:         def new_func(x):
    ...:             return f(x) + n
    ...:         return new_func
```

```
    ...:     return plus_dec
    ...:
```

plus_n()函数接受一个参数 n，返回一个装饰器函数，该装饰器函数接受一个函数作为参数，并让函数的返回值加 n。在这个定义下，装饰器 plus_one 相当于 plus_n(1)。

同样的道理，可以将 times_two 一般化为一个名为 times_n 的装饰器工厂：

```
In [13]: def times_n(n):
    ...:     def times_dec(f):
    ...:         def new_func(x):
    ...:             return f(x) * n
    ...:         return new_func
    ...:     return times_dec
    ...:
```

times_n()函数接受一个参数 n，返回一个实现返回值乘 n 的装饰器函数。在这个定义下，装饰器 times_two 相当于 times_n(2)。

利用装饰器工厂，可以这样重新定义 foo()：

```
In [14]: @plus_n(1)
    ...: @times_n(2)
    ...: def foo(x):
    ...:     return x
    ...:
In [15]: foo(13)
Out[15]: 27
```

3.4 上下文管理器与 with 语句

读者在阅读 Python 代码时，有时会遇到类似 with 开头的语句，特别是在文件读写的情况下。with 语句对应于 Python 中的上下文管理器机制，通常用于资源的读取与释放。

3.4.1 上下文管理器的引入

在文件读写时，如果一个文件被打开，且未被正常关闭，可能会出现一些意想不到的结果。写入文件时，如果文件没有被正常关闭，会导致某些内容没有来得及写入的情况。例如，用一个循环向文件中写入数据：

```
In [1]: f = open('tmp.txt', 'w')
In [2]: for i in range(1000):
   ...:     f.write(f"line {i}\n")
   ...:     j = i / (i-500)
   ...:
---------------------------------------------------------------------------
ZeroDivisionError                         Traceback (most recent call last)
<ipython-input-2-c31065f93e0b> in <module>()
      1 for i in range(1000):
      2     f.write("line {}\n".format(i))
```

```
---->  3      j = i / (i-500)
ZeroDivisionError: division by zero
```

当 i 循环到 500 的时候抛出了一个 ZeroDivisionError 异常，程序中断，上一行应该执行了写入“line 500”的操作，但打开文件可能会发现不符合预期的结果。对于上面的情况，可以采用 try 块的方式，在 finally 中确保文件 f 被正确关闭：

```
In [3]: f = open('tmp.txt', 'w')
In [4]: try:
   ...:     for i in range(1000):
   ...:         f.write("line {}\n".format(i))
   ...:         j = i / (i-500)
   ...: finally:
   ...:     f.close()
---------------------------------------------------------------------------
ZeroDivisionError                         Traceback (most recent call last)
<ipython-input-4-3ad22f37d375> in <module>()
      2     for i in range(1000):
      3         f.write("line {}\n".format(i))
----> 4         j = i / (i-500)
      5 finally:
ZeroDivisionError: division by zero
```

finally 能够保证 f.close()都会被正常执行。打开文件会发现，文件的结尾保存的是正常的结果：

```
...
line 499
line 500
```

不仅仅是文件，在 Python 处理各种资源时，都可能会遇到这样的问题，这些资源包括文件、线程、数据库、网络连接等。资源使用的问题十分常见，都使用 try 块处理显得不够简洁。为此，Python 提供了上下文管理器的机制来解决这个问题，它通常与关键字 with 一起使用。对于上面的例子，用 with 语句调用的方式为：

```
In [5]:with open('tmp.txt', 'w') as f:
   ...:     for i in range(1000):
   ...:         f.write("line {}\n".format(i))
   ...:         j = i / (i - 500)
   ...:
```

这与使用 try 块的效果相同，但是简洁了许多。

3.4.2　上下文管理器的原理

1. 基本形式和 with 语句

with 语句的基本用法如下：

```
with <expression>:
    <statements>
```

其中，<expression>是一个上下文管理器。上下文管理器（Context Manager）是一个实现了.__enter__()方法和.__exit__()方法的对象。文件对象包含这两个方法，所以是一个合法的上下文管理器，可以用在 with 语句中：

```
In [1]: f = open('tmp.txt', 'w')
In [2]: f.__enter__
Out[2]: <function __enter__>
In [3]: f.__exit__
Out[3]: <function __exit__>
In [4]: f.close()
```

在 with 语句中，上下文管理器的.__enter__()方法会在<statements>执行前执行，而.__exit__()方法会在<statements>执行结束后执行。

任何实现了这两种方法的类型都是一个合法的上下文管理器。不过，上下文管理器的.__exit__()方法需要接受 3 个额外参数（加上 self 是 4 个）。例如，定义这样一个上下文管理器：

```
In [5]: class TestManager(object):
   ...:     def __enter__(self):
   ...:         print("Entering")
   ...:
   ...:     def __exit__(self, exc_type, exc_value, traceback):
   ...:         print("Exiting")
   ...:
```

使用这个上下文管理器：

```
In [6]: with TestManager():
   ...:     print("Hello!")
   ...:
Entering
Hello!
Exiting
```

如果<statements>在执行过程中抛出了异常，.__exit__()方法会先被执行，然后抛出异常：

```
In [7]: with TestManager():
   ...:     a = 1/0
   ...:
Entering
Exiting
---------------------------------------------------------------------------
ZeroDivisionError                     Traceback (most recent call last)
<ipython-input-14-c7bdd2d57d5f> in <module>()
      1 with TestManager():
----> 2     a = 1/0
      3
ZeroDivisionError: division by zero
```

2．方法.__enter__()的返回值

读文件的例子中，在<statements>中使用文件对象时使用了 as 关键字的形式，将 open()函数返回的文件对象赋给了 f。事实上，as 关键字只是将上下文管理器.__enter__()方法的返回值赋给了

f，而文件对象的.__enter__()方法的返回值刚好是它本身：

```
In [8]: f = open('tmp.txt', 'w')
In [9]: f.__enter__() is f
Out[9]: True
```

为了验证，修改 TestManager 的定义，将.__enter__()的返回值修改为字符串"My value!"：

```
In [10]: class TestManager(object):
    ...:     def __enter__(self):
    ...:         print("Entering")
    ...:         return "My value"
    ...:
    ...:     def __exit__(self, exc_type, exc_value, traceback):
    ...:         print("Exiting")
    ...:
```

然后用 as 关键字得到这个返回值：

```
In [11]: with TestManager() as value:
    ...:     print(value)
    ...:
Entering
My value
Exiting
```

在实际使用中，上下文管理器的.__enter__()方法返回这个上下文管理器本身是一种常用的设计：

```
In [12]: class TestManager(object):
    ...:     def __enter__(self):
    ...:         print("Entering")
    ...:         return self
    ...:
    ...:     def __exit__(self, exc_type, exc_value, traceback):
    ...:         print("Exiting")
    ...:
In [13]: with TestManager() as value:
    ...:     print(value)
    ...:
Entering
<__main__.ContextManager object at 0x0000000003D48828>
Exiting
```

3．方法.__exit__()与异常处理

在定义上下文管理器时，方法.__exit__()需要接受额外的参数，这些额外参数与异常处理相关。重新定义 TestManager，将这些参数打印出来：

```
In [14]: class TestManager(object):
    ...:     def __enter__ (self):
    ...:         print("Entering")
    ...:
    ...:     def __exit__(self, exc_type, exc_value, traceback):
```

```
   ...:         print("Exiting")
   ...:         print("Arg:", exc_type)
   ...:         print("Arg:", exc_value)
   ...:         print("Arg:", traceback)
   ...:
```

没有异常时：

```
In [15]: with TestManager():
   ...:     a = 1 * 0
   ...:
Entering
Exiting
Arg: None
Arg: None
Arg: None
```

当运行过程中抛出异常时：

```
In [16]: with TestManager():
   ...:     a = 1 / 0
   ...:
Entering
Exiting
Arg: <type 'exceptions.ZeroDivisionError'>
Arg: division by zero
Arg: <traceback object at 0x0000000004656988>
---------------------------------------------------------------------------
ZeroDivisionError                         Traceback (most recent call last)
<ipython-input-16-829e36dde2da> in <module>()
      1 with TestManager():
----> 2     a = 1 / 0
ZeroDivisionError: division by zero
```

当运行出现异常时，这 3 个参数包含的是异常的具体信息。在上面的例子中，与 try-except 块中的 except 块部分不同，异常在执行完.__exit__()方法后被继续抛出了。如果不想让异常继续抛出，只需要将.__exit__()方法的返回值设为 True：

```
In [17]: class TestManager(object):
   ...:     def __enter__(self):
   ...:         print("Entering")
   ...:
   ...:     def __exit__(self, exc_type, exc_value, traceback):
   ...:         print("Exiting")
   ...:         print("Arg:", exc_type)
   ...:         print("Arg:", exc_value)
   ...:         print("Arg:", traceback)
   ...:         return True
   ...:
In [18]: with TestManager():
```

```
    ...:     a = 1 / 0
    ...:
Entering
Exiting
Arg: <type 'exceptions.ZeroDivisionError'>
Arg: division by zero
Arg: <traceback object at 0x0000000004655508>
```

3.5　变量作用域

函数外部定义的变量可以在函数里面使用、修改和重新赋值，这涉及 Python 中变量作用域的问题。变量作用域（Variable Scope）是指变量的有效生存空间。

在函数中，Python 会按照以下顺序，在各个作用域的命名空间中寻找变量：

- 函数局部作用域（Local Function Scope）。
- 闭包作用域（Enclosing Scope）。
- 全局作用域（Global Scope）。
- 内置作用域（Built-in Scope）。

如果有重名的变量，局部作用域优先于闭包作用域，闭包作用域优先于全局作用域，全局作用域优先于内置作用域。函数局部作用域是函数内部的作用域，例如：

```
def foo(a,b):
    c = 1
    return a + b + c
```

在这个 foo()函数中，所有的变量都在这个函数的局部作用域中。函数局部作用域中的变量离开了这个函数就不起作用了，因此，不能在函数外面调用 foo()函数里面的变量 c。

全局作用域指的是函数外面所定义的变量，例如：

```
c = 1
def foo(a,b):
    return a + b + c
```

变量 c 在全局作用域定义，在 foo()函数里被使用。对于一个全局变量，如果在函数内部对它重新赋值，它会被认为是一个局部变量：

```
c = 1
def foo(a,b):
    c = 2
    return a + b + c
```

在这个例子中，函数中的 c 是一个局部变量，它与全局中的变量 c 不同，也不会影响全局变量 c 的值。如果想在函数中对全局变量重新赋值，可以使用关键字 global。例如，在函数中加入 global c：

```
In [1]: c = 1
In [2]: def foo(a,b):
   ...:     global c
   ...:     c = 2
```

```
   ...:     return a + b + c
   ...:
In [3]: foo(1, 2)
Out[3]: 5
In [4]: c
Out[4]: 2
```

加了 global 关键词之后，c 的值在 foo()中被改变了，所以现在 c 的值是 2。如果不加 global，Python 会在局部作用域中定义变量 c，全局的 c 仍然是 1：

```
In [5]: c = 1
In [6]: def foo(a,b):
   ...:     c = 2
   ...:     return a + b + c
   ...:
In [7]: foo(1, 2)
Out[7]: 5
In [8]: c
Out[8]: 1
```

在 Python 中，只要变量被使用了，它的值就会存在于当前的作用域而不会消失，即使变量在循环语句或者判断语句中定义。例如，执行这个循环之后：

```
for i in range(10):
    if i % 2 == 0:
        j = True
    if i> 11:
        k = False
```

当前的作用域中会存在：

- 变量 i，值为 9，因为 for 循环最后一个迭代的值是 9。
- 变量 j，值为 True，因为在循环过程中条件 i%2==0 会被满足。
- 变量 k 不存在，因为 i>11 是个不会被满足的条件，所以 k 没有被赋值，因此不在当前作用域中。

内置作用域是存储内置函数或对象的作用域。这些对象包括函数名 len、sum、int、type 等，它们都可以在标准库模块 builtins 中找到：

```
In [9]: import builtins
In [10]: len is builtins.len
Out[10]: True
```

最后介绍闭包作用域的概念。考虑这个函数中嵌套函数的例子：

```
In [11]: def outer():
    ...:     a = 1
    ...:     def inner():
    ...:         return a
    ...:     return inner
    ...:
In [12]: f = outer()
```

```
In [13]: f()
Out[13]: 1
```

对于 inner()函数，它调用的变量 a 既不在 inner()函数的局部作用域中，也不在全局作用域中，而是在两者之间的作用域中，人们把这个作用域叫作闭包作用域。值得注意的是，global 关键字只能对全局作用域的变量生效，如果想在嵌套函数 inner()中改变闭包作用域里变量 a 的值，global 关键字无法生效。为了解决这个问题，Python 3 提供了一个新的关键字 nonlocal，可以在内嵌函数里通过该关键字声明闭包作用域里的变量：

```
In [14]: def outer():
    ...:     a = 1
    ...:     def inner():
    ...:         a = 12
    ...:         return a
    ...:     return inner(), a
    ...:
In [15]: outer()
Out[15]: (12, 1)
In [16]: def outer():
    ...:     a = 1
    ...:     def inner():
    ...:         nonlocal a
    ...:         a = 12
    ...:         return a
    ...:     return inner(), a
    ...:
In [17]: outer()
Out[17]: (12, 1)
```

Python 2 与 Python 3 的区别之 nonlocal 关键字：Python 2 不支持修改闭包作用域的变量；Python 3 新增 nonlocal 关键字来支持修改闭包作用域变量的操作。

3.6　本章学习笔记

本章对 Python 的一些进阶用法进行了介绍。掌握 Python 的进阶用法可以帮助读者更好地理解代码，提高 Python 编程的能力和水平。

学完本章，读者应该做到：

- 知道函数作为对象、作为参数、作为返回值的一些用法。
- 掌握函数 map()和 filter()以及 Lambda 表达式的使用。
- 知道并掌握迭代器和生成器的原理和使用。
- 知道并掌握装饰器的原理和使用。
- 知道上下文管理器的原理和构造，掌握 with 语句的使用。
- 知道各个作用域的概念，并掌握变量在不同作用域下的使用逻辑。

1．本章新术语

本章涉及的新术语见表 3-1。

表 3-1 本章涉及的新术语

术语	英文	释义
引用传递	Call By Reference	以共享内存地址的形式向函数传入参数
高阶函数	High-Order Function	以函数作为参数或者返回值的函数
Lambda 表达式	Lambda Expression	以匿名的形式定义的函数
递归	Recursion	函数直接或间接调用自身的现象
分治法	Divide And Conquer	将复杂问题分成一些相同的子问题，递归地解决子问题，合并得到解的方法
迭代器	Iterator	一种定义在容器类型上用于遍历的机制
可迭代对象	Iterable Object	拥有迭代器的对象
生成器	Generator	一种逐个构造复杂对象的机制
装饰器	Decorator	一种动态添加新特性的机制
装饰器工厂	Decorator Factory	生成不同装饰器的函数
上下文管理器	Context Manager	一个实现.__enter__()方法和.__exit__()方法的对象
变量作用域	Variable Scope	变量的有效空间
函数局部作用域	Local Function Scope	函数内部的作用域
闭包作用域	Enclosing Scope	子函数引入的非全局变量所处的作用域
全局作用域	Global Scope	在最外部定义的作用域
内置作用域	Built-in Scope	包含内置函数和对象的作用域

2．本章新函数

本章涉及的新函数见表 3-2。

表 3-2 本章涉及的新函数

函数	用途
map()	将函数作用到序列的每个元素上
filter()	利用函数对序列的元素进行过滤
next()	返回迭代器的下一个元素
iter()	返回可迭代对象的迭代器
isinstance()	判断某个对象是否是某个类的实例

3．本章 Python 2 与 Python 3 的区别

本章涉及的 Python 2 与 Python 3 的区别见表 3-3。

表 3-3 本章涉及的 Python 2 与 Python 3 的区别

用法	Python 2	Python 3
map()函数返回值	列表	迭代器对象
filter()函数返回值	列表	迭代器对象
迭代器对象的下一个值	.next()方法	.__next__()方法
nonlocal 关键字	不支持	支持修改闭包作用域的变量

第 4 章 Python 面向对象编程

面向对象编程是 Python 的一个核心特性。在 Python 中，几乎所有的东西都是对象。通过学习 Python 面向对象编程的使用，了解对象的本质，可以更好地使用 Python 对象。

本章要点：

- 对象的属性和方法。
- 定义自定义类。
- 对象的继承和复用。

4.1 面向对象简介

对象一般是指一个类的实例，具有相关的成员变量和成员函数，在 Python 中成员变量叫作属性，成员函数叫作方法。类（Class）通常是具有一类共同特征的事物的抽象。它的一个实例叫作对象（Object）。

1. 什么是对象

Python 中几乎所有的事物都是对象。基本类型是对象，如整数：

```
In [1]: a = 10
```

其类型为：

```
In [2]: type(a)
Out[2]: int
```

查看它的属性：

```
In [3]: a.real
Out[3]: 10
```

调用它的方法：

```
In [4]: a.conjugate()
Out[4]: 10
```

容器类型是对象，如列表：

```
In [5]: a = [1, 2, 3]
```

```
In [6]: a.append(100)
In [7]: a
Out[7]: [1, 2, 3, 100]
```

函数是对象：

```
In [8]: a = len
In [9]: a.__name__
Out[9]: 'len'
```

对象在内存中有一个地址与之对应，这个地址可以用 id() 函数查看：

```
In [10]: id(a)
Out[10]: 4540711216
```

同一个对象的内存地址一致：

```
In [11]: b = a
In [12]: id(b)
Out[12]: 4540711216
In [13]: b is a
Out[13]: True
```

id() 函数本身也是对象，对应一块内存地址：

```
In [14]: id(id)
Out[14]: 4540706624
```

在 Python 中，只有一些保留的关键字和符号不是对象：

```
In [15]: id(if)
  File "<ipython-input-15-1e0d1307109a>", line 1
    id(if)
        ^
SyntaxError: invalid syntax
In [16]: id(is)
  File "<ipython-input-16-f2c7ecad1032>", line 1
    id(is)
        ^
SyntaxError: invalid syntax
In [17]: id(+)
  File "<ipython-input-17-86853fe3c6fd>", line 1
    id(+)
        ^
SyntaxError: invalid syntax
```

2. 对象的特性

对象的两个重要特性是属性和方法。属性是与对象绑定的一组数据，可以只读、只写或者读写，使用时不加括号。例如，对于文件对象：

```
In [18]: f = open("newfile", "w")
```

其.mode 属性表示文件的打开模式：

```
In [19]: f.mode
Out[19]: 'w'
```

.closed 属性表示文件是否关闭：

```
In [20]: f.closed
Out[20]: False
```

属性可以通过赋值修改：

```
In [19]: f.mode = 'r'
```

属性的调用不需要用括号：

```
In [22]: f.mode()
---------------------------------------------------------------------------
TypeError                                 Traceback (most recent call last)
<ipython-input-5-6b67c2ae8f67> in <module>()
----> 1 f.mode()
TypeError: 'str' object is not callable
```

事实上，使用 f.mode()的形式，相当于进行如下操作：

```
s = f.mode
s()
```

这里，s 是字符串“w”，字符串类型不支持使用括号，所以会抛出异常。

.closed 属性是不可写的，即无法被修改：

```
In [23]: f.closed = True
---------------------------------------------------------------------------
AttributeError                            Traceback (most recent call last)
<ipython-input-6-e34ad0003171> in <module>()
----> 1 f.closed = True
AttributeError: attribute 'closed' of '_io.TextIOWrapper' objects is not writable
```

方法是与对象绑定的一组函数，需要使用括号。方法作用于某个对象本身，还可以接受额外参数：

```
In [24]: f.write("Hi!\n")
```

虽然不能直接修改.closed 属性，但可以通过调用方法使其值发生变化：

```
In [25]: f.close()
In [26]: f.closed
Out[26]: True
```

4.2 自定义类型

在编程时，可以根据需要自定义一个新类型。自定义类型可以用关键字 class，其基本形式为：

```
class ClassName(ParentClass):
    """class docstring"""
    def some_method(self, ...):
        return ...
```

具体规律为：

- class 关键字在最开始。
- ClassName 是自定义类型的名称，Python 对类型名称没有规定，流行的做法是用大骆驼拼写法（Upper Camel Case），即每个单词的首字母大写，中间不留空格。
- “()” 中的 ParentClass 用来表示继承关系，可省略，默认为 object。
- “:” 不能缺少，之后的内容要进行缩进。
- 三引号包含的部分是类型的文档（即 docstring），可以省略。
- 类型的方法定义与函数定义类似，第一个参数表示是对象本身，通常用 self 表示。

例如，可以这样定义一个新类型 Leaf 表示树叶：

```
In [1]: class Leaf(object):
   ...:     """A leaf falling in the woods."""
   ...:     pass
   ...:
```

新类型 Leaf 继承了 Python 中最基本的类型，即 object。继承（Inheritance）使一个类的对象可以直接使用另一个类的属性和方法，被继承的类叫作父类（Parent Class），如 object；继承生成的类叫作子类（Child Class），如 Leaf。子类 Leaf 可以看成是一个特殊的父类 object。事实上，所有的对象都是一个 object：

```
In [2]: isinstance(0, object)
Out[2]: True
In [3]: isinstance("", object)
Out[3]: True
In [4]: isinstance([], object)
Out[4]: True
```

在 Python 中，除了 object，基本类型还有 int、float、long、bool、file、list、set、tuple、dict、frozenset 等。这些基本类型的名称都是以小写字母开头的，名称的类型都是 type：

```
In [5]: type(object)
Out[5]: type
In [6]: type(int)
Out[6]: type
```

这与类名 Leaf 的类型一致：

```
In [7]: type(Leaf)
Out[7]: type
```

三引号的部分是对 Leaf 类的说明文档，可以调用 Leaf 的.__doc__属性查看：

```
In [8]: Leaf.__doc__
Out[8]: 'A leaf falling in the woods.'
```

说明文档通常是对该类型的解释说明。类型的帮助在 IPython 中可以通过问号查询：

```
In [9]: Leaf?
Docstring: A leaf falling in the woods.
Type:      type
```

对于 Python 内置的类型，可以通过在类型名后加上括号得到该类型的一个对象，如：

```
In [10]: list()
Out[10]: []
In [11]: dict()
Out[11]: {}
```

同理，可以用 Leaf()来生成一个 Leaf 类型的对象：

```
In [12]: leaf = Leaf()
```

在 Python 里，变量是区分大小写的，因此，leaf 和 Leaf 是不同的变量。再次调用会生成一个新的 Leaf 对象：

```
In [13]: leaf2 = Leaf()
```

两次生成的对象是不同的：

```
In [14]: leaf is leaf2
Out[14]: False
```

4.3　方法与属性

自定义类型中通常要定义一些方法和属性。

1．直接添加属性

回顾之前对 Leaf 类的定义：

```
In [1]: class Leaf(object):
   ...:     """A leaf falling in the woods."""
   ...:     pass
   ...:
In [2]: leaf = Leaf()
```

新属性可以用赋值的方式向对象中添加：

```
In [3]: leaf.color = "green"
In [4]: leaf.color
Out[4]: 'green'
```

这样添加的新属性只对当前定义的对象有效，不能在新对象上使用：

```
In [5]: another_leaf = Leaf()
In [6]: another_leaf.color
---------------------------------------------------------------------------
AttributeError                            Traceback (most recent call last)
<ipython-input-6-8968b0a0f571> in <module>()
```

```
----> 1 another_leaf.color
AttributeError: 'Leaf' object has no attribute 'color'
```

2. 添加普通方法

添加普通方法需要用 def 关键字定义。向 Leaf 类中添加一个新方法，表示树叶下落：

```
In [7]: class Leaf(object):
   ...:     """A leaf falling in the woods."""
   ...:     def fall(self, season="autumn"):
   ...:         """A leaf falls."""
   ...:         print(f"A leaf falls in {season}!")
   ...:
```

新方法.fall()接收两个参数，第一个是表示对象本身的 self 参数；第二个参数 season 表示季节，并有一个默认值“autumn”。生成一个新对象：

```
In [8]: leaf = Leaf()
```

查看.fall()方法的帮助：

```
In [9]: leaf.fall?
Signature: leaf.fall(season='autumn')
Docstring: A leaf falls.
Type:      instancemethod
```

调用该方法时，self 参数不用传入，会自动转换为对象 leaf，因此只需要传入 season 参数。不带参数时，season 用默认值：

```
In [10]: leaf.fall()
A leaf falls in autumn!
```

传入 season 参数时：

```
In [11]: leaf.fall("winter")
A leaf falls in winter!
```

3. 函数中的特殊方法和特殊属性

除了.fall()方法，对象通常自带一些特殊的方法和属性。输入“leaf._”并按〈Tab〉键补全，会得到：

```
In [12]: leaf.__
leaf.__class__         leaf.__getattribute__  leaf.__reduce__
     leaf.__delattr__       leaf.__hash__          leaf.__reduce_ex__
     leaf.__dict__          leaf.__init__          leaf.__repr__
leaf.__doc__           leaf.__module__        leaf.__setattr__
leaf.__format__        leaf.__new__           leaf.__sizeof__
```

以下画线“__”开头的是一些特殊的方法或属性，常用的如下。

- __init__()：初始化对象。
- __repr__()：repr(obj)函数的返回值。
- __str__()：str(obj)函数的返回值。
- __call__()：调用 obj()的返回值。

- __iter__()：对象的迭代器。
- __add__()：对象的加法运算，obj + x 相当于 obj.__add__(x)。
- __sub__()：对象的减法运算，obj- x 相当于 obj.__sub__(x)。
- __mul__()：对象的左乘运算，obj* x 相当于 obj.__mul__(x)。
- __rmul__()：对象的右乘运算，x * obj 相当于 obj.__rmul__(x)。
- __class__：对象的类型。
- __name__：对象的名称字符串。

默认情况下，只输入“leaf.”并按〈Tab〉键补全时，Python 不会提示特殊方法或属性。

4. 构造方法.__init__()

通常通过构造方法.__init__()，在构造对象的时候添加属性。.__init__()方法是在生成新对象时 Python 自动调用的构造方法。可以在该方法中向表示自身的 self 对象添加属性，实现新属性的添加。

由于生成新对象的时候都会调用__init__()方法，因此在该方法中定义的属性对该类所有的对象都有效。例如，在.__init__()方法中，令 self 的.color 属性等于传入的参数 color：

```
In [13]: class Leaf(object):
    ...:     """A leaf falling in the woods."""
    ...:     def __init__(self, color='green'):
    ...:         self.color = color
    ...:
```

使用 Leaf()构造新对象时，可以向 Leaf()中传入参数 color：

```
In [14]: leaf2 = Leaf("orange")
In [15]: leaf2.color
Out[15]: 'orange'
```

由于在.__init__()方法中指定了默认参数，在构造时，也可以不传入 color 参数，.color 属性为默认值“green”：

```
In [16]: leaf1 = Leaf()
In [17]: leaf1.color
Out[17]: 'green'
```

5. 只读属性

只读属性（Read-Only Attribute），即只能读不能写的属性。默认情况下，用“self.xxx=yyy”定义的属性都是可读写的。只读属性，可以使用装饰器@property 来得到。例如，假设树叶有一个重量的属性，该属性以克为单位：

```
def __init__(self, mass):
    self.mass = mass
```

现在想得到一个以盎司为单位的新属性，盎司与克的换算关系为 1 克≈0.0353 盎司。在给定.mass 的情况下，新属性可以从.mass 属性中计算得到。如果这个新属性可以改变，会与原来的.mass 属性发生冲突。因此，可以利用装饰器@property，根据换算关系定义一个新属性：

```
@property
```

```
    def mass_oz(self):
        return self.mass * 0.0353
```

在装饰器@property 的作用下，.mass_oz()方法被转换成了一个只读属性.mass_oz，这个属性的值等于.mass_oz()方法的返回值。完整的类型定义如下：

```
In [18]: class Leaf(object):
    ...:     def __init__(self, mass):
    ...:         self.mass = mass
    ...:
    ...:     @property
    ...:     def mass_oz(self):
    ...:         return self.mass * 0.0353
    ...:
```

构造一个 200 克的 Leaf 对象：

```
In [19]: leaf = Leaf(200)
In [20]: leaf.mass
Out[20]: 200
```

查看它的属性.mass_oz，发现它重 7.06 盎司：

```
In [21]: leaf.mass_oz
Out[21]: 7.06
```

这个属性是只读的，不能直接修改：

```
In [22]: leaf.mass_oz = 1.0
---------------------------------------------------------------------------
AttributeError                            Traceback(most recent call last)
<ipython-input-34-bb08dfab519e> in <module>()
----> 1 leaf.mass_oz = 1.0
AttributeError: can't set attribute
```

修改.mass 属性会改变.mass_oz 属性的值，因为它是由.mass 属性计算得到的：

```
In [23]: leaf.mass = 300
In [24]: leaf.mass_oz
Out[24]: 10.59
```

对于某个只读属性 attr，还可以使用@attr.setter 装饰器定义一个新方法.attr()，使得只读属性 attr 可以被修改。具体到只读属性.mass_oz，可以将 attr 替换为 mass_oz，并在类 Leaf 中添加新方法：

```
    @mass_oz.setter
    def mass_oz(self, m_oz):
        self.mass = m_oz / 0.0353
```

该方法接受一个参数 m_oz，当属性.mass_oz 的值被修改时：

```
obj.mass_oz = value
```

Python 会将 value 的值传递给参数 m_oz，接着调用方法，根据 m_oz 的值修改属性.mass 的值。完整的定义为：

```
In [25]: class Leaf(object):
    ...:     def __init__(self, mass):
    ...:         self.mass = mass
    ...:
    ...:     @property
    ...:     def mass_oz(self):
    ...:         return self.mass * 0.0353
    ...:
    ...:     @mass_oz.setter
    ...:     def mass_oz(self, m_oz):
    ...:         self.mass = m_oz / 0.0353
    ...:
```

对属性.mass_oz 进行修改，会同时修改.mass 属性的值：

```
In [26]: leaf = Leaf(200)
In [27]: leaf.mass_oz = 10.59
In [28]: leaf.mass
Out[28]: 300.0
```

也可以直接使用 property()函数，构造一个等价的替代定义：

```
class Leaf(object):
    def __init__(self, mass_mg):
        self.mass_mg = mass_mg
    def get_mass_oz(self):
        return self.mass_mg * 0.0353
    def set_mass_oz(self, m_oz):
        self.mass_mg = m_oz / 0.0353
    mass_oz = property(get_mass_oz, set_mass_oz)
```

property()函数接受两个方法名，第一个方法名表示读指定属性时使用的方法，第二个方法表示写指定属性时使用的方法，返回的值赋给变量 mass_oz 后，mass_oz 就成为类 Leaf 的一个属性。

这种定义方式利用了属性可以在类中直接定义的性质。例如，希望在 MyMath 类中定义一个圆周率属性.pi，可以通过在类中给 pi 赋值来实现：

```
class MyMath(object):
    pi = 3.14159
    ...
```

定义后，可以用.pi 的方式直接调用属性。

4.4　继承与复用

在类的定义中：

```
class ClassName(ParentClass):
    ...
```

ParentClass 是用来进行继承的，被继承的 ParentClass 是父类，定义的 ClassName 是子类。可以认为子类是一种特殊的父类。例如，假设父类是哺乳动物，人作为一个子类可以继承这个父类，因为人是哺乳动物的一种；狮子也可以继承哺乳动物，因为狮子也是哺乳动物的一种。

继承意味着子类拥有父类所有的方法和属性。例如，人是哺乳动物，从而人具有哺乳动物的属性和行为。同时，子类可以定义自己特殊的方法和属性。比如人有使用工具的能力，这是其他哺乳动物所不具有的。

1. 类的继承

定义一个类 Leaf：

```
In [1]: class Leaf(object):
   ...:     def __init__(self, color='green'):
   ...:         self.color = color
   ...:
   ...:     def fall(self, season="autumn"):
   ...:         print(f"A leaf falls in {season}!")
   ...:
```

定义一个子类枫树叶（MapleLeaf）来继承类 Leaf，并在父类的基础上定义新方法.change_color()：

```
In [2]: class MapleLeaf(Leaf):
   ...:     def change_color(self):
   ...:         if self.color == "green":
   ...:             self.color = "red"
   ...:
```

构造一个子类对象：

```
In [3]: mleaf = MapleLeaf()
```

子类会继承父类的属性和方法，父类的属性和方法可以直接调用：

```
In [4]: mleaf.fall()
A leaf falls in autumn!
In [5]: mleaf.color
Out[5]: 'green'
```

定义子类时，可以复用父类的构造函数：

```
In [6]: mleaf_orange = MapleLeaf("orange")
In [7]: mleaf_orange.color
Out[7]: 'orange'
```

调用子类中独有的特殊方法：

```
In [8]: mleaf.change_color()
In [9]: mleaf.color
Out[9]: 'red'
```

还可以对父类中已有的.fall()方法进行重定义：

```
In [10]: class MapleLeaf(Leaf):
    ...:     def change_color(self):
```

```
   ...:         if self.color == "green":
   ...:             self.color = "red"
   ...:
   ...:     def fall(self, season="autumn"):
   ...:         self.change_color()
   ...:         print(f"A leaf falls in {season}!")
   ...:
```

在子类对象中，调用.fall()方法将改变树叶的颜色属性.color：

```
In [11]: mleaf = MapleLeaf()
In [12]: mleaf.color
Out[12]: 'green'
In [13]: mleaf.fall()
A leaf falls in autumn!
In [14]: mleaf.color
Out[14]: 'red'
```

在子类中的修改不会影响父类中的方法。

2. super()函数

与父类的.fall()方法相比，子类的方法只增加了.change_color()的调用，之后的操作与父类的.fall()方法一致，代码存在冗余。为了解决这个问题，可以利用 super()函数，在子类的.fall()方法中调用父类的.fall()方法。

通常的做法为：

```
class C(B):
    def meth(self, arg):
        super(C, self).meth(arg)
```

因此，可以使用 super(MapleLeaf, self)来调用父类的.fall()方法：

```
In [15]: class MapleLeaf(Leaf):
   ...:     def change_color(self):
   ...:         if self.color == "green":
   ...:             self.color = "red"
   ...:
   ...:     def fall(self, season="autumn"):
   ...:         self.change_color()
   ...:         super(MapleLeaf, self).fall(season)
   ...:
```

super(MapleLeaf, self)返回的是与 self 绑定的一个父类 Leaf 对象：

```
In [16]: mleaf = MapleLeaf()
In [17]: mleaf.color
Out[17]: 'green'
In [18]: mleaf.fall()
A leaf falls in autumn!
In [19]: mleaf.color
Out[19]: 'red'
```

3．鸭子类型：一切都是为了复用

Python 是一种使用鸭子类型机制的动态编程语言。鸭子类型（Duck Type）的概念来源于美国诗人詹姆斯·惠特科姆·莱利的诗句："当看到一只鸟走起来像鸭子、游泳起来像鸭子、叫起来也像鸭子，那么这只鸟就可以被称为鸭子。"在 Python 中，这个概念被衍生为：在使用对象时，可以不关注对象的类型，而关注对象具有的方法或属性；只要对象的属性和方法满足条件，就认为该对象是合法的。例如，定义这样的一个函数：

```
In [20]: def something_fall(leaf):
    ...:     leaf.fall()
    ...:
```

这个函数接受一个参数 leaf，并调用它的.fall()方法。Leaf 类支持.fall()方法，因此该类型的对象是合法的：

```
In [21]: leaf = Leaf()
In [22]: something_fall(leaf)
A leaf falls in autumn!
```

子类 MapleLeaf 也支持.fall()方法，所以也是合法的对象：

```
In [23]: mleaf = MapleLeaf()
In [24]: mleaf.color
Out[24]: 'green'
In [25]: something_fall(mleaf)
A leaf falls in autumn!
In [26]: mleaf.color
Out[26]: 'red'
```

定义一个苹果类 Apple：

```
In [27]: class Apple(object):
    ...:     def fall(self):
    ...:         print("An apple falls!")
```

虽然它不是树叶，但它也支持.fall()方法，因此这个类的对象也是 something_fall()函数合法的参数：

```
In [28]: apple = Apple()
In [29]: something_fall(apple)
An apple falls!
```

在鸭子类型机制下，Python 将函数和方法中的类型检查，变成了接口检查的模式，即 something_fall()函数不会检查传入的参数 leaf 是什么类型，而是检查 leaf 有没有实现.fall()接口。这样做的好处在于，不必为每个类型单独定义 something_fall()函数，从而实现代码的复用。

4.5 公有、私有、特殊以及静态的方法与属性

一些以"__"开头的都是对象的特殊方法和属性。通常来说：

- 以字母开头都是公有的方法和属性，可以直接调用。

- 在 Python 中，“私有”的方法和属性以“_”开头，不过，并不存在真正私有的方法和属性，所谓“私有”只是不会被代码自动完成所记录，无法在按〈Tab〉键时自动补全。
- 以“__”开头并以“__”结尾的是一些系统内置的属性和方法。
- 以“__”开头不以“__”结尾的是一些更加特殊的方法，调用方式最为复杂。
- 装饰器@staticmethod 可以生成一个静态方法，静态方法只有类本身能调用，类的对象不能调用，在定义时，静态方法不需要加 self 参数。

例如，定义一个具有以上属性和方法的类：

```
In [1]: class MyClass(object):
   ...:     @staticmethod
   ...:     def static():
   ...:         print("I'm a static method!")
   ...:
   ...:     pub = "public"
   ...:
   ...:     def __init__(self):
   ...:         self._spe = "special"
   ...:         print("I'm a special method!")
   ...:
   ...:     def _private(self):
   ...:         print("I'm a private method!")
   ...:
   ...:     def public(self):
   ...:         print("I'm a public method!")
   ...:
   ...:     def __really_special(self):
   ...:         print("I'm a really special method!")
   ...:
```

构造对象时调用了一个特殊的方法.__init__()：

```
In [2]: m = MyClass()
I'm a special method!
```

查看公有属性和特殊属性：

```
In [3]: m.pub
Out[3]: 'public'
In [4]: m._spe
Out[4]: 'special'
```

公有方法：

```
In [5]: m.public()
I'm a public method!
```

私有方法：

```
In [6]: m._private()
I'm a private method!
```

以“__”开头不以“__”结尾的方法调用方式有所不同，需要加上类名：

```
In [7]: m._MyClass__really_special()
I'm a really special method!
```

静态方法可以用类去调用：

```
In [8]: MyClass.static()
I'm a static method!
```

4.6 多重继承

多重继承（Multiple Inheritance），指的是一个类可以同时从多个父类继承行为与特征的功能。Python 支持多重继承，例如，可以将之前的 Leaf 类抽象为以下几类。

- Leaf 类：树叶，父类。
- ColorChangingLeaf 类：颜色可变的树叶，继承 Leaf 类。
- DeciduousLeaf 类：落叶类植物的树叶，继承 Leaf 类。
- MapleLeaf 类：枫叶，枫叶颜色可变，同时枫树是落叶类植物，可以让它同时继承 ColorChangingLeaf 类和 DeciduousLeaf 类。

各类的定义如下：

```
In [1]: class Leaf(object):
   ...:     def __init__(self, color='green'):
   ...:         self.color = color
   ...:
In [2]: class ColorChangingLeaf(Leaf):
   ...:     def change(self, new_color='brown'):
   ...:         self.color = new_color
   ...:
In [3]: class DeciduousLeaf(Leaf):
   ...:     def fall(self):
   ...:         print("A leaf is falling!")
   ...:
In [4]: class MapleLeaf(ColorChangingLeaf, DeciduousLeaf):
   ...:     pass
   ...:
```

在定义多重继承时，只需要用逗号将多个父类隔开。MapleLeaf 类只是简单地继承了两个类型。MapleLeaf 类的对象可以使用两个父类的方法：

```
In [5]: mleaf = MapleLeaf()
```

例如，从 Leaf 类继承而来的.color 属性：

```
In [6]: mleaf.color
Out[6]: 'green'
```

从 ColorChangingLeaf 类继承而来的.change()方法：

```
In [7]: mleaf.change("red")
In [8]: mleaf.color
Out[8]: 'red'
```

从 DeciduousLeaf 类继承而来的.fall()方法：

```
In [9]: mleaf.fall()
A leaf is falling!
```

有时候多个父类可能会发生冲突。例如，可以在 ColorChangingLeaf 的定义中增加一个.fall()方法：

```
In [10]: class ColorChangingLeaf(Leaf):
    ...:     def change(self, new_color='brown'):
    ...:         self.color = new_color
    ...:     def fall(self):
    ...:         print("I am falling!!!!")
    ...:
```

在两个父类的.fall()方法不同时，Python 会优先使用定义在前的父类的方法。当 ColorChangingLeaf 类在前时，使用的是 ColorChangingLeaf 类的方法：

```
In [11]: class MapleLeaf(ColorChangingLeaf, DeciduousLeaf):
    ...:     pass
    ...:
In [12]: mleaf = MapleLeaf()
In [13]: mleaf.fall()
I am falling!!!!
```

反过来，当 DeciduousLeaf 类在前时，使用的是 DeciduousLeaf 类的方法：

```
In [14]: class MapleLeaf(DeciduousLeaf, ColorChangingLeaf):
    ...:     pass
    ...:
In [15]: mleaf = MapleLeaf()
In [16]: mleaf.fall()
A leaf is falling!
```

继承的顺序可以通过该类的.__mro__属性或.mro()方法来查看：

```
In [17]: MapleLeaf.mro()
Out[17]:
[__main__.MapleLeaf,
 __main__.DeciduousLeaf,
 __main__.ColorChangingLeaf,
 __main__.Leaf,
 object]
```

调用属性或方法时，会按照该顺序依次寻找，直到找到或者没有下一个父类为止。

4.7 本章学习笔记

本章对 Python 面向对象编程进行了介绍。对读者来说，学习面向对象编程的一个重要作用是读懂相关的代码，因此，本章着重介绍了如何使用面向对象编程的语法，对于如何设计面向对象编程则不做介绍。

学完本章，读者应该做到：

- 掌握对象的概念。
- 知道如何使用 class 关键字定义新类型。
- 知道如何定义使用对象的方法和属性。
- 知道一些特殊方法和属性的使用。

1. 本章新术语

本章涉及的新术语见表 4-1。

表 4-1　本章涉及的新术语

术　语	英　文	释　义
类	Class	具有一类共同特征事物的抽象
大骆驼拼写法	Upper Camel Case	一种每个单词的首字母大写，中间不留空格的变量命名方法
继承	Inheritance	使一个类的对象直接使用另一个类的属性和方法的机制
父类	Parent Class	被继承的类
子类	Child Class	通过继承生成的类
只读属性	Read-Only Attribute	只能读取不能写入的属性
鸭子类型	Duck Type	一种动态类型风格，只关注对象的方法和属性，不关注对象具体的类型
多重继承	Multiple Inheritance	一种可以继承多个父类的机制

2. 本章新函数

本章涉及的新函数见表 4-2。

表 4-2　本章涉及的新函数

函　数	用　途
super()	返回对象的父类实例

3. 本章 Python 2 与 Python 3 的区别

本章不涉及 Python 2 与 Python 3 的区别。

第5章 Python标准库

Python标准库（Python Standard Library）是Python中处理各种常见编程问题的内置模块的总称。本章将介绍一些常用的标准库模块的用法，掌握这些用法能帮助读者解决一些常见的编程问题。

本章要点：

- 常见标准库模块的使用。

5.1 系统相关：sys模块

sys模块是与系统相关的标准库模块。导入sys模块：

```
In [1]: import sys
```

1. 命令行参数

命令行参数（Command Line Arguments）是在命令行执行程序时，向程序添加的参数信息。对于Python，一个带命令行参数的调用方式如下：

```
$ python foo.py arg1 arg2
```

其中，foo.py、arg1、arg2是传给Python的三个命令行参数。命令行参数可以使用sys模块的变量sys.argv查看。例如，有一个脚本hello_world.py，负责打印程序运行时sys.argv包含的信息：

```
import sys
print(sys.argv)
print("Hello World!")
```

在命令行运行脚本hello_world.py：

```
$ python hello_world.py
```

程序打印了以下两行内容：

```
['hello_world.py']
Hello World!
```

第一行内容是 sys.argv 的值，它是一个由命令行参数组成的列表。由于命令行参数只有脚本名，因此，sys.argv的值为：

```
['hello_world.py']
```

如果在运行脚本时，加上更多的命令行参数：

```
$ python hello_world.py foo bar 123
['hello_world.py', 'foo', 'bar', '123']
Hello World!
```

sys.argv 是一个将命令行参数按照空格分开得到的字符串列表。其中，123 并不会被解析为数字。再次修改 hello_world.py，让它输出第二个命令行参数的值：

```
import sys
print("Hello, " + sys.argv[1] + "!")
```

执行脚本：

```
$ python hello_world.py Python
Hello, Python!
```

参数默认按照空格进行分割。不过，输入一个带有空格的参数，如 Zhang San，因为空格的存在，程序只会输出“Zhang”：

```
$ python hello_world.py Zhang San
Hello, Zhang!
```

为了让参数中能包含空格，可以使用一对引号将参数包含起来，在解析时，引号中的部分会被当作一个整体来处理：

```
$ python hello_world.py "Zhang San"
Hello, Zhang San!
```

如果运行时不给程序传入任何命令行参数，sys.argv 中只有一个元素 sys.argv[0]，索引位置 1 不存在，抛出异常：

```
$ python hello_world.py
Traceback (most recent call last):
  File "hello_world.py", line 2, in <module>
    print "Hello, " + sys.argv[1] + "!"
IndexError: list index out of range
```

为了处理这个问题，可以修改程序，对 sys.argv 中元素的个数进行判断，使得程序在没有参数时，输出“Hello World!”：

```
import sys
name = "World"
if len(sys.argv) > 1:
    name = sys.argv[1]
print("Hello, " + name + "!")
```

运行结果：

```
$ python hello_world.py 'Zhang San'
Hello, Zhang San!
$ python hello_world.py
Hello, World!
```

2. 系统路径

变量 sys.path 可以查看 Python 搜索模块的路径和查找顺序，不同操作系统的路径和顺序会有一定的差异。在 Windows 系统下，搜索路径类似于：

```
In [1]: import sys
In [2]: sys.path
Out[2]:
['',
 'C:\\Anaconda\\Scripts',
 'C:\\Anaconda\\python27.zip',
 'C:\\Anaconda\\DLLs',
 'C:\\Anaconda\\lib',
 'C:\\Anaconda\\lib\\plat-win',
 'C:\\Anaconda',
 'C:\\Anaconda\\lib\\site-packages',
 'C:\\Anaconda\\lib\\site-packages\\win32',
 'C:\\Anaconda\\lib\\site-packages\\win32\\lib',
 'C:\\Anaconda\\lib\\site-packages\\Pythonwin',
 'C:\\Anaconda\\lib\\site-packages\\IPython\\extensions',
```

import 模块时，Python 就按照这个路径的顺序依次寻找相应的文件，直到找到相应的模块。如果上述路径都找不到，Python 会抛出异常。

在 sys.path 中，''表示当前工作目录，是优先级最高的路径。在导入自定义模块时，需要注意不能使用一些与系统模块重名的名称，因为这会影响系统模块的正常导入。例如，如果在当前工作目录下有一个 sys.py 文件，那么在当前目录下，系统模块 sys 就不能被正常导入。

3. 操作系统信息

变量 sys.platform 用来显示当前操作系统的相关信息：

```
In [3]: sys.platform
Out[3]: 'win32'
```

不同的操作系统对应不同的值。

- Windows: win32。
- Mac: darwin。
- Linux: linux2。

有些功能在不同操作系统下可能存在差异，可以通过 sys.platform 对不同的操作系统采用不同的处理方式，保证代码的兼容性。

5.2 与操作系统进行交互：os 模块

os 模块是与操作系统进行交互的标准库模块。导入 os 模块：

```
In [1]: import os
```

不建议使用“fromos import *”的形式，因为这样可能会导致内置函数被覆盖。

1. 文件相关的操作

os 模块包含一些与文件操作相关的函数。比如，获取当前工作目录：

```
In [2]: os.getcwd()
Out[2]: 'C:\\Users\\lijin'
```

IPython 的魔术命令%pwd 与此功能一致。工作目录（Working Directory）表示当前程序运行的位置，可以基于此位置使用相对路径，如访问文件、调用自定义模块等。一般来说，打开程序的位置就是工作目录的位置。

当前工作目录的符号：

```
In [3]: os.curdir
Out[3]: '.'
```

对于文件系统来说，通常用“.”来表示当前工作目录的缩写，而“..”表示当前目录的父目录缩写。可以用缩写“～”表示当前用户的家目录（Home Directory）。家目录是多用户操作系统上包含特定用户文件的系统目录，其具体位置和名称与操作系统有关。

一般来说，Windows 7 及以上系统的家目录形式为：

```
C:\Users\<USER_NAME>
```

而 Linux 系统下则是：

```
/home/<user_name>
```

Mac 系统下则是：

```
/Users/<user_name>
```

os.listdir()函数可以用来查看一个文件夹的所有文件和子文件夹名称，不过不包括子文件夹中的目录：

```
In [4]: os.listdir('.')
Out[4]:
['AppData',
 'Application Data',
 'Contacts',
 'Cookies',
 'Desktop',
 'Documents',
 'Downloads',
 'Favorites',
 'Links',
 'Local Settings',
 'Music',
 'My Documents',
 'OneDrive',
 'Pictures',
 'Recent',
 'Saved Games',
 'Searches',
 'SendTo',
 'Templates',
 'Videos']
```

利用这个函数返回的结果，可以判断一个文件是否在某个指定的目录中。例如，先新建一个文件：

```
In [5]: open("test.file", "w").close()
```

然后判断该文件是否在当前目录中：

```
In [6]: "test.file" in os.listdir('.')
Out[6]: True
```

os.rename()函数可以用来重命名文件：

```
In [7]: os.rename("test.file", "test.new.file")
In [8]: "test.file" in os.listdir('.')
Out[8]: False
In [9]: "test.new.file" in os.listdir('.')
Out[9]: True
```

os.remove()函数可以用来删除文件：

```
In [10]: os.remove("test.new.file")
In [11]: "test.new.file" in os.listdir('.')
Out[11]: False
```

os 模块中与文件相关的常用函数总结如下。

- os.getcwd()：获取当前工作目录。
- os.chdir(path)：改变当前工作目录。
- os.listdir(path)：列出指定目录下的文件和文件夹列表。
- os.remove(path)：删除文件。
- os.removedirs(path)：删除文件，并删除中间路径中的空文件夹。
- os.rename(old, new)：重命名文件，如果中间路径的文件夹不存在，则抛出异常。
- os.renames(old, new)：重命名文件，如果中间路径不存在，则创建文件夹。
- os.mkdir(name)：产生新文件夹，如果中间路径的文件夹不存在，则抛出异常。
- os.makedirs(name, mode=511, exist_ok=False)：产生新文件夹，如果中间路径的文件夹不存在，则创建文件夹，可以通过 exist_ok 控制在文件夹存在时是否抛出异常。

2. 系统相关的变量

os 模块还包括一些与操作系统相关的变量，如当前工作目录的符号：os.curdir。除此之外，还有一些其他的系统变量，如 Windows 系统下的换行符：

```
In [12]: os.linesep
Out[12]: '\r\n'
```

不同操作系统下的换行符不一样，Linux、Mac 系统下的换行符是“\n”。

Windows 系统的路径分隔符（Linux、Mac 系统为“/”）：

```
In [12]: os.sep
Out[12]: '\\'
```

“\\”是一个转义字符，Windows 系统的路径分隔符是一个反斜杠“\”。

Windows 系统的环境变量分隔符（Linux、Mac 系统为冒号“:”）：

```
In [13]: os.pathsep
Out[13]: ';'
```

环境变量（Environment Variables）是一系列系统设置的变量值，会对程序的运行产生一定的影响。对于 Windows 系统，可以在控制面板→系统→高级设置中设置环境变量；对于 Linux、Mac 系统，环境变量在一些系统设置文件和个人设置文件如 .bashrc、.bash_profile 中，本书不做过多介绍。os 模块可以通过变量 os.environ 获得当前的环境变量：

```
In [14]: os.environ["USERNAME"]     # Linux/Mac: os.environ["USER"]
Out[14]: 'lijin'
```

os.environ 是一个字典，不仅可以通过它来获取环境变量的值，还可以通过修改它来临时修改环境变量的值，使其只在执行程序的时候生效。

3. os.path 模块

在不同的操作系统下进行操作时，不同的路径规范可能会带来一定的麻烦，Python 提供了 os.path 子模块来解决这个问题。os.path 是 os 模块下的一个子模块，它有很多与路径相关的功能，比如对文件路径属性的判断。

- os.path.isfile(path)：检测路径是否为文件。
- os.path.isdir(path)：检测路径是否为文件夹。
- os.path.exists(path)：检测路径是否存在。
- os.path.isabs(path)：检测路径是否为绝对路径。

os.path 模块最主要的功能是路径分隔符相关的操作。

Windows 系统的路径分隔符是“\”，而 Linux、Mac 系统的路径分隔符是“/”，需要合成或者分开路径时，不同的操作系统下所产生的路径不同，可以用 os.path 模块统一解决这个问题。

- os.path.split(path)：按照系统分隔符，将路径拆分为(head, tail) 两部分。
- os.path.join(a, *p)：使用系统分隔符，将各个部分合并为一个路径。

例如，os.path.join("test", "a.txt")在 Windows 系统下会变成：

```
test\a.txt
```

在 Linux、Mac 系统下会变成：

```
test/a.txt
```

5.3 正则表达式：re 模块

re 模块是与正则表达式相关的标准库模块。正则表达式（Regular Expression）是一种强大的字符串匹配模式，通常使用单个字符串来描述、匹配一系列符合某个句法规则的字符串。

1. 正则表达式的规则

常用的正则表达式匹配规则见表 5-1。

表 5-1 常用的正则表达式匹配规则

表达式	匹配内容
.	匹配除了换行符之外的任意字符
[...]	匹配在该集合中的任意字符，支持范围表示如 a～z、0～9 等
(...)	作为一个整体进行匹配
\w	匹配任意大小写字母或数字，相当于[a～z、A～Z、0～9]

（续）

表 达 式	匹 配 内 容
\d	匹配任意数字，相当于[0～9]
\s	匹配任意空白符，相当于[\t\n\f\v\r]
|	逻辑或，匹配前一个或后一个表达式，如 ab|cd 可以匹配 ab 或 cd
^	逻辑非，表示后面字符的补，如^[ab]表示除了 ab 之外的任意字符
\W	\w 的补，匹配所有非字母和数字
*	匹配前面的字符 0 次到更多次，如 a*b 可以匹配 b、ab、aab、aaab、aaaab
+	匹配前面的字符 1 次到更多次，如 a*b 可以匹配 ab、aab、aaab、aaaab
?	匹配前面的字符 0 次或 1 次，如 a?b 可以匹配 b 和 ab
{m}	匹配前面的字符 m 次，如 a{5}匹配 aaaaa
{m,}	匹配前面的字符至少 m 次，如\d{5,}匹配至少 5 位数字
{m,n}	匹配前面的字符至少 m 次，至多 n 次（包括 m 和 n 次）

在正则表达式规则中，部分字符有特殊的含义。当需要匹配这些有特殊含义的字符时，通常需要用反斜杠进行转义处理，如\[、\]、\{、\}、\(、\)、\.。除此之外，字符串中常用的转义字符，如\a、\b、\f、\n、\t、\v、\x、\\等在正则表达式中都可以被使用和匹配。正则表达式的例子如下。

- 表达式：ca*t，a*表示匹配 0 个或者多个 a，因此匹配的字符串有 ct、cat、caat 等。
- 表达式：ab\d|ac\d，匹配 ab 或者 ac 加数字的组合，因此匹配的字符串有 ab1、ac8、ab5、ac9 等。
- 表达式：(ab)?c，中间括号中的 ab 是一个整体，因此匹配的字符串为 c 和 ab。
- 表达式：(ab|cd)e，括号部分匹配 ab 或者 cd，因此匹配的字符串为 abe 和 cde。
- 表达式：[^a-q]bd，中括号匹配非 a～q 的任意字符，因此匹配的字符串有 6bd、zbd 等。
- 表达式：\d{3}-?\d{8}，匹配 3 个数字加 8 个数字的组合，中间的横线可以省略，因此匹配的字符串有 010-12345678、01099999999 等。

2. re 模块的使用

导入 re 模块：

```
In [1]: import re
```

（1）re.match()函数

re.match()函数对字符串的开头进行匹配：

```
re.match(pattern, string)
```

其中，参数 pattern 是正则表达式，string 是要匹配的字符串。如果字符串的开头符合正则表达式的规则，该函数会返回一个 Match 对象，否则返回 None。例如，定义一个匹配连续数字的表达式：

```
In [2]: pat = "\d+"
```

字符串是：

```
In [3]: s = "abc123abc123456"
```

用 re.match()函数去匹配：

```
In [4]: re.match(pat, s)
```

由于 re.match()函数只匹配开头，字符串 s 的开头不是数字，所以返回值为 None。

（2）re.search()函数

与 re.match()函数不同，re.search()函数会用正则表达式去匹配字符串中所有的子串，如果找到，返回第一个匹配对应的 Match 对象，否则返回 None：

```
re.search(pattern, string)
```

刚才的字符串中有连续的数字，所以 re.search()函数会返回一个匹配：

```
In [5]: re.search(pat, s)
Out[5]: <re.Match object; span=(3, 6), match='123'>
```

可以调用返回的 Match 对象的.group()方法来查看匹配到的字符串：

```
In [6]: m = re.search(pat, s)
In [7]: m.group(0)
Out[7]: '123'
```

（3）re.split()函数

re.split()函数使用指定的正则表达式作为分隔符，对字符串进行分割，其用法为:

```
re.split(pattern, string[, maxsplit])
```

其中，maxsplit 是个可选参数，用来指定分割的最大次数，默认是全部分割。例如，按照任意长度的空格进行分割：

```
In [8]: re.split(" +", "a b  c    d   e")
Out[8]: ['a', 'b', 'c', 'd', 'e']
```

（4）re.sub()函数

re.sub()函数对字符串中正则表达式匹配的部分进行替换，其用法为：

```
re.sub(pattern, repl, string[, count])
```

count 是个可选参数，用来指定最大替换次数，不指定就全部替换。例如，将上面的多个空格换成分号：

```
In [9]: re.sub(" +", ";", "a b  c    d   e")
Out[9]: 'a;b;c;d;e'
```

（5）re.findall()函数

re.findall()函数可以找到字符串中所有匹配正则表达式的部分，其用法为：

```
re.findall(pattern, string)
```

re.findall()函数可以返回一个列表，对于一些比较长的字符串，如读取的一个比较大的文本，可以用 re.finditer()函数代替 re.findall()函数，该函数可以返回一个迭代器对象，避免一次性匹配完用时过长的问题。

3. .group()方法的使用

当正则表达式被匹配后，Python 并不会直接返回匹配的字符串，而是会返回一个 Match 对象。匹配的字符串可以用 Match 对象的.group(0)方法来得到，为什么要用“0”？

为了解答这个疑惑，先看这个正则表达式为“hello (\w+)”的例子：

```
In [10]: s = 'hello world'
In [11]: p = 'hello (\w+)'
In [12]: m = re.match(p, s)
In [13]: m
Out[13]: <re.Match object; span=(0, 11), match='hello world'>
```

返回的 Match 对象的.group(0)的值：

```
In [14]: m.group(0)
Out[14]: 'hello world'
```

事实上，由于正则表达式中存在括号，返回的 Match 对象还可以调用.group(1)方法：

```
In [15]: m.group(1)
Out[15]: 'world'
```

一般来说，Match 对象的.group(0)方法会返回匹配的整个字符串，之后的 1、2、3 等返回的则是正则表达式中每个括号匹配的部分。可以用.groups()方法查看每个括号的匹配值：

```
In [16]: m.groups()
Out[16]: ('world',)
```

多个括号的情况：

```
In [17]: s = 'hello zhang san'
In [18]: p = 'hello (\w+) (\w+)'
In [19]: m = re.match(p, s)
In [20]: m.groups()
Out[20]: ('zhang', 'san')
```

在这种情况下，可以调用.group(2)：

```
In [21]: m.group(2)
Out[21]: 'san'
```

4. 不转义的字符串

匹配特殊字符时，需要使用反斜杠“\”对其进行转义处理，包括反斜杠自身。在正则表达式中，需要用“\\”来匹配一个反斜杠，不过，在 Python 中，字符串本身对反斜杠也是有转义的，因此“\\”会被先转义为单个反斜杠：

```
In [22]: print("\\")
\
```

因此，为了在正则表达式中匹配反斜杠，需要使用四个反斜杠：

```
In [23]: print("\\\\")
\\
```

反斜杠还是 Windows 的默认路径分隔符，因此，路径也需要进行转义：

```
In [24]: print("C:\\foo\\bar\\baz.txt")
C:\foo\bar\baz.txt
```

使用 re.split()函数按照反斜杠对这个路径进行分割，需要将它写成：

```
In [25]: re.split("\\\\", "C:\\foo\\bar\\baz.txt")
Out[25]: ['C:', 'foo', 'bar', 'baz.txt']
```

这样看起来不是很方便，Python 提供了不转义字符串来解决这个问题。不转义字符串的构造十分简单，只需要在构造普通字符串时在前面加上 r，表示它是一个不转义的字符串，常见的转移字符都不会被转义：

```
In [26]: print(r'\\')
\\
```

同样，也可以将路径变成不转义字符串：

```
In [27]: print(r"C:\foo\bar\baz.txt")
C:\foo\bar\baz.txt
```

这样能简化正则表达式的书写：

```
In [28]: re.split(r"\\", r"C:\foo\bar\baz.txt")
Out[28]: ['C:', 'foo', 'bar', 'baz.txt']
```

5.4 日期时间相关：datetime 模块

datetime 模块是处理时间和日期的标准库模块，它提供了一些处理时间和日期的基本操作。导入 datetime 模块：

```
In [1]: import datetime as dt
```

在下文中，用 dt 代替 datetime 模块的名称。

1. date 对象

dt.date()函数可以产生一个有年月日信息的 date 对象，其用法为：

```
dt.date(year, month, day)
```

date 对象需要指定年月日，例如：

```
In [2]: d1 = dt.date(2007, 9, 25)
In [3]: d2 = dt.date(2008, 9, 25)
```

分别表示 2008 年 9 月 25 日和 2007 年 9 月 25 日。日期可以打印出来：

```
In [4]: d1
Out[4]: datetime.date(2007, 9, 25)
In [5]: print(d1)
2007-09-25
```

可以调用 date 对象的.strftime()方法将日期转化为特定格式：

```
In [6]: d1.strftime('%A, %m/%d/%y')
Out[6]: 'Tuesday, 09/25/07'
In [7]: d1.strftime('%a, %m-%d-%Y')
Out[7]: 'Tue, 09-25-2007'
```

日期和时间的控制符可以查看表 5-2。当天的日期可以用 dt.date.today()来得到：

```
In [8]: dt.date.today()
Out[8]: datetime.date(2022, 3, 7)
```

2. timedelta 对象

两个日期可以相减，从而查看两个日期相差多久，例如，2008 年 9 月 25 日和 2007 年 9 月 25 日正好相差了一年，即 366 天（2008 年是闰年）：

```
In [9]: d2 - d1
Out[9]: datetime.timedelta(366)
In [10]: print(d2 - d1)
366 days, 0:00:00
```

两个 date 对象相减返回的是一个时间间隔 timedelta 对象。

时间间隔也可以用 dt.timedelta()函数构造，参数依次表示天、秒、毫秒、微秒、分、时、周，如果不指定默认为 0：

```
timedelta(day, sec, ms, us, min, hr, week)
```

3. time 对象

dt.time()函数可以产生一个 time 对象，其用法为：

```
dt.time(hour, min, sec, us)
```

不指定的参数默认为 0，例如：

```
In [11]: t1 = dt.time(15, 38)
In [12]: t2 = dt.time(18)
```

time 对象的默认输出格式为：

```
In [13]: print(t1)
15:38:00
```

输出格式同样可以用.strftime()方法来改变：

```
In [14]: t1.strftime('%H:%M:%S, %p')
Out[14]: '15:38:00, PM'
```

由于 time 对象不涉及具体的日期，所以它不支持减法操作。

4. datetime 对象

dt.datetime()函数可以用来创建一个带有日期和时间的 datetime 对象，其用法为：

```
datetime(year, month, day, hr, min, sec, us)
```

与 date.today()对应，可以用 datetime.now()得到当前的日期和时间：

```
In [15]: d1 = dt.datetime.now()
In [16]: d1
Out[16]: datetime.datetime(2022, 3, 7, 2, 49, 39, 538441)
In [17]: print(d1)
2022-03-07 02:49:39.538441
```

date 对象和 datetime 对象都支持减法；此外，它们还支持与 timedelta 对象的加法。例如，将当前时间加上 30 天：

```
In [18]: print(d1 + dt.timedelta(30))
2022-04-06 02:49:39.538441
```

5. 控制时间日期的格式

时间日期的输出格式控制符见表 5-2。

表 5-2　时间日期的输出格式控制符

字　符	含　义
%a	星期英文缩写
%A	星期英文
%w	一星期的第几天，[0(sun),6]
%b	月份英文缩写
%B	月份英文
%d	日期，[01,31]
%H	小时，[00,23]
%I	小时，[01,12]
%j	一年的第几天，[001,366]
%m	月份，[01,12]
%M	分钟，[00,59]
%p	AM 和 PM
%S	秒钟，[00,61]
%U	一年中的第几个星期，星期日为第一天，[00,53]
%W	一年中的第几个星期，星期一为第一天，[00,53]
%y	没有世纪的年份
%Y	完整的年份

利用格式字符，可以将时间日期转换为想要的字符串形式。反过来，利用 dt.datetime.strptime()函数，可以按照制定的格式将一个字符串转换为 datetime 对象：

```
In [19]: dt.datetime.strptime('2/10/01', '%m/%d/%y')
Out[19]: datetime.datetime(2001, 2, 10, 0, 0)
```

5.5　读写 JSON 数据：json 模块

json 模块是处理 JSON 数据的标准库模块。JSON（JavaScript Object Notation）是一种轻量级的数据交换格式，既易于人们阅读和编写，也易于机器解析和生成。

1. JSON 的基本结构

JSON 有以下几种基本结构。

1）object：JSON 对象，用大括号表示，形式为（数据是无序的）：

```
{pair_1, ..., pair_n}
```

2）pair：JSON 键值对，形式为：

```
string: value
```

3）array：JSON 数组，用中括号表示，形式为（数据是有序的）：

```
[value_1, ..., value_n]
```

4）value：JSON 值，可以是以下几种类型。

- object：JSON 对象。
- string：字符串。
- array：JSON 数组。
- number：数字。
- true、false、null：特殊值。

按照上述规则，一个合法的 JSON 对象可以是类似这样的文本：

```
{
   "name": "echo",
   "age": 24,
   "coding skills": ["python", "matlab", "java", "c", "ruby"],
   "ages for school": {
      "primary school": 6,
      "middle school": 9,
      "high school": 15,
      "university": 18
   },
   "hobby": ["sports", "reading"],
   "married": false
}
```

2. JSON 数据与 Python 对象的转换

Python 标准库提供了 json 模块来处理 JSON 数据：

```
In [1]: import json
```

将上面的 JSON 对象存入一个字符串：

```
In [2]: data_string = """
   ...: {
   ...:     "name": "echo",
   ...:     "age": 24,
   ...:     "coding skills": ["python", "matlab", "java", "c", "ruby"],
   ...:     "ages for school": {
   ...:        "primary school": 6,
   ...:        "middle school": 9,
   ...:        "high school": 15,
   ...:        "university": 18
   ...:     },
   ...:     "hobby": ["sports", "reading"],
   ...:     "married": false
   ...: }
   ...: """
```

用 json.loads()函数从字符串中读取这个 JSON 对象：

```
In [3]: data = json.loads(data_string)
```

print 显示长字典不太美观，可以借助 pprint 模块来打印这个对象：

```
In [4]: import pprint
In [5]: pprint.pprint(data)
{'age': 24,
 'ages for school': {'high school': 15,
                     'middle school': 9,
                     'primary school': 6,
                     'university': 18},
 'coding skills': ['python', 'matlab', 'java', 'c', 'ruby'],
 'hobby': ['sports', 'reading'],
 'married': False,
 'name': 'echo'}
```

可以看到，Python 将 JSON 对象转换为一个字典，字典的键值对即原来的 JSON 键值对；JSON 数组则变成了列表；JSON 字符串变成了字符串；数字仍然是数字，布尔值仍然是布尔值。反过来，使用 json.dumps()函数，可以将一个 Python 对象转换为 JSON 字符串：

```
In [6]: json.dumps(data)
Out[6]: '{"name": "echo", "age": 24, "married": false, "ages for school",
{"middle school": 9, "university": 18, "high school": 15, "primary school": 6},
"coding skills": ["python", "matlab", "java", "c", "ruby"], "hobby": ["sports",
"reading"]}'
```

相应地，Python 中的字典会转换为一个 JSON 对象，而列表则会转换为一个 JSON 数组。值得注意的是，Python 中的元组也被转换为一个 JSON 数组：

```
In [7]: json.dumps((1, 2, 3))
Out[7]: '[1, 2, 3]'
```

但从 JSON 中还原时，得到的是一个列表：

```
In [8]: json.loads(json.dumps((1, 2, 3)))
Out[8]: [1, 2, 3]
```

3．JSON 文件的读写

json 模块还可以对 JSON 文件进行读写。json.dump()函数将对象以 JSON 格式保存在文件对象 f 中：

```
In [9]: with open("data.json", "w") as f:
   ...:     json.dump(data, f)
   ...:
```

json.load()函数可以从 JSON 文件中读取数据：

```
In [10]: with open("data.json") as f:
    ...:     data_from_file = json.load(f)
    ...:
In [11]: pprint.pprint(data_from_file)
{'age': 24,
```

```
 'ages for school': {'high school': 15,
                     'middle school': 9,
                     'primary school': 6,
                     'university': 18},
 'coding skills': ['python', 'matlab', 'java', 'c', 'ruby'],
 'hobby': ['sports', 'reading'],
 'married': False,
 'name': 'echo'}
```

5.6　文件模式匹配：glob 模块

glob 模块是与文件模式匹配相关的标准库模块，提供了方便的文件模式匹配方法：

```
In [1]: import glob
```

假设当前工作目录的文件结构如下：

```
1.txt
2.txt
3.jpg
4.png
test.txt
fig.jpg
foo/
   bar.txt
abc/
   baz.txt
```

用 glob.glob()函数进行匹配，可以得到当前目录下所有以“.txt”结尾的文件：

```
In [2]: glob.glob('*.txt')
Out[2]: ['1.txt', '2.txt', 'test.txt']
```

其中，星号“*”用来匹配不包括路径分隔符在内的任意长字符。因此，文件夹中的两个“.txt”没有被匹配。如果想匹配文件夹中的.txt 文件，可以使用这样的形式：

```
In [3]: glob.glob('*/*.txt')
Out[3]: ['abc\\baz.txt', 'foo\\bar.txt']
```

第一个星号“*”用来匹配文件夹名，第二个星号“*”用来匹配.txt 文件的文件名，中间用斜杠“/”分开。在 Windows 系统下，文件分隔符是反斜杠“\”，不过，Python 能自动根据操作系统的不同将“/”解析为对应的文件分隔符，所以在编程时，可以统一使用“/”作为分隔符。

一般来说，glob.glob()函数支持以下格式的语法。

- “*”：匹配单个或多个字符，除了路径分隔符。
- “?”：匹配任意单个字符。
- “[seq]”：匹配指定范围内的单个字符，如[0-9]匹配单个数字。
- “[!seq]”：匹配非指定范围内的单个字符，如[!0-9]匹配非数字的单个字符。
- 如果要匹配“*”和“?”本身，可以使用“[*]”和“[?]”来转义。

例如，匹配所有单个数字命名的文件：

```
In [4]: glob.glob('[0-9].*')
Out[4]: ['1.txt', '2.txt', '3.jpg', '4.png']
```

如果想要匹配非当前目录的文件，只需要将指定的目录名写入即可。例如，匹配当前目录的父目录下的.txt 文件：

```
glob.glob("../*.txt")
```

对于其他目录，可以考虑输入目录的绝对路径。值得注意的是，glob.glob()函数不能自动解析家目录的符号“～”。如果想要匹配当前目录以及子目录下的所有“.txt”文件，可以用：

```
In [5]: glob.glob('**/*.txt' , recursive=True)
Out[5]: ['1.txt', '2.txt', 'test.txt', 'abc\\baz.txt', 'foo\\bar.txt']
```

5.7 高级文件操作：shutil 模块

shutil 模块是一个提供高级文件操作的标准库模块。os 模块支持一些简单的文件删除和重命名操作，对于更为高级的文件操作，需要使用 shutil 模块。导入这两个模块：

```
In [1]: import os
In [2]: import shutil
```

1. 文件的复制

在当前目录下新建一个文件：

```
In [3]: with open("test.file", "w") as f:
   ...:     pass
   ...:
In [4]: os.path.exists("test.file")
Out[4]: True
```

复制文件可以使用：

```
shutil.copy(src, dst)
```

该函数将源文件复制到目标地址：

```
In [5]: shutil.copy("test.file", "test_copy.file")
'test_copy.file'
In [6]: "test_copy.file" in os.listdir('.')
Out[6]: True
```

如果目标地址中间的文件夹不存在，会抛出异常：

```
In [7]: try:
   ...:     shutil.copy("test.file", "my_test_dir/test_copy.file")
   ...: except IOError as e:
   ...:     print(e)
   ...:
[Errno 2] No such file or directory: 'my_test_dir/test_copy.file'
```

2. 文件夹的复制

为了复制文件夹，可以使用 os.renames()函数重命名文件，将刚才的这两个文件转移到一个文件夹中：

```
In [8]: os.renames("test.file", "test_dir/test.file")
In [9]: os.renames("test_copy.file", "test_dir/test_copy.file")
```

与 os.rename()函数不同，os.renames()函数在遇到不存在的文件夹时会自动创建这个文件夹。这样，通过重命名操作，将两个文件转移到了文件夹 test_dir 中。

复制文件夹可以使用：

```
shutil.copytree(src, dst)
```

该函数将源文件夹复制到目标位置：

```
In [10]: shutil.copytree("test_dir/", "test_dir_copy/")
'test_dir_copy/'
```

这样，test_dir 中的内容就被复制到了新文件夹 test_dir_copy 中：

```
In [11]: "test_copy.file" in os.listdir('test_dir_copy')
Out[11]: True
```

3. 非空文件夹的删除

os.removedirs()函数不能删除非空文件夹：

```
In [12]: try:
    ...:     os.removedirs("test_dir_copy")
    ...: except IOErroras e:
    ...:     print(e)
    ...:
[Error 66] Directory not empty: 'test_dir_copy'
```

删除一个非空文件夹可以使用 shutil.rmtree()函数：

```
In [13]: shutil.rmtree("test_dir_copy")
In [14]: "test_dir_copy" in os.listdir('.')
Out[14]: False
```

4. 文件夹的移动

shutil.move()函数可以整体移动文件夹，与 os.renames()函数的功能类似，因为移动一个文件夹相当于对这个文件夹进行重命名。

5.8 数学：math 模块

math 模块是 Python 与数学计算相关的标准库模块。导入 math 模块：

```
In [1]: import math
```

math 模块的主要功能是计算数学函数。例如，math.sqrt()函数可以计算平方根，返回的结果是一个浮点数：

```
In [2]: math.sqrt(16)
Out[2]: 4.0
```

除了数学函数之外，模块中还有一些数学常数。例如，圆周率：

```
In [3]: math.pi
Out[3]: 3.141592653589793
```

介绍一些常用的数学函数。

三角函数：

```
In [4]: math.cos(0)
Out[4]: 1.0
In [5]: math.sin(math.pi / 2)
Out[5]: 1.0
In [6]: math.tan(math.pi / 4)
Out[6]: 0.9999999999999999
```

反三角函数：

```
In [7]: math.asin(1)
Out[7]: 1.5707963267948966
In [8]: math.acos(0)
Out[8]: 1.5707963267948966
In [9]: math.atan(1)
Out[9]: 0.7853981633974483
```

对数和指数：

```
In [10]: math.log(10)
Out[10]: 2.302585092994046
In [11]: math.exp(math.log(10))
Out[11]: 10.000000000000002
```

角度与度数的转换：

```
In [12]: math.degrees(math.pi)
Out[12]: 180.0
In [13]: math.radians(180)
Out[13]: 3.141592653589793
```

近似，向上取整和向下取整：

```
In [14]: math.ceil(10.2)
Out[14]: 11.0
In [15]: math.floor(10.2)
Out[15]: 10.0
```

5.9 随机数：random 模块

random 模块是 Python 中与随机数相关的标准模块。导入 random 模块：

```
In [1]: import random
```

random.randint()函数可以产生一个随机整数，其用法为：

```
random.randint(a, b)
```

该函数产生 a～b（包括 a 和 b）的一个随机整数：

```
In [2]: random.randint(1, 3)
Out[2]: 1
```

random.randrange()函数也可以产生一个随机整数，其用法为：

```
random.randrange([start, ]stop[, step])
```

该函数三个参数的使用与切片的规则类似，即包括 start 不包括 stop；step 是间隔，默认为 1；省略 start 和 step 时，start 默认为 0：

```
In [3]: random.randrange(1, 3)
Out[3]: 1
```

random.random()函数可以生成一个 0～1 的随机数：

```
In [4]: random.random()
Out[4]: 0.025706590374957816
```

random.choice()函数可以从一个序列中随机选择一个元素：

```
In [5]: a = [2, 3.2, "abc"]
In [6]: random.choice(a)
Out[6]: 'abc'
```

random.shuffle()函数可以将序列中元素的顺序打乱：

```
In [7]: random.shuffle(a)
In [8]: a
Out[8]: [3.2, 'abc', 2]
```

random.sample()函数可以从序列中不放回地随机采样元素，如从 0～9 中采样 3 个元素：

```
In [9]: random.sample(range(10), 3)
Out[9]: [2, 6, 8]
```

除此之外，random 模块还可以产生一些满足特定概率分布的随机数。

5.10 路径操作：pathlib 模块

Python 3 提供了一个新的模块 pathlib，提供了 Path 类型来进行更方便的路径操作。导入 pathlib 模块：

```
In [1]: frompathlib import Path
```

定义一个路径对象，指定当前目录：

```
In [2]: p = Path('.')
```

获得当前目录下所有的“txt”文件，可以不再依赖 glob 模块，而是直接调用.glob()方法：

```
In [3]: p.glob("*.txt")
Out[3]: <generator object Path.glob at 0x10bba1190>
In [4]: list(p.glob("*.txt"))
Out[4]: [PosixPath('2.txt'), PosixPath('1.txt'), PosixPath('test.txt')]
```

路径的连接也可以不再使用 os.path.join()，而可以用“/”运算替代：

```
In [5]: p / 'test' / 'test.py'
Out[5]: PosixPath('test/test.py')
```

文件是否存在可以调用.exists()方法：

```
In [6]: q = p / "2.txt"
In [7]: q.exists()
Out[7]: True
```

打开文件可以调用.open()方法：

```
In [8]: with q.open() as f: pass
```

.is_dir()方法判断是否为文件夹：

```
In [7]: q.is_dir()
Out[7]: False
```

.iterdir()方法遍历当前文件夹：

```
In [9]: [x for x in p.iterdir() if x.is_dir()]
Out[9]:
[PosixPath('abc'),
PosixPath('test_dir'),
PosixPath('foo'),
PosixPath('.ipynb_checkpoints')]
```

Python 2 与 Python 3 的区别之 pathlib 模块：Python 2 一般用 os.path 模块进行路径操作；Python 3 额外提供了 pathlib 模块进行路径操作，更加方便。

5.11 网址 URL 相关：urllib 模块

Python 标准库中，与网址 URL 相关的模块是 urllib 模块。在 urllib 模块中，主要包含几个常用的子模块。本节将学习以下两个模块的使用。

- urllib.request：打开和读取网页 URL 相关的操作。
- urllib.parse：解析网页 URL。

导入这两个子模块：

```
In [1]: import urllib.request
In [2]: import urllib.parse
```

最常见的操作是访问一个网页。urllib.request 模块提供了 urlopen()函数，用来访问网页，常见的用法如下：

```
In [3]: with urllib.request.urlopen('http://python.org/') as f:
```

```
   ...:     data = f.readlines()
   ...:
In [4]: data[0]
Out[4]: b'<!doctype html>\n'
```

urlopen()函数返回的网页对象与文件类似，可以支持.read()方法或者.readlines()方法从对象中读取数据，并且与文件使用类似，使用了上下文管理器的 with 语句，保证连接在出现异常时正确关闭。

Python 2 和 Python 3 的区别之 urllib 模块：Python 2 有 urllib 与 urllib2 两个模块来处理网页 URL 的相关操作；Python 3 则改为使用 urllib.request 模块和 urllib.parse 模块，Python 2 中的 urllib.urlopen()函数被移除，urllib2.urlopen()函数则被重命名为 Python 3 中的 urllib.request.urlopen()函数。

另一个比较常见的操作是将网页 URL 的内容直接存储到某个文件中，该操作需要使用 urllib.request 模块的 urlretrieve()函数，该函数接受一个 URL 和文件名，将该 URL 链接的内容存储到指定的文件中：

```
In [5]: urllib.request.urlretrieve('http://python.org', "python.html")
Out[5]: ('python.html', <http.client.HTTPMessage at 0x103ff5070>)
```

网页 URL 通常需要满足某种特定的格式，其参数通常在 URL 的问号后传入，并以符号“&”和符号“=”分割来表示不同的参数对。urllib 模块提供了一些处理 URL 格式问题的工具。例如，使用 urllib.parse 的 urlencode()的函数将一个字典转为 URL 串的格式：

```
In [6]: args = {"name": "张三", "age": 18}
In [7]: urllib.parse.urlencode(args)
Out[7]: 'name=%E5%BC%A0%E4%B8%89&age=18'
```

这里，“张三”被转为了一种以“%”开头的不可读字符，这是网页 URL 的要求，只能接受 ASCII 的数字与字母作为参数。可以使用 urllib.request 模块的 unquote()函数将其解码：

```
In [8]: urllib.request.unquote("name=%E5%BC%A0%E4%B8%89&age=18")
Out[8]: 'name=张三&age=18'
```

也可以使用 urllib.request 模块的 quote()函数对字符串进行编码：

```
In [8]: urllib.request.quote("zhang san: 张三")
Out[8]: 'zhang%20san%3A%20%E5%BC%A0%E4%B8%89'
```

5.12　实例：使用标准库实现桌面墙纸下载

本节将介绍一个小实例，利用标准库实现一个桌面墙纸自动下载的程序。墙纸下载的网站为 http://bing.wallpaper.pics。

该网址是一个缓存 Bing 首页图片的网址。为了使用程序访问这个网址，先定义一个 URL 链接对象：

```
In [1]: webpage = "https://bing.wallpaper.pics/us/20220406.html"
```

为了访问这个网址，需要调用 urllib 模块：

```
In [2]: import urllib.request
```

部分网址会有一些简单的反爬虫策略，需要在使用 urllib.request 模块时，传入一些访问网页必需的参数，如网页的 headers。urllib.request 模块提供了 Request 对象来实现 headers 的传入：

```
    In [3]: headers = {'user-agent': 'Mozilla/5.0 (Windows NT 10.0; Win64; x64)
AppleWebKit/537.36 (KHTML, like Gecko) Chrome/65.0.3325.181 Safari/537.36'}
    In [4]: webpage_url = urllib.request.Request(webpage, headers=headers)
```

利用该对象，可以访问这个网址，并设置超时为 20s：

```
    In [5]: with urllib.request.urlopen(webpage_url, timeout=20) as f:
       ...:     data = f.read()
       ...:
```

urllib 模块返回的结果是一个 bytes 对象，而不是 str，因此需要调用.decode()方法将其转换为字符串：

```
    In [6]: content = data.decode("utf-8")
```

对于得到的网页内容字符串，可以使用正则表达式提取其中墙纸图片的 URL 链接：

```
    In [7]: import re
    In [8]: for g in re.finditer("src=\'(//[^\']*.jpg)", content):
       ...:     pic_url = "http:" + g.group(1)
       ...:     print(pic_url)
       ...:
    http://www.bing.com/th?id=OHR.NorthernCaracara_EN-
US1355888776_1920x1080.jpg&rf=LaDigue_1920x1080.jpg
```

在下载图片之前，首先利用 pathlib 模块创建一个文件夹存储图片：

```
    In [9]: from pathlib import Path
    In [10]: wallpaper = Path("wallpaper")
    In [11]: if not wallpaper.exists():
        ...:     wallpaper.mkdir()
        ...:
```

再利用正则表达式，可以从图片 URL 中解析出图片的名称：

```
    In [12]: pic_name = re.search("([^/.&]*\.jpg)", pic_url).group(1)
    In [13]: pic_name
    Out[13]: NorthernCaracara_EN-US1355888776_1920x1080.jpg
```

最后将图片存储到指定位置：

```
    In [14]: if not (wallpaper / pic_name).exists():
        ...:     urllib.request.urlretrieve(pic_url, wallpaper / pic_name)
        ...:
```

由于 Bing 每天都会更新墙纸，为了每次能更新前一天的数据，可以考虑将图片网址的 URL 改为使用每天的日期计算得到：

```
    In [15]: import datetime
    In [16]: cur_date = datetime.date.today() - datetime.timedelta(days=1)
    In [17]: webpage = f"https://bing.wallpaper.pics/us/{cur_date.strftime
('%Y%m%d')}.html"
```

```
In [18]: webpage
Out[18]: 'https://bing.wallpaper.pics/us/20220408.html'
```

最后，考虑到可能需要获取其他日期的墙纸，在脚本模式下，可以利用 sys.argv 接受一个指定参数，从多少天前开始进行循环下载。此外，每次下载完图片后，需要利用 time 模块和 random 模块随机停止几秒，防止反爬虫机制的触发。

综合之前的实现，一个完整程序“wallpaper.py”的实现代码如下：

```
import sys
import re
import datetime
import urllib.request
import time
import random
from pathlib import Path

max_days = 1
if len(sys.argv) == 2:
    max_days = int(sys.argv[1])

headers = {'user-agent': 'Mozilla/5.0 (Windows NT 10.0; Win64; x64) AppleWebKit/
537.36 (KHTML, like Gecko) Chrome/65.0.3325.181 Safari/537.36'}

wallpaper = Path("wallpaper")
if not wallpaper.exists():
    wallpaper.mkdir()

for i in range(max_days, 0, -1):
    cur_date = datetime.date.today() - datetime.timedelta(days=1)
    webpage = f"https://bing.wallpaper.pics/us/{cur_date.strftime('%Y%m%d')}.html"
    webpage_url = urllib.request.Request(webpage, headers=headers)
    print(webpage)
    with urllib.request.urlopen(webpage_url, timeout=20) as f:
        data = f.read()
    content = data.decode("utf-8")
    for g in re.finditer("src=\'(//[^\']*.jpg)", content):
        pic_url = "http:" + g.group(1)
        print(pic_url)
    pic_name = re.search("([^/.&]*\.jpg)", pic_url).group(1)
    if not (wallpaper / pic_name).exists():
        urllib.request.urlretrieve(pic_url, wallpaper / pic_name)
    time.sleep(random.randint(1, 5))
```

利用该程序下载最近 5 天的墙纸：

```
$ python3 wallpaper.py 5
https://bing.wallpaper.pics/us/20220404.html
http://www.bing.com/th?id=OHR.NorwayBoulder_EN-US1049217849_1920x1080.
jpg&rf=LaDigue_1920x1080.jpg
```

```
    https://bing.wallpaper.pics/us/20220405.html
    http://www.bing.com/th?id=OHR.Godafoss_EN-US1167261968_1920x1080.jpg&rf=
LaDigue_1920x1080.jpg
    https://bing.wallpaper.pics/us/20220406.html
    http://www.bing.com/th?id=OHR.NorthernCaracara_EN-US1355888776_1920x1080.jpg&rf=
LaDigue_1920x1080.jpg
    https://bing.wallpaper.pics/us/20220407.html
    http://www.bing.com/th?id=OHR.Malaga_EN-US1459419942_1920x1080.jpg&rf=
LaDigue_1920x1080.jpg
    https://bing.wallpaper.pics/us/20220408.html
    http://www.bing.com/th?id=OHR.PontaDelgada_EN-US4010436071_1920x1080.jpg&rf=
LaDigue_1920x1080.jpg
```

5.13 本章学习笔记

本章对 Python 常用标准库的使用进行了简单介绍。Python 标准库模块提供了很多方便的工具和功能，掌握常用标准库的使用能让编程事半功倍。

学完本章，读者应该做到：

- 掌握如何使用 sys 模块处理命令行参数。
- 掌握如何使用 os 模块进行系统相关的操作。
- 掌握如何使用 re 模块进行正则表达式匹配。
- 知道如何使用 datetime 模块进行与时间日期相关的操作。
- 掌握如何使用 json 模块处理 JSON 文件。
- 知道如何使用 shutil 模块进行高级文件操作。
- 掌握如何使用 math 模块进行数学函数的计算。
- 掌握如何使用 random 模块进行随机数的生成。
- 掌握如何使用 pathlib 模块进行路径的操作。
- 掌握如何使用 urllib 模块进行 URL 访问的操作。

1. 本章新术语

本章涉及的新术语见表 5-3。

表 5-3 本章涉及的新术语

术　语	英　文	释　义
Python 标准库	Python Standard Library	Python 中内置的模块集合
命令行参数	Command Line Arguments	命令行向程序传入的参数
工作目录	Working Directory	程序运行的当前位置
家目录	Home Directory	多用户操作系统上包含特定用户文件的系统目录
环境变量	Environment Variables	操作系统中设定的一系列变量值
正则表达式	Regular Expression	一种基于规则进行字符串匹配的模式
JSON	JavaScript Object Notation	一种轻量级的数据交换语言

2. 本章新函数

本章涉及的新函数见表 5-4。

表 5-4　本章涉及的新函数

函　　数	用　　途
os.getcwd()	获取当前工作目录
os.listdir()	获取某个目录下的文件和子文件夹列表
os.rename()	重命名文件
re.match()	在字符串开头寻找正则表达式匹配
re.search()	在整个字符串中寻找正则表达式匹配
re.split()	使用正则表达式进行分割
re.sub()	使用正则表达式进行替换
datetime.date()	产生一个日期对象
datetime.time()	产生一个时间对象
datetime.datetime()	产生一个带时间和日期的对象
datetime.timedelta()	产生一个时间间隔对象
datetime.date.today()	返回当前的日期
datetime.now()	返回当前的日期与时间
json.dumps()	将对象转换为 JSON 字符串
json.loads()	将 JSON 字符串恢复为对象
json.dump()	将对象以 JSON 格式保存到 JSON 文件中
json.load()	从 JSON 文件中恢复对象
glob.glob()	文件模式匹配
shutil.copy()	复制文件
os.renames()	重命名文件
shutil.copytree()	复制文件夹
os.removedirs()	删除空文件夹
shutil.rmtree()	删除非空文件夹
math.cos()	余弦函数
math.sin()	正弦函数
math.tan()	正切函数
math.acos()	反余弦函数
math.asin()	反正弦函数
math.atan()	反正切函数
math.log()	对数函数
math.exp()	指数函数
math.degrees()	角度转度数
math.radians()	度数转角度
math.floor()	向下取整函数
math.ceil()	向上取整函数
random.randint()	产生随机整数
random.randrange()	产生随机整数

（续）

函　数	用　途
random.random()	产生 0～1 的随机数
random.choice()	从序列中随机选择一个元素
random.shuffle()	将一个序列的顺序打乱
random.sample()	从序列中随机选取多个元素
urllib.request.urlopen()	访问一个网页，返回一个网页对象
urllib.request.urlretrieve()	将一个网页的内容存到文件中
urllib.parse.urlencode()	将一个字典转为 URL 请求参数格式
urllib.request.unquote()	URL 字符转义解码
urllib.request.quote()	URL 字符转义编码

3. 本章 Python 2 与 Python 3 的区别

本章涉及的 Python 2 与 Python 3 的区别见表 5-5。

表 5-5　本章涉及的 Python 2 与 Python 3 的区别

用　法	Python 2	Python 3
pathlib 模块	无	更方便的路径操作
urllib 模块	urllib 和 urllib2 两个模块	功能移到 urllib.request 和 urllib.parse 两个子模块

第 6 章 Python 科学计算基础：NumPy 模块

NumPy 是一个应用广泛的第三方 Python 科学计算模块。本章将着重介绍 NumPy 模块的核心——数组，数组的功能十分强大，应用也十分广泛，很多第三方科学计算模块都是以 NumPy 数组为基础构建的。

本章要点：

- 数组的基本用法。
- 数组的相关操作。
- 数组的广播机制。
- 数组的索引机制。
- 数组的读写。

6.1 NumPy 模块简介

NumPy 是 Python 的一个科学计算基础模块，一些高级的第三方科学计算模块如 SciPy、Matplotlib、Pandas 等，都是基于 NumPy 构建的。NumPy 模块具有以下特性：

- 强大的多维数组类型和实用的函数。
- C、C++、Fortran 语言为底层的实现。
- 线性代数、傅里叶变换和随机数支持。
- 高效的数据存储容器。

Anaconda 环境中已经集成了 NumPy 模块，不需要再次安装。NumPy 模块可以在命令行中用 pip 更新：

```
$ pip install numpy -U
```

NumPy 模块的源代码放在 GitHub 网站上，地址为 https://github.com/numpy/numpy。其官方文档的地址为http://www.numpy.org/。

通常使用以下方式导入 NumPy 模块：

```
import numpy as np
```

在下文中，为了方便，本书以 np 作为 NumPy 模块的缩写。本书使用的 NumPy 版本为 1.22.3，如下所示：

```
In [1]: import numpy as np
In [2]: np.__version__
Out[2]: '1.22.3'
```

6.2 数组基础

数组（Array）是 NumPy 中的核心数据类型。整个 NumPy 模块都是围绕数组来构建的。

6.2.1 数组的引入

导入 NumPy 模块：

```
In [1]: import numpy as np
```

数组的全称是 N 维数组（N-dimensional Array，ndarray），它是一个大小和形状固定的多维容器。多维数组对象可以使用 np.array()函数构造，函数的参数可以是列表、元组，也可以是另一个数组。例如，用列表作为参数构造一维数组：

```
In [2]: a = np.array([1, 2, 3, 4])
```

用元组作为参数构造一维数组：

```
In [3]: np.array((1, 2, 3, 4))
Out[3]: array([1, 2, 3, 4])
```

用一个一维数组 a 作为参数，返回一个相同内容的数组：

```
In [4]: np.array(a)
Out[4]: array([1, 2, 3, 4])
```

构造一个大小为 2×3 的二维数组：

```
In [5]: np.array([[1, 2, 3],[4, 5, 6]])
Out[5]:
array([[1, 2, 3],
       [4, 5, 6]])
```

为了方便，在之后的内容中，本书用数组作为 N 维数组的简称。与列表相比，数组有一些列表没有的功能。例如，列表不支持直接用加法将每个元素都加 1 的操作：

```
In [6]: b = [1, 2, 3, 4]
In [7]: b + 1
---------------------------------------------------------------------------
TypeError                          Traceback (most recent call last)
<ipython-input-7-a1bd27f4633f> in <module>()
----> 1 b + 1
TypeError: can only concatenate list (not "int") to list
```

而数组可以方便地实现这样的功能：

```
In [8]: a + 1
```

```
Out[8]: array([2, 3, 4, 5])
```

与列表加法直接聚合两个列表不同，两个数组相加是将对应位置的元素相加：

```
In [9]: b = np.array([-1, -2, -3, -4])
In [10]: a + b
Out[10]: array([0, 0, 0, 0])
```

数组的数乘是将对应元素乘以给定的数：

```
In [11]: a * 2
Out[11]: array([2, 4, 6, 8])
```

两个数组之间还支持乘法和除法操作，返回对应元素数字的乘积或商：

```
In [12]: a * b
Out[12]: array([ -1, -4, -9, -16])
In [13]: a / b
Out[13]: array([ -1., -1., -1., -1.])
```

6.2.2　数组的属性

数组有一些基本的属性，这些属性包含了数组的相关信息。导入 NumPy 模块：

```
In [1]: import numpy as np
```

. shape 属性可以获得数组的形状：

```
In [2]: a = np.array((1, 2, 3, 4))
In [3]: a.shape
Out[3]: (4,)
```

对于 N 维数组，属性. shape 返回的是一个大小为 N 的元组，每个元素对应每个维度的大小。这里由于数组是 1 维，所以属性. shape 返回的是一个大小为 1 的元组。除了属性，也可以使用 np. shape()函数来查看数组的形状：

```
In [4]: np.shape(a)
Out[4]: (4,)
```

np. shape()函数返回的是该对象转换为数组之后的形状，因此，该函数不仅可以作用于数组，还可以作用于其他数据类型：

```
In [5]: np.shape([1, 2, 3, 4])
Out[5]: (4,)
```

多维列表的形状：

```
In [6]: np.shape([[1, 2, 3], [4, 5, 6]])
Out[6]: (2, 3)
```

单个元素是没有形状的，其返回的结果为空元组：

```
In [7]: np.shape(1)
Out[7]: ()
```

与列表不同，数组要求所有的元素是同一类型，属性.dtype 可以查看数组的数据类型：

```
In [8]: a.dtype
Out[8]: dtype('int64')
```

属性.itemsize 可以查看每个元素所占的字节数：

```
In [9]: a.itemsize
Out[9]: 8
```

属性.size 可以查看数组中的元素总数：

```
In [10]: a.size
Out[10]: 4
```

与.size 属性对应，NumPy 提供了 np.size()函数来查看数组中的元素个数，该函数也可以作用在非数组对象上：

```
In [11]: np.size(a)
Out[11]: 4
In [12]: np.size([[1,2,3], [4,5,6]])
Out[12]: 6
In [13]: np.size(1)
Out[13]: 1
```

数组使用一段连续的内存来存储数据，属性.nbytes 可以查看数组所有元素所占空间：

```
In [14]: a.nbytes
Out[14]: 32
```

属性.nbytes 的值是这段连续内存的大小，等于属性.itemsize 和属性.size 的乘积。事实上，数组所占的存储空间要比这个数字大，因为数组还需要额外的空间来存储数组的形状和数据类型信息。属性 a.ndim 可以查看数组维度：

```
In [15]: a.ndim
Out[15]: 1
```

数组的数据类型在定义时就已经确定，一般不能被改变，根据数据类型和形状，Python 会自动分配相应的内存空间来存储它们。如果传入参数的类型与数组的类型不一样，NumPy 会自动按照已有的类型自动进行转换。例如，尝试用.fill()方法将整数数组 a 的值全部变成 4.8 时，由于 a 的类型已经指定为整数，因此，在填充浮点数 4.8 时，NumPy 会先将 4.8 取整得到 4，再将 a 中所有的元素都变成整数 4：

```
In [16]: a.fill(4.8)
In [17]: a
Out[17]: array([4, 4, 4, 4])
```

6.2.3 数组的类型

每个数组有固定的类型，可以通过一些方式进行修改。导入 NumPy 模块：

```
In [1]: import numpy as np
```

1. 默认数组类型

数组的类型在产生数组的时候确定，整数的类型默认是 64 位整数，即该整数由 64 个比特表示：

```
In [2]: a = np.array([1, 2, 3, 4])
In [3]: a.dtype
Out[3]: dtype('int64')
```

浮点数的类型默认是 64 位浮点数：

```
In [4]: b = np.array([1.2, 3.5, 5.1])
In [5]: b.dtype
Out[5]: dtype('float64')
```

当传入数据中有多种类型时，NumPy 会自动进行判断，将数组转换为最通用的类型。例如，对于浮点数、整数和复数的混合数组，因为浮点数、整数都是特殊的复数，NumPy 会将其统一为复数类型：

```
In [6]: c = np.array([1 + 2j, 4.5, 3])
In [7]: c.dtype
Out[7]: dtype('complex128')
```

对于复数数组，可以用属性.imag 和.real 分别查看实部和虚部：

```
In [8]: c.imag
Out[8]: array([ 2.,  0.,  0.])
In [9]: c.real
Out[9]: array([ 1. ,  4.5,  3. ])
```

这些属性可以被修改：

```
In [10]: c.imag = 1, 2, 3
In [11]: c
Out[11]: array([ 1.0+1.j,  4.5+2.j,  3.0+3.j])
```

可以用.conj()方法查看它的复共轭：

```
In [12]: c.conj()
Out[12]: array([ 1.0-1.j,  4.5-2.j,  3.0-3.j])
```

事实上，因为浮点数、整数都是特殊的复数，整数数组或浮点数数组也可以查看实部、虚部和复共轭。不过，因为没有分配存储虚部的空间，所以不能修改.imag 属性的值。

对于数字类型与字符串的混合数组，NumPy 会将它们都转换为字符串：

```
In [13]: d = np.array(['abc', 1, 2.3])
In [14]: d.dtype
Out[14]: dtype('<U32')
In [15]: d
Out[15]: array(['abc', '1', '2.3'], dtype='<U32')
```

对于更复杂的输入类型组合，NumPy 会将它们转换为最基本的类型：object。在 Python 中，所有的对象都是一个 object。这种情况下，得到的是一个 object 数组：

```
In [16]: np.array(['abc', 1, {1,2,3}])
```

```
Out[16]: array(['abc', 1, set([1, 2, 3])], dtype=object)
```

2．数组类型的指定

如果不想使用 NumPy 的默认类型指定，可以在生成数组的时候通过 dtype 参数来指定类型。例如，将一个整数列表生成的数组指定成浮点数数组：

```
In [17]: a = np.array([1, 2, 3, 4], dtype=float)
In [18]: a
Out[18]: array([ 1.,  2.,  3.,  4.])
In [19]: a.dtype
Out[19]: dtype('float64')
```

dtype 可以接受多种类型的参数，具体如下。

- Python 中的类型名：如 int、float、complex、str 等。
- NumPy 中的类型名：如 np.float32、np.int64、np.uint 等。
- 类型名对应的字符串：如"int"、"float"、"float32"、"int64"、"str"等。

NumPy 数组存储的数据类型的具体情况见表 6-1。

表 6-1　NumPy 数组存储的数据类型

类　型	可用的 NumPy 类型	备　注
布尔型	bool	
整型	int8、int16、int32、int64、int128、int	int 默认为 64 或 32
无符号整型	uint8、uint16、uint32、uint64、uint128、uint	uint 默认为 64 或 32
浮点数	float16、float32、float64、float、longfloat	float 默认为 64
复数	complex64、complex128、complex、longcomplex	complex 默认为 128
字符串	string	U32 表示最长为 32
对象	object	任意类型
时间	datetime64、timedelta64	

其中，object 是最通用的类型，因为 Python 中所有的对象都是一种特殊的 object：

```
In [20]: a = np.array([1, 1.2, 'hello', [10, 20, 30]], dtype=object)
In [21]: a
Out[21]: array([1, 1.2, 'hello', [10, 20, 30]], dtype=object)
```

该数组的元素都支持数乘，可以对该数组使用数乘：

```
In [22]: a * 2
Out[22]: array([2, 2.4, 'hellohello', [10, 20, 30, 10, 20, 30]], dtype=object)
```

3．数组类型的转换

（1）np.asarray()函数

np.asarray()函数可以将一个对象按照指定的类型转换为数组，例如：

```
In [23]: np.asarray([1, 2, 3])
Out[23]: array([1, 2, 3])
```

如果传入的对象是数组，np.asarray()函数返回这个对象本身：

```
In [24]: a = np.array([1, 2, 3])
In [25]: np.asarray(a) is a
Out[25]: True
```

与之相对应，如果使用 np.array()函数，则会生成一个新的数组：

```
In [26]: np.array(a) is a
Out[26]: False
```

np.asarray()函数可以通过指定 dtype 参数产生一个指定类型的新数组：

```
In [27]: np.asarray(a, dtype=float)
Out[27]: array([ 1.,  2.,  3.])
In [28]: np.asarray(a, dtype='uint8')
Out[28]: array([1, 2, 3], dtype=uint8)
```

np.array()函数也有同样的功能。两者的区别在于，如果指定的 dtype 参数与传入数组的类型相同，np.asarray()函数会返回数组本身，而 np.array()函数会返回一个复制的新数组，这样可能会造成资源浪费。

（2）.astype()方法

数组的.astype()方法用于返回一个指定类型的新数组：

```
In [29]: a.astype(float)
Out[29]: array([ 1.,  2.,  3.])
```

调用该方法不会改变原来的数组：

```
In [30]: a
Out[30]: array([1, 2, 3])
```

该方法总是返回一个新数组，即使转换的类型与原来相同：

```
In [31]: a.astype(a.dtype) is a
Out[31]: False
```

4．NumPy 中的特殊值

NumPy 中有两个特殊值：np.nan 和 np.inf，nan 是不合法数字（Not A Number）的缩写，inf 是无穷大（Infinite）的缩写。例如：

```
In [31]: np.array([1.0, -1.0, 0.0]) / 0.0
Out[31]: array([ inf, -inf,  nan])
```

NumPy 的除 0 计算不会抛出异常，而是会返回正负无穷或非法数字。不过在运行过程中，NumPy 会给出 RuntimeWarning 进行提醒。

6.2.4　数组的生成

NumPy 中提供了很多函数来生成数组。导入 NumPy 模块：

```
In [1]: import numpy as np
```

1．将类似数组的对象转换为数组

可以用 np.array()函数将一个与数组结构类似的对象转换为数组。例如：

```
In [2]: a = np.array((1, 2, 3, 4))
```

注意，使用元组作为参数时，元组的括号是不能省略的。查看 a 的相关信息：

```
In [3]: a
Out[3]: array([1, 2, 3, 4])
In [4]: a.ndim
Out[4]: 1
In [5]: len(a)
Out[5]: 4
```

np.array()函数将一个序列的序列转换为二维数组，序列的序列指的是以序列为元素的序列，比如以列表为元素的列表：

```
In [6]: b = np.array([[1, 2, 3], [4, 5, 6]], dtype=float)
In [7]: b
Out[7]:
array([[ 1., 2., 3.],
       [ 4., 5., 6.]])
In [8]: b.ndim
Out[8]: 2
```

这些作为元素的序列必须有相同的形状，否则不能构成一个合法的数组。值得注意的是，len()函数可以作用于数组，该函数总是会返回数组第一维的数目：

```
In [9]: len(b)
Out[9]: 2
```

np.array()函数还可以将以序列的序列为元素的序列转换为三维数组：

```
In [10]: c = np.array([[[1], [2]], [[3], [4]]])
In [11]: c.shape
Out[11]: (2L, 2L, 1L)
```

2． 产生特定形式的数组

NumPy 中有内置的一些用来产生特定形式数组的函数。

（1）np.zeros()函数和 np.ones()函数

```
np.zeros(shape, dtype=float)
```

产生一个指定形状和类型的全零数组，默认为浮点数：

```
In [12]: np.zeros((2, 3))
Out[12]:
array([[ 0.,  0.,  0.],
       [ 0.,  0.,  0.]])
```

np.ones()函数用法与 np.zeros()函数完全一致，不同点在于它产生的是一个全 1 数组：

```
In [13]: np.ones((2, 3))
Out[13]:
array([[ 1.,  1.,  1.],
       [ 1.,  1.,  1.]])
```

（2）np.arange()函数

np.arange()函数可以产生一个等距数组，其用法为：

```
np.arange([start,] stop[, step,], dtype=None)
```

与 range()函数类似，只有一个参数时，该函数可以产生一个从 0 开始的整数数组：

```
In [14]: np.arange(10)
Out[14]: array([0, 1, 2, 3, 4, 5, 6, 7, 8, 9])
```

不同的是，它还可以接受浮点数参数，返回一个浮点数数组：

```
In [15]: np.arange(5.0)
Out[15]: array([ 0.,  1.,  2.,  3.,  4.,  5.])
```

也可以指定起始位置参数 start：

```
In [16]: np.arange(4, 10)
Out[16]: array([4, 5, 6, 7, 8, 9])
```

指定步长参数 step，步长可以是浮点数：

```
In [17]: np.arange(0, 1, 0.1)
Out[17]: array([ 0. , 0.1, 0.2, 0.3, 0.4, 0.5, 0.6, 0.7, 0.8, 0.9])
```

np.arange()函数生成的数组默认不包括结束参数 stop，然而，由于浮点数存在精度问题，因此，可能出现例外：

```
In [18]: np.arange(1.5, 2.1, 0.3)
Out[18]: array([ 1.5, 1.8, 2.1])
```

（3）np.linspace()函数

由于浮点数存储的原因，并不能保证使用 np.arange()函数产生的浮点数数组一定符合预期。一个更常用的替代函数是 np.linspace()函数，该函数可以产生等距的数组，其用法为：

```
np.linspace(start, stop, num=50)
```

该函数能生成一个从 start 开始到 stop 结束的等距数组，默认数组长度 num 是 50。该数组一定会包括 start 和 stop：

```
In [19]: np.linspace(0, 1, 6)
Out[19]: array([ 0., 0.2, 0.4, 0.6, 0.8, 1.])
```

如果想要生成的数组不包括 stop，可以使用额外参数 endpoint=False：

```
In [20]: np.linspace(0, 1, 5, endpoint=False)
Out[20]: array([ 0., 0.2, 0.4, 0.6, 0.8])
```

与 np.arange()函数相比，np.linspace()函数产生的等距数组能在一定程度上去除浮点数精度的影响。

6.2.5　数组的索引

NumPy 数组支持索引和切片的操作，为了方便，本书将数组的索引与切片统称为索引。导入 NumPy 模块：

```
In [1]: import numpy as np
```

1．一维数组的索引

与列表类似，数组支持单个元素的索引：

```
In [2]: a = np.array([0, 1, 2, 3])
In [3]: a[0]
Out[3]: 0
```

可以修改它的值来改变数组：

```
In [4]: a[0] = 10
In [5]: a
Out[5]: array([10,  1,  2,  3])
```

数组也支持负数索引和切片，使用方法与列表一样：

```
In [6]: a[1:-1]
Out[6]: array([1, 2])
In [7]: a[::-1]
Out[7]: array([ 3,  2,  1, 10])
```

切片后得到的结果仍然是一个数组，可以进行相应的数组操作。

2．多维数组的索引

多维数组的索引与多维列表有所不同。先构造一个多维数组：

```
In [8]: b = np.array([[ 1,  2,  3,  4,  5],
   ...:               [11, 12, 13, 14, 15],
   ...:               [21, 22, 23, 24, 25],
   ...:               [31, 32, 33, 34, 35],
   ...:               [41, 42, 43, 44, 45],
   ...:               [51, 52, 53, 54, 55]])
```

多维列表只能通过多重索引的方法来得到其中的元素。如果 b 是一个列表，只能通过 b[0][1]来得到元素 2。多维数组也支持这样的操作：

```
In [9]: b[0][1]
Out[9]: 2
```

与列表不同的是，多维数组可以使用单索引的方式来得到元素 1：

```
In [10]: b[0, 1]
Out[10]: 2
```

完整的索引值其实是 b[(0, 1)]，只不过元组的括号可以省略：

```
In [11]: b[(0, 1)]
Out[11]: 2
```

索引值(0, 1)分别代表对数组两个维度的索引，一个合法的索引值由数组的形状确定：

```
In [12]: b.shape
Out[12]: (6, 5)
```

该形状规定了各个维度合法索引值的上界。对于数组 b 来说，在不考虑负数索引的情况下，第一个维度的取值范围为 0～5，第二个维度的取值范围为 0～4。

多维数组也支持负索引和切片。例如，索引最后一个元素：

```
In [13]: b[-1, -1]
Out[13]: 55
```

索引数组的第二列：

```
In [14]: b[:, 1]
Out[14]: array([ 2, 12, 22, 32, 42, 52])
```

索引数组的第二行：

```
In [15]: b[1, :]
Out[15]: array([11, 12, 13, 14, 15])
```

索引其中的某几行和某几列，例如，索引数组第二、三行的第三、四列：

```
In [16]: b[1:3, 2:4]
Out[16]:
array([[13, 14],
       [23, 24]])
```

6.2.6　数组的迭代

数组是一种可迭代对象。导入 NumPy 模块：

```
In [1]: import numpy as np
```

1. 一维数组的迭代

一维数组的迭代与列表的机制一致，即迭代数组中的每一个元素：

```
In [2]: a = np.arange(5)
In [3]: for i in a:
   ...:     print(i, end='')
   ...:
01234
```

2. 多维数组的迭代

多维数组的迭代与多维列表的机制类似，它只会对数组的第一维进行迭代，每次迭代的值是一个维度减一的数组。例如，考虑对一个形状为(4, 6)的数组进行迭代，迭代次数为 4 次，每次迭代得到的是一个形状为(6,)的数组：

```
In [4]: b = np.arange(24)
In [5]: b.shape = 4, 6
In [6]: b
Out[6]:
array([[ 0,  1,  2,  3,  4,  5],
       [ 6,  7,  8,  9, 10, 11],
       [12, 13, 14, 15, 16, 17],
       [18, 19, 20, 21, 22, 23]])
In [7]: for i in b:
   ...:     print(i)
```

```
   ...:
[ 0  1  2  3  4  5]
[ 6  7  8  9 10 11]
[12 13 14 15 16 17]
[18 19 20 21 22 23]
```

注意，使用 print()函数时，数组的表示形式看起来与列表相同。不过，虽然表示形式与列表相同，但 i 不是列表而是数组。

类似 enumerate()函数，np.ndenumerate()函数可以迭代多维数组中的每一个元素并得到这些元素的索引位置：

```
In [8]: c = np.array([[1,2], [3, 4], [5, 6]])
In [9]: for idx, v in np.ndenumerate(c):
   ...:     print(idx, v)
   ...:
(0, 0) 1
(0, 1) 2
(1, 0) 3
(1, 1) 4
(2, 0) 5
(2, 1) 6
```

可以看到，np.ndenumerate()函数的返回结果也印证了之前关于多维数组索引值本质上是元组的结论。

6.3 数组操作

数组支持很多操作，本节将按照不同的类型对数组的操作进行介绍。

6.3.1 数值相关的数组操作

数组支持很多数值相关的方法。导入 NumPy 模块：

```
In [1]: import numpy as np
```

1. 求和：.sum()方法

.sum()方法可以对数组进行求和操作，默认对所有元素进行求和：

```
In [2]: a = np.array([[1, 2, 3], [4, 5, 6]])
In [3]: a.sum()
Out[3]: 21
```

多维数组可以通过 axis 参数指定求和的维度，比如维度 0：

```
In [4]: a.sum(axis=0)
Out[4]: array([5, 7, 9])
```

指定维度 1 求和：

```
In [5]: a.sum(axis=1)
```

```
Out[5]: array([ 6, 15])
```

本书约定维度 i-1 表示数组的第 i 维。对于形状为$(a_0, a_1, ..., a_{n-1})$的 n 维数组，对维度 i 求和会得到一个形状为$(a_0, a_1, ..., a_{i-1}, a_{i+1}, ..., a_{n-1})$的 n-1 维数组，即沿着维度 i 求和得到的新数组的形状是原数组去除维度 i 之后的结果。因此，在上面的例子中，形状为(2,3)的二维数组 a 沿着维度 0 求和后得到一个形状为(3,)的一维数组，沿着维度 1 求和得到一个形状为(2,)的一维数组。axis 指定的维度可以为负数，规则与索引相同。

与.sum()方法对应，NumPy 提供了一个 np.sum()函数，可以用它来进行相同的操作：

```
In [6]: np.sum(a)
Out[6]: 21
```

np.sum()函数支持对非数组类型的对象进行求和，返回一个数组。

```
In [7]: np.sum([[1, 2, 3], [4, 5, 6]], axis=-1)
Out[7]: array([ 6, 15])
```

2．求积：.prod()方法

.prod()方法的使用与.sum()方法相同，只不过是将求和变成了求积。例如，不指定维度的时候是全局求积：

```
In [8]: a.prod()
Out[8]: 720
```

该方法也有对应的函数形式 np.prod()：

```
In [9]: np.prod(a, axis=0)
Out[9]: array([ 4, 10, 18])
```

3．最值：.max()和.min()方法

.max()和.min()方法的使用也和.sum()方法相同，只是将求和的操作变成了求最大值或最小值。例如，数组的最大值和最小值：

```
In [10]: a.max()
Out[10]: 6
In [11]: a.min()
Out[11]: 1
```

沿着某个维度求最大值和最小值：

```
In [12]: a.max(axis=-1)
Out[12]: array([3, 6])
In [13]: a.min(axis=0)
Out[13]: array([1, 2, 3])
```

对应的函数形式分别为 np.max()和 np.min()。

4．最值位置：.argmax()和.argmin()方法

.argmax()和.argmin()方法可以分别返回最大值和最小值的位置，例如，数组最大值所在的位置：

```
In [14]: a.argmax()
Out[14]: 5
```

a 是一个 2×3 的数组，索引 5 是不存在的，.argmax()方法返回的是将 a 看成一维数组时最大值的位置。

指定维度时，它返回的是对应维度中最值的位置：

```
In [15]: a.argmin(axis=0)
Out[15]: array([0, 0, 0])
```

对应的函数形式分别为 np.argmax()和 np.argmin()。

5．均值：.mean()方法

使用.mean()方法可以求均值。例如，数组所有值的均值：

```
In [16]: a.mean()
Out[16]: 3.5
```

指定维度：

```
In [17]: a.mean(axis=1)
Out[17]: array([2., 5.])
```

需要注意的是，虽然数组是整数类型的，但是求均值的结果是浮点数类型的数组。

NumPy 中，与均值对应的函数是 np.mean()。还有一个求平均数的函数 np.average()：

```
In [18]: np.average(a, axis=0)
Out[18]: array([2.5, 3.5, 4.5])
```

与 np.mean()函数不同的地方在于，np.average()函数支持加权平均：

```
In [19]: np.average(a, axis=0, weights=[1,2])
Out[19]: array([3., 4., 5.])
```

6．标准差和方差：.std()方法和.var()方法

.std()方法可以计算标准差，.var()方法可以计算方差，指定维度时会按照给定的维度进行计算，规则与之前相同：

```
In [20]: a.std()
Out[20]: 1.707825127659933
In [21]: a.std(axis=1)
Out[21]: array([ 0.81649658,  0.81649658])
In [22]: a.var(axis=1)
Out[22]: array([ 0.66666667,  0.66666667])
```

与它们对应的函数分别是 np.std()和 np.var()。

7．近似：.round()方法

.round()方法会将数组近似到整数：

```
In [23]: a = np.array([1.35, 2.5, 1.5])
In [24]: a.round()
Out[24]: array([ 1.,  2.,  2.])
```

NumPy 中，.5 的近似规则为近似到离该数最近的偶数值，所以 2.5 和 1.5 都被近似到偶数值 2。.round()方法可以接受参数，该参数表示近似到小数点后几位，默认为 0。近似到一位小数：

```
In [25]: a.round(1)
Out[25]: array([ 1.4,  2.5,  1.5])
```

与之对应的函数为 np.round()。

8．逻辑操作：.any()和.all()方法

这两个都是逻辑操作，当且仅当数组的元素全为真时，.all()方法返回 True；而.any()方法只要有一个元素为真时就返回 True。

6.3.2　形状相关的数组操作

数组的形状可以通过一些方式进行修改。导入 NumPy 模块：

```
In [1]: import numpy as np
```

1．使用.shape 属性修改数组形状

数组的形状可以通过修改.shape 属性来改变，例如，有这样一个包含 8 个元素的一维数组：

```
In [2]: a = np.array([8, 6, 5, 7, 1, 4, 2, 3])
In [3]: a.shape
Out[3]: (8,)
```

修改它的.shape 属性：

```
In [4]: a.shape = 2, 4
```

a 变成了一个 2×4 的二维数组：

```
In [5]: a
Out[5]:
array([[8, 6, 5, 7],
       [1, 4, 2, 3]])
```

NumPy 的数组存储是行优先的。修改形状后，NumPy 数组的排列规则也是按照行优先进行的。行优先和列优先都是存储策略。对于一个多维数组，不管其形状如何，存储时都是一块连续的内存，以下面的数组为例：

```
[[1,2,3],
 [4,5,6]]
```

如果采用行优先策略，先排横行，后排竖列，内存的存储形式为：

```
1,2,3,4,5,6
```

如果采用列优先策略，先排竖列，后排横行，内存的存储形式为：

```
1,4,2,5,3,6
```

2．不改变自身形状的方法：.reshape()方法

.reshape()方法可以对数组的形状进行修改，不过它不会修改原来数组的形状，而是返回一个新数组：

```
In [6]: a.reshape(4, 2)
Out[6]:
array([[8, 6],
```

```
        [5, 7],
        [1, 4],
        [2, 3]])
In [7]: a
Out[7]:
array([[8, 6, 5, 7],
       [1, 4, 2, 3]])
```

.reshape()方法接受的形状参数必须与数组大小对应，否则会抛出异常。例如，将 a 变成 5×2 的数组就会抛出异常：

```
In [8]: a.reshape(5, 2)
---------------------------------------------------------------------------
ValueError                            Traceback (most recent call last)
<ipython-input-8-387e1e9bb770> in <module>()
----> 1 a.reshape(5, 2)
ValueError: cannot reshape array of size 8 into shape (5,2)
```

.reshape()方法可以接受一个“-1”作为参数，当某个维度是-1 时，NumPy 会自动根据其他维度来计算该维度的大小：

```
In [9]: a.reshape(-1, 2)
Out[9]:
array([[8, 6],
       [5, 7],
       [1, 4],
       [2, 3]])
```

与之对应的函数是 np.reshape()，该函数也不会修改原来数组的形状：

```
In [10]: np.reshape(a, (4, -1))
Out[10]:
array([[8, 6],
       [5, 7],
       [1, 4],
       [2, 3]])
```

3. 改变自身形状的方法：.resize()方法

.reshape()方法是不会修改原来数组的形状的，如果想修改原来数组的形状，可以使用.resize()方法：

```
In [11]: a.resize(8)
In [12]: a
Out[12]: array([8, 6, 5, 7, 1, 4, 2, 3])
```

.resize()方法不支持-1 参数，因为它支持形状不对应的修改：

```
In [13]: b = np.array([1, 2, 3, 4, 5, 6, 7, 8])
In [14]: b.resize(2, 5)
In [15]: b
Out[15]:
```

```
array([[1, 2, 3, 4, 5],
       [6, 7, 8, 0, 0]])
```

它的工作机制是先将该数组变成一维，如果元素个数不够，则将缺失的元素补 0。它也可以将自身修改为比原来元素少的数组：

```
In [16]: b = np.array([1, 2, 3, 4, 5, 6, 7, 8])
In [17]: b.resize(2, 3)
In [18]: b
Out[18]:
array([[1, 2, 3],
       [4, 5, 6]])
```

使用.resize()方法会受到一定的限制。在使用.resize()方法的时候，如果还有其他变量引用该数组，.resize()方法会抛出异常：

```
In [19]: c = np.array([1,2,3])
In [20]: d = c
In [21]: c.resize(2, 2)
---------------------------------------------------------------------------
ValueError                                Traceback (most recent call last)
<ipython-input-20-eab7a0f982df> in <module>()
----> 1 c.resize(2, 2)
ValueError: cannot resize an array that references or is referencedby
another array in this way.
Use the resize function or refcheck=False
```

解决方法有两种，一种方法是加上一个参数 refcheck=False，忽略数组的引用情况：

```
In [22]: c.resize(2, 2, refcheck=False)
In [23]: c
Out[23]:
array([[1, 2],
       [3, 0]])
```

共享引用的变量值也随之改变：

```
In [24]: d
Out[24]:
array([[1, 2],
       [3, 0]])
```

另一种方法是使用 np.resize()函数来得到一个新数组：

```
In [25]: np.resize(c, (2, 3))
Out[25]:
array([[1, 2, 3],
       [0, 1, 2]])
```

值得注意的是，np.resize()函数并不会在元素不够时补 0，而是对输入的数组从头开始继续取值，而原来的数组不会被改变：

```
In [26]: c
```

```
Out[26]:
array([[1, 2],
       [3, 0]])
```

4．增加数组维度：np.newaxis

np.newaxis 可以扩展数组的维度，通常配合索引使用，增加一个大小为 1 的新维度：

```
In [27]: a = np.arange(3)
In [28]: a.shape
Out[28]: (3,)
In [29]: a[np.newaxis, :].shape
Out[29]: (1, 3)
In [30]: a[:, np.newaxis].shape
Out[30]: (3, 1)
In [31]: a[np.newaxis, :, np.newaxis].shape
Out[31]: (1, 3, 1)
```

增加的维度位置与 np.newaxis 的位置对应，增加的维度始终为 1，这个维度在索引时不生效。事实上，np.newaxis 是 None 的别名，也可以直接使用 None 代替它。

5．去除数组中大小为 1 的维度：.squeeze()方法

.squeeze()方法返回一个去掉所有大小为 1 的维度的新数组，原数组不改变：

```
In [32]: a.shape = 1, 3, 1
In [33]: b = a.squeeze()
In [34]: b.shape
Out[34]: (3,)
In [35]: a.shape
Out[35]: (1, 3, 1)
```

6．数组的转置：.T 属性和.transpose()方法

对于二维数组来说，转置相当于将数组的行列互换。可以使用数组的.T 属性得到数组的一个转置：

```
In [36]: a = np.arange(30)
In [37]: a.shape = 6, 5
In [38]: a.T.shape
Out[38]: (5, 6)
```

.T 属性返回的数组是原来数组的一个引用，因此修改.T 得到的转置会导致原来的数组发生改变。一维数组只有一维，转置返回它本身。多维数组的转置是将所有的维度反向，原来的第一维变成最后一维，原来的最后一维变成第一维：

```
In [39]: a.shape = 1, 2, 3, 5
In [40]: a.T.shape
Out[40]: (5, 3, 2, 1)
```

除了.T 属性，还可以通过.transpose()方法得到一个转置，默认情况下，它与普通的.T 属性是等价的：

```
In [41]: a.shape = 6, 5
In [42]: a
```

```
Out[42]:
array([[ 0,  1,  2,  3,  4],
       [ 5,  6,  7,  8,  9],
       [10, 11, 12, 13, 14],
       [15, 16, 17, 18, 19],
       [20, 21, 22, 23, 24],
       [25, 26, 27, 28, 29]])
In [43]: b = a.transpose()
In [44]: b
Out[44]:
array([[ 0,  5, 10, 15, 20, 25],
       [ 1,  6, 11, 16, 21, 26],
       [ 2,  7, 12, 17, 22, 27],
       [ 3,  8, 13, 18, 23, 28],
       [ 4,  9, 14, 19, 24, 29]])
```

修改这个数组，也会改变原来的数组：

```
In [45]: b[0, 0] = 100
In [46]: a
Out[46]:
array([[100,   1,   2,   3,   4],
       [  5,   6,   7,   8,   9],
       [ 10,  11,  12,  13,  14],
       [ 15,  16,  17,  18,  19],
       [ 20,  21,  22,  23,  24],
       [ 25,  26,  27,  28,  29]])
```

.transpose()方法有着更强大的功能，对于高维数组，可以任意指定交换的维度：

```
In [47]: a.shape = 1, 2, 3, 5
In [48]: a.transpose([1, 0, 3, 2]).shape
Out[48]: (2, 1, 5, 3)
```

在上面的例子中，新的维度顺序为[1,0,3,2]，这表示新数组的维度由原来的维度 1、0、3、2 组成，形状由(1,2,3,5)变成了(2,1,5,3)。

7. 数组降维：**.flat** 属性和**.flatten()**方法

可以通过一些方法将多维数组降到一维。例如，有这样一个多维数组：

```
In [49]: a = np.arange(6)
In [50]: a.shape = 2, 3
In [51]: a
Out[51]:
array([[0, 1, 2],
       [3, 4, 5]])
```

可以使用数组的.flat 属性得到数组的一个一维引用：

```
In [52]: b = a.flat
In [53]: b[5]
Out[53]: 5
```

```
In [54]: b[-1]
Out[54]: 5
```

因为是引用，所以如果修改 b，原来的 a 也会被改变：

```
In [55]: b[0] = 100
In [56]: a
Out[56]:
array([[100,   1,   2],
       [  3,   4,   5]])
```

.flatten()方法也可以将数组变成一维，不过它返回的是原来数组的一个复制，因此修改它对原来的数组不会产生影响：

```
In [57]: c = a.flatten()
In [58]: c[0] = 1000
In [59]: a
Out[59]:
array([[100,   1,   2],
       [  3,   4,   5]])
```

6.3.3 数组的连接操作

在使用数组时，一种常见情况是需要连接两个或多个数组。导入 NumPy 模块：

```
In [1]: import numpy as np
```

例如，有这样两个数组：

```
In [2]: a = np.arange(6)
In [3]: a.shape = 2, 3
In [4]: b = np.arange(10, 16)
In [5]: b.shape = 2, 3
```

现在想将这两个数组连接成一个新的数组，NumPy 提供了多种方式来完成这个操作。

1. 函数 np.concatenate()

连接数组的函数为：

```
np.concatenate((a0,a1,...,aN), axis=0)
```

该函数在 axis 指定的维度对数组 a0～aN 进行连接。注意，只有形状对应的数组才能进行连接，这要求除了指定维度外，数组的其他维度必须完全一致。例如，形状为(2, 3, 4)的数组与形状为(2, 5, 4)的数组可以在 axis=1 上进行连接，得到一个形状为(2, 3+5, 4)的新数组。新数组中的数据顺序与连接时指定的数组顺序相同。

对于数组 a 和 b，因为它们的形状完全相同，所以可以将它们沿着维度 0 进行连接，注意这里需要将这两个数组放入一个元组作为参数：

```
In [6]: x = np.concatenate((a, b))
In [7]: x
Out[7]:
array([[ 0,  1,  2],
```

```
        [ 3,  4,  5],
        [10, 11, 12],
        [13, 14, 15]])
In [8]: x.shape
Out[8]: (4, 3)
```

可以看到，沿着维度 0 连接，新数组的形状就变成了(2+2, 3)。新数组是一个复制，修改 x 并不会改变原来的数组 a 和 b：

```
In [9]: x[0, 0] = 100
In [10]: a
Out[10]:
array([[0, 1, 2],
        [3, 4, 5]])
```

沿着维度 1 连接，可以得到一个形状为(2, 3+3)的数组：

```
In [11]: np.concatenate((a, b), axis=1)
Out[11]:
array([[ 0,  1,  2, 10, 11, 12],
        [ 3,  4,  5, 13, 14, 15]])
```

2．函数 np.atleast_xd()

数组 a 和 b 形状相同，因此，理论上还可以让它们在更高维度上进行连接，比如在维度 2 上连接成更高维度形状为(2, 3, 2)的新数组。不过，当尝试沿着维度 2 进行连接的时候，Python 会抛出异常，原因是这些数组没有维度 2：

```
In [12]: np.concatenate((a, b), axis=2)
---------------------------------------------------------------------------
IndexError                        Traceback (most recent call last)
<ipython-input-12-ce6a4ba7ad01> in <module>()
----> 1 np.concatenate((a, b), axis=2)
IndexError: axis 2 is out of bounds for array of dimension 2
```

此外，假设有一个形状为(3,)的一维数组 c，尝试与形状为(2, 3)的数组 a 连接，Python 也会抛出异常，因为形状不对应：

```
In [13]: c = np.array([100, 200, 300])
In [14]: np.concatenate((a, c))
---------------------------------------------------------------------------
ValueError                        Traceback (most recent call last)
<ipython-input-14-2ac2b1ad4c3b> in <module>()
----> 1 np.concatenate((a, c))
ValueError: all the input arrays must have same number of dimensions , but the
array at index 0 has 2 dimension(s) and the array at index 1 has 1 dimension(s)
```

为了解决这个问题，可以使用 np.atleast_xd()函数系列来对数组进行扩展，该函数的作用是保证生成的数组至少有 x 维，这里 x 可以使用 1、2 或 3。例如，使用 np.atleast_2d()函数，可以将 c 扩展成一个至少 2 维的数组：

```
In [15]: np.atleast_2d(c).shape
```

```
Out[15]: (1, 3)
```

如果使用 np.atleast_3d()函数对 c 进行扩展，则能得到形状为(1,3,1)的数组：

```
In [16]: np.atleast_3d(c).shape
Out[16]: (1, 3, 1)
```

作用于二维数组 a，得到的形状为：

```
In [17]: np.atleast_3d(a).shape
Out[17]: (2, 3, 1)
```

np.atleast_xd()函数系列的运作规则如下：

- np.atleast_xd()函数系列对于大于或等于 x 维的数组不起作用。
- 对于形状为(N,)的数组，np.atleast_2d()函数将其转变为形状为(1,N)的数组。
- 对于形状为(N,)的数组，np.atleast_3d()函数将其转变为形状为(1,N,1)的数组。
- 对于形状为(M,N)的数组，np.atleast_3d()函数将其转变为形状为(M,N,1)的数组。

np.atleast_xd()函数可以接受多个数组，返回一个由 x 维数组组成的列表：

```
np.atleast_xd(arr1, arr2, ..., arrN)
```

利用这些函数，可以完成之前没实现的两个操作：

```
In [18]: np.concatenate(np.atleast_3d(a, b), axis=2).shape
Out[18]: (2L, 3L, 2L)
In [19]: np.concatenate(np.atleast_2d(a, c)).shape
Out[19]: (3L, 3L)
```

3．函数 np.vstack()、np.hstack()和 np.dstack()

对于常用的连接操作，NumPy 提供了 np.vstack()、np.hstack()和 np.dstack()三种方法，分别完成各个方向的连接操作。

1）竖直方向的连接：

```
np.vstack(tup)
```

相当于：

```
np.concatenate(np.atleast_1d(tup), axis=0)
```

2）水平方向的连接：

```
np.hstack(tup)
```

相当于：

```
np.concatenate(np.atleast_2d(tup), axis=1)
```

3）深度方向的连接：

```
np.dstack(tup)
```

相当于：

```
np.concatenate(np.atleast_3d(tup), axis=2)
```

等价条件里包含 np.atleast_xd()函数系列，因此，可以将这 3 个函数直接作用于数组 a 和 b：

```
In [20]: a.shape
Out[20]: (2, 3)
In [21]: b.shape
Out[21]: (2, 3)
In [22]: np.vstack((a, b)).shape
Out[22]: (4, 3)
In [23]: np.hstack((a, b)).shape
Out[23]: (2, 6)
In [24]: np.dstack((a, b)).shape
Out[24]: (2, 3, 2)
```

6.3.4　数组的四则运算和点乘

数组支持基础的四则运算和一些更高级的数学运算。导入 NumPy 模块：

```
In [1]: import numpy as np
```

1．四则运算

数组的四则运算是对数组的对应元素进行数值运算：

```
In [2]: a = np.array([[1, 2], [3, 4]])
In [3]: a * a
Out[3]:
array([[ 1,  4],
       [ 9, 16]])
In [4]: a + a
Out[4]:
array([[2, 4],
       [6, 8]])
In [5]: a / a
Out[5]:
array([[1, 1],
       [1, 1]])
In [6]: a - a
Out[6]:
array([[0, 0],
       [0, 0]])
```

幂指数运算：

```
In [7]: a **2
Out[7]:
array([[ 1,  4],
       [ 9, 16]])
```

数组也支持取余运算“%”。

2．点乘：**np.dot()**

之前已经看过数组的乘法，它仅仅是将数组对应位置的数相乘。不过在数学上，二维数组可以看成矩阵，一维数组可以看成向量，它们之间支持点乘操作，用 np.dot()函数可以实现：

```
In [8]: np.dot(a, a)
```

```
Out[8]:
array([[ 7, 10],
       [15, 22]])
```

这相当于两个矩阵相乘，也可以使用数组的.dot()方法：

```
In [9]: a.dot(a)
Out[9]:
array([[ 7, 10],
       [15, 22]])
```

Python 3 引入了一种新的运算符“@”来完成矩阵乘法的计算：

```
In [10]: a @ a
Out[10]:
array([[ 7, 10],
       [15, 22]])
```

Python 2 与 Python 3 的区别之运算符“@”：Python 3 支持使用运算符“@”进行矩阵乘法，任何重载了__matmul__()方法的对象都可以使用该运算符。

矩阵乘法也支持矩阵与向量（一维数组）的操作：

```
In [11]: a.dot([1, 1])
Out[11]: array([3, 7])
```

按照矩阵乘法的定义，np.dot()会将：

- 形状为(M,N)的数组和形状为(N,P)的数组点乘，形成一个形状为(M,P)的数组。
- 形状为(M,N)的数组和形状为(N,)的数组点乘，形成一个形状为(M,)的数组。
- 两个形状为(N,)的一维数组点乘，形成一个标量（向量点积）。

6.3.5 数组的数学操作

导入 NumPy 模块：

```
In [1]: import numpy as np
```

简单的数学操作可以用 math 模块实现，不过 math 模块只能作用于单个元素，不能作用于整个数组。为此，NumPy 提供了一系列方便的数学函数和常数来进行数组中的数学操作。例如，圆周率：

```
In [2]: np.pi
Out[2]: 3.141592653589793
```

NumPy 的数学函数可以作用在数组上。例如，三角函数可以用 np.sin()、np.cos()和 np.tan()函数计算：

```
In [3]: a = np.linspace(0, np.pi, 4)
In [4]: a
Out[4]: array([ 0., 1.04719755, 2.0943951, 3.14159265])
In [5]: np.cos(a)
Out[5]: array([ 1. ,  0.5, -0.5, -1. ])
```

可以看到，np.cos()函数将余弦函数作用到了数组的所有元素上。类似的函数有：

- np.sinh(x)、np.conh(x)、np.tanh(x)。
- np.arccos(x)、np.arctan(x)、np.arcsin(x)。
- np.arccosh(x)、np.arctanh(x)、np.arcsinh(x)。
- np.exp(x)、np.log(x)、np.log10(x)。
- np.sqrt(x)。
- np.absolute(x)、np.conjugate(x)、np.negative(x)。
- np.ceil(x)、np.floor(x)。

6.3.6 数组的比较和逻辑操作

数组支持一些比较和逻辑操作。导入 NumPy 模块：

```
In [1]: import numpy as np
```

将数组与一个数进行比较，会返回一个布尔类型的数组：

```
In [2]: a = np.arange(6)
In [3]: a > 3
Out[3]: array([False, False, False, False,  True,  True])
```

布尔数组的每个元素表示原来数组中对应位置的元素是否大于 3。除了“>”之外，其他的比较符有<、>=、<=、==和!=。

也可以对两个数组进行比较：

```
In [4]: a <= a
Out[4]: array([ True,  True,  True,  True,  True,  True])
```

返回的是数组，如果要判断两个数组是否相等，不能直接使用等于符号“==”：

```
In [5]: a == a
Out[5]: array([ True,  True,  True,  True,  True,  True], dtype=bool)
```

而要用 np.all()方法：

```
In [6]: np.all(a == a)
Out[6]: True
```

np.nan 是一个特殊的值，它做判断的时候表示 False，且与任何数进行比较结果都是 False，包括它自己：

```
In [7]: np.nan == np.nan
Out[7]: False
```

为了判断一个值是否为 np.nan，需要使用 np.isnan()函数：

```
In [8]: b = np.array([np.inf, -np.inf, np.nan])
In [9]: np.isnan(b)
Out[9]: array([False, False,  True])
```

类似地，判断一个值是否为 np.inf（不区分正负），可以使用 np.isinf()函数：

```
In [10]: np.isinf(b)
Out[10]: array([ True,  True, False], dtype=bool)
```

浮点数会有精度的问题，因此，在判断两个浮点数是否相等时，通常看它们之间的误差是否在某个特定的范围，而不是使用“==”。为此，NumPy 提供了 np.allclose()函数来判断两个浮点数组是否相等：

```
In [11]: np.allclose(a, a)
Out[11]: True
```

6.4 数组广播机制

数组支持广播机制，支持对一些形状不同但满足一定条件的多个数组进行一些二元操作。

导入 NumPy 模块：

```
In [1]: import numpy as np
```

数组支持一些常见的二元操作，如四则运算和逻辑比较操作等。在之前的例子中，两个数组通常都是大小相同的：

```
In [2]: a = np.array([1.0, 2.0, 3.0])
In [3]: b = np.array([2.0, 2.0, 2.0])
In [4]: a * b
Out[4]: array([ 2.,  4.,  6.])
```

也有两个不同维度操作的例子，如数组的数乘：

```
In [5]: b = 2.0
In [6]: a * b
Out[6]: array([ 2.,  4.,  6.])
```

事实上，一维数组 a 与 2 数乘相当于一维数组 a 与将 2 扩展成另一个与 a 大小相同的数组相乘。

来看另一个更复杂的例子：

```
In [7]: a = np.array([[ 0, 0, 0],
   ...:               [10,10,10],
   ...:               [20,20,20],
   ...:               [30,30,30]])
   ...:
In [8]: b = np.array([[ 0, 1, 2],
   ...:               [ 0, 1, 2],
   ...:               [ 0, 1, 2],
   ...:               [ 0, 1, 2]])
   ...:
In [9]: a + b
Out[9]:
array([[ 0,  1,  2],
       [10, 11, 12],
       [20, 21, 22],
       [30, 31, 32]])
```

将 b 修改一个形状为(3,)的一维数组，再与 a 相加，能得到相同的结果：

```
In [10]: b = np.array([0, 1, 2])
In [11]: a + b
Out[11]:
array([[ 0,  1,  2],
       [10, 11, 12],
       [20, 21, 22],
       [30, 31, 32]])
```

NumPy 检查到 b 的维度与 a 的维度匹配后，将一维数组 b 扩展为之前的二维形式，得到相同的结果。如果再将 a 变成一个形状为(1,4)的列向量，a 加 b 依然成立：

```
In [12]: a = np.array([0, 10, 20, 30]).reshape(4, 1)
In [13]: a + b
Out[13]:
array([[ 0,  1,  2],
       [10, 11, 12],
       [20, 21, 22],
       [30, 31, 32]])
```

当两个数组进行二元操作时，NumPy 会对它们的形状进行检查，如果两个数组形状匹配，NumPy 会按照一定的规则将它们变成两个形状相同的数组，再进行相应的二元操作。这种匹配数组形状的模式叫作广播机制（Broadcasting）。在广播机制中，两个数组的匹配规则如下。

- 规则 1：两个数组的形状完全一致。
- 规则 2：两个数组的维度一样，对应的维度大小相同，或者其中一个大小为 1。
- 规则 3：两个数组的维度个数不同时，在低维数组前增加大小为 1 的维度直到与高维数组维度相等，然后应用前两个规则判断。

匹配成功后，结果数组每个维度的大小取两个数组对应维度大小较大的一个。利用广播机制，不难解释上面例子中的运算过程。对于第一个加法，两个数组的形状分别为：

```
a: 4×3
b: 4×3
```

两个数组形状相同，根据规则 1，匹配成功，结果形状为 4×3。

对于第二个加法，两个数组的形状分别为：

```
a: 4×3
b:   3
```

两者维度不一样，根据规则 3，先在低维数组 b 前增加大小为 1 的维度，再根据规则 2，匹配成功，结果形状为 4×3。

对于第三个加法，两个数组的形状分别为：

```
a: 4×1
b:   3
```

两者维度不一样，根据规则 3，先在低维数组 b 前增加大小为 1 的维度，再根据规则 2，匹配成功，结果形状为 4×3。更多的例子如下：

```
A   : 3d array - 256 x 256 x 3
B   : 1d array -             3
结果: 3d array - 256 x 256 x 3
A   : 4d array - 8 x 1 x 6 x 1
B   : 3d array -     7 x 1 x 5
结果: 3d array - 8 x 7 x 6 x 5
A   : 2d array - 4 x 1
B   : 1d array -     3
结果: 2d array - 4 x 3
```

6.5 数组索引进阶

Python 中的索引机制可以表示为 x[obj]。当对象 obj 是一个元组时，元组的括号可以省略，因此 x[(exp1, exp2, ..., expN)]的索引写法与 x[exp1, exp2, ..., expN]是等价的。在 NumPy 中，根据对象 obj 的不同，数组索引可以分成基础索引和高级索引两大类。

6.5.1 数组的基础索引

NumPy 将 Python 的基础索引（如列表、字符串等）扩展到了 N 维数组。数组的基础索引需要满足：

- 索引对象是整数。
- 索引对象是 slice 对象。
- 索引对象是一个由整数、slice 对象构成的元组。

除此之外，基础索引还可以使用 np.newaxis 和 Python 内置的省略对象 Ellipsis。导入 NumPy 模块：

```
In [1]: import numpy as np
```

1. 整数元组索引单个元素

在基础索引中，最简单的情况是使用一个 N 维整数元组索引 N 维数组的单个元素。这 N 个整数分别代表数组 N 个维度的索引值。

```
In [2]: a = np.arange(80).reshape((8, 10))
In [3]: a[1, 2]
Out[3]: 12
```

一方面，对于 N 维数组的维度 i（i=0, 1, ..., N-1），若其大小为 d，根据 Python 从 0 开始的索引规则，该维度合法的索引值应当处于 0～d；另一方面，为了支持负索引，当索引值 n 为负数时，NumPy 会将其转化为索引 n+d。

2. slice 元组索引子数组

类似于列表的切片操作，NumPy 支持用包含 N 个 slice 对象的元组索引得到子数组，这 N 个 slice 对象分别作用在各自的维度：

```
In [4]: a[1:9:2, 3:5]
Out[4]:
array([[13, 14],
       [33, 34],
       [53, 54],
```

```
        [73, 74]])
```

如果索引 N 维数组时所用的元组维度小于 N，那么 NumPy 会自动将后面缺失的维度补全为“:”。例如，a[1:3]相当于 a[1:3, :]：

```
In [5]: a[1:3]
Out[5]:
array([[10, 11, 12, 13, 14, 15, 16, 17, 18, 19],
       [20, 21, 22, 23, 24, 25, 26, 27, 28, 29]])
```

3．整数与 slice 对象的混用

在索引时，还可以使用数字与 slice 对象的组合。此时，整数 i 的作用相当于 slice 对象 i:i+1，但二者得到的维度有所差别，使用数字索引得到的数组维度比使用 slice 对象小 1：

```
In [6]: a[1:2, :].shape
Out[6]: (1, 10)
In [7]: a[1, :].shape
Out[7]: (10,)
```

索引单个元素可以看成是一种特殊的混用。对于 N 维数组，如果都使用 i:i+1 的形式，最后会得到一个大小全为 1 的 N 维数组；全部替换为整数 i 时，得到的数组维度要相应降低 N 维，得到 0 维数组，即普通的数字。

4．索引 np.newaxis 和 Ellipsis 对象

np.newaxis 可以在数组中插入新的维度。插入新维度后，索引对应的维度位置要相应改变。例如，使用 np.newaxis 后，再索引位置 2 的 slice 对象 1:4，对应的是维度 1 而不是维度 2 的数据：

```
In [8]: a[1:3, np.newaxis, 1:4].shape
Out[8]: (2, 1, 3)
```

Ellipsis 对象“...”可以用来省略一些维度，NumPy 会根据具体的索引值，自动将缺少的维度补全：

```
In [9]: b = a.reshape(2, 4, 2, 5)
In [10]: b[..., 1].shape
Out[10]: (2, 4, 2)
```

b[...,1]的作用相当于 b[:, :, :, 1]，Ellipsis 对象会将缺少的维度都填充为“:”。Ellipsis 是个特殊的 Python 值，也可以用 b[Ellipsis, 1]索引得到相同的结果。

Ellipsis 对象的位置可以任意，NumPy 会自动进行推断，例如：

```
In [11]: b[..., 1, :].shape
Out[11]: (2, 4, 5)
In [12]: b[1, Ellipsis, :].shape
Out[12]: (4, 2, 5)
```

5．使用基础索引修改数组的值

可以通过基础索引修改原来数组的值。例如，修改单个值的情况：

```
In [13]: a[0, 0] = 100
In [14]: a[0, 0]
Out[14]: 100
```

对于子数组的情况，可以使用 x[obj]=value 的形式进行赋值，只要数组 x[obj]的形状和 value 的形状能够在数组广播机制下匹配即可。例如，将第二行修改为同一个值：

```
In [15]: a[1] = 1
In [16]: a[1]
Out[16]: array([1, 1, 1, 1, 1, 1, 1, 1, 1, 1])
```

用一维数组给二维数组赋值，将第二、三行变成同一个一维数组：

```
In [17]: a[1:3] = np.arange(10)
In [18]: a[1:3]
Out[18]:
array([[ 0,  1,  2,  3,  4,  5,  6,  7,  8,  9],
       [ 0,  1,  2,  3,  4,  5,  6,  7,  8,  9]])
```

基础索引返回的是原来数组的一个引用，与原来的数组共享同一块内存。例如，对于数组 a：

```
In [19]: a = np.arange(80).reshape((8, 10))
```

用另一个变量 b 指向 a 的一个基础索引：

```
In [20]: b = a[0]
```

修改 b 也会使 a 发生改变：

```
In [21]: a[0, 0]
Out[21]: 0
In [22]: b[0] = 100
In [23]: a[0, 0]
Out[23]: 100
```

6.5.2 数组的高级索引

数组的高级索引需要满足：

- 索引对象是非元组的序列。
- 索引对象是整型或者布尔型的数组。
- 索引对象是包含至少一个前两种类型的元素的元组。

高级索引又叫作花式索引（Fancy Indexing），与基础索引不同，高级索引返回的结果始终是原来数组的一个复制。导入 NumPy 模块：

```
In [1]: import numpy as np
```

1. 整型数组索引

对于 N 维数组，可以使用 N 个整型数组或者列表组成的索引值来索引数组中的任意元素。例如：

```
In [2]: a = np.array([[1, 2], [3, 4], [5, 6]])
In [3]: a[[0, 1, 2], [0, 1, 0]]
Out[3]: array([1, 4, 5])
```

在维度 0 使用列表索引位置[0,1,2]，维度 1 使用列表索引位置[0,1,0]，最终得到数组位置在(0,0)、(1,1)和(2,0)的三个元素。再如，有这样一个 4×3 的数组：

```
In [4]: b = np.arange(12).reshape(4, 3)
In [5]: b
Out[5]:
array([[ 0,  1,  2],
       [ 3,  4,  5],
       [ 6,  7,  8],
       [ 9, 10, 11]])
```

使用两个数组来索引这个数组的第一、四行的第一、三列：

```
In [6]: rows = np.array([[0, 0],[3, 3]])
In [7]: cols = np.array([[0, 2],[0, 2]])
In [8]: b[rows, cols]
Out[8]:
array([[ 0,  2],
       [ 9, 11]])
```

每个维度传入的索引数组的形状为(2,2)，因此最后得到的数组形状为(2,2)，第一行对应位置(0,0)和(0,2)，第二行对应位置(3,0)和(3,2)。

高级索引也支持广播机制，对刚才的索引进行简化：

```
In [9]: rows = np.array([0, 3])
In [10]: cols = np.array([0, 2])
```

它们的形状都是(2,)，如果对其直接索引，会得到位置(0,0)和(3,2)的两个元素：

```
In [11]: b[rows, cols]
Out[11]: array([ 0, 11])
```

这并不是预期的结果。为此，可以将 rows 的形状修改为(2,1)，再进行索引：

```
In [12]: rows.shape = 2, 1
In [13]: b[rows, cols]
Out[13]:
array([[ 0,  2],
       [ 9, 11]])
```

rows 的形状为(2,1)，cols 的形状为(2,)，两个维度的索引数组形状不对应，NumPy 先通过广播机制将它们广播为匹配后的形状(2,2)，最终得到与刚才一致的结果。

2. 与基础索引的组合

高级索引与基础索引可以混用，此时，情况会变得十分复杂。例如：

```
In [14]: b[1:2, 1:3]
Out[14]: array([[4, 5]])
In [15]: b[1:2, [1,2]]
Out[15]: array([[4, 5]])
```

NumPy 有一套相应的规则来确定索引得到的结果。当索引中的高级索引不相邻时，高级索引对应的维度将被放在索引结果的最前面，之后是基础索引的维度。例如，数组 a 的形状为(10,20,30,40,50)，考虑形状均为(2,3,4)的两个索引数组 ind1、ind2，索引 a[ind1,..., ind2]的形状为(2,3,4,20, 30,40)，因为 ind1 和 ind2 不相邻：

```
In [16]: a = np.ones((10, 20, 30, 40, 50))
In [17]: ind = np.ones((2, 3, 4), dtype=int)
In [18]: a[ind, ..., ind].shape
Out[18]: (2, 3, 4, 20, 30, 40)
```

而当所有的高级索引相邻时，它会替换掉对应的维度。例如，索引 a[..., ind1, ind2, :]会得到一个(10,20,2,3,4,50)的数组，高级索引的维度(2,3,4)替换了对应位置的(30,40)：

```
In [19]: a[..., ind, ind, :].shape
Out[19]: (10, 20, 2, 3, 4, 50)
```

在高级索引与基础索引混用时，使用单个数字的维度会被当作高级索引，因此，索引 a[ind1,...,1]的形状为(2,3,4,20,30,40)，因为 1 被当作高级索引广播成了 2×3×4 的大小，导致高级索引的位置不相邻：

```
In [20]: a[ind, ..., 1].shape
Out[20]: (2, 3, 4, 20, 30, 40)
```

3．布尔数组索引

可以用一个与维度大小相等的布尔数组进行索引，并把其中为 True 的位置拿出来。利用逻辑运算时可以得到：

```
In [21]: a = np.array([1, 2, 3, 4, 5, 6])
In [22]: a % 3 == 0
Out[22]: array([False, False,  True, False, False,  True])
```

逻辑运算的结果可以用来作为索引，比如得到整除 3 的元素以及小于 4 的元素：

```
In [23]: a[a % 3 == 0]
Out[23]: array([3, 6])
In [24]: a[a < 4]
Out[24]: array([1, 2, 3])
```

6.6 数组读写

数组可以很方便地支持读写操作。

6.6.1 数组的读取

导入 NumPy 模块：

```
In [1]: import numpy as np
```

可以用 np.loadtxt()函数从文本文件中读取数据。假设有这样的一个文件 myfile.txt，内容为：

```
2.1 2.3 3.2 1.3 3.1
6.1 3.1 4.2 2.3 1.8
```

用 np.loadtxt()函数读取：

```
In [2]: np.loadtxt('myfile.txt')
Out[2]:
```

```
array([[ 2.1,  2.3,  3.2,  1.3,  3.1],
       [ 6.1,  3.1,  4.2,  2.3,  1.8]])
```

如果文件中的数据不是空格分割，而是逗号分割：

```
2.1, 2.3, 3.2, 1.3, 3.1
6.1, 3.1, 4.2, 2.3, 1.8
```

可以加上参数 delimiter 指定分隔符：

```
In [3]: np.loadtxt('myfile.txt', delimiter=',')
Out[3]:
array([[ 2.1,  2.3,  3.2,  1.3,  3.1],
       [ 6.1,  3.1,  4.2,  2.3,  1.8]])
```

完整的用法为：

```
loadtxt(fname, dtype=<type 'float'>,
      comments='#', delimiter=None,
      converters=None, skiprows=0,
usecols=None, unpack=False, ndmin=0)
```

还有一个功能更强大的 np.genfromtxt()函数，能处理更多的情况，但其速度慢、效率低。

6.6.2　数组的写入

导入 NumPy 模块：

```
In [1]: import numpy as np
```

np.savetxt()可以将单个数组写入文件，默认使用科学计数法的形式保存数字：

```
In [2]: data = np.arange(4).reshape(2, 2)
In [3]: data
Out[3]:
array([[0, 1],
       [2, 3]])
In [4]: np.savetxt("myfile_out.txt", data)
In [5]: print(open('myfile_out.txt').read())
0.000000000000000000e+00 1.000000000000000000e+00
2.000000000000000000e+00 3.000000000000000000e+00
```

可以使用 fmt 参数修改写入的格式：

```
In [6]: np.savetxt("myfile_out.txt", data, fmt="%d")
In [7]: print(open('myfile_out.txt').read())
0 1
2 3
```

还可以用 delimiter 参数指定分隔符：

```
In [8]: np.savetxt("myfile_out.txt", data, fmt="%d", delimiter=",")
In [9]: print(open('myfile_out.txt').read())
0,1
2,3
```

6.6.3 数组的二进制读写

直接读写文本方式不如使用二进制读写速度快、效率高。可以将数组存储成二进制格式，并进行读取。导入 NumPy 模块：

```
In [1]: import numpy as np
```

用于保存数组的函数如下。

- np.save(file_name, arr)：保存单个数组，.npy 格式。
- np.savez(file_name, *args, **kwds)：保存多个数组，无压缩的.npz 格式。

用于读取数组的函数为 np.load(file_name)，对于.npy 文件，返回保存的数组；对于.npz 文件，返回一个由名称-数组对组成的字典。

考虑两个数组：

```
In [2]: a = np.ones((2, 3))
In [3]: b = np.zeros(3)
```

单个数组可以用 np.save()保存，并用 np.load()函数读取，读取后，返回一个数组：

```
In [4]: np.save("data", a)
In [5]: np.load("data.npy")
Out[5]:
array([[ 1.,  1.,  1.],
       [ 1.,  1.,  1.]])
```

多个数组可以用 np.savez()和 np.load()函数读写。np.savez()函数支持两种模式保存多个数组，第一种是*arg 模式：

```
In [6]: np.savez("dataall", a, b)
```

当 np.load()函数读取保存的多个数组时，函数会返回一个字典。在*arg 模式下，这些数组对应的键会被自动命名为“arr_数字”的形式，其中的数字按照保存的顺序从 0 开始，因此，用键“arr_0”索引得到的数组是 a，用“arr_1”索引得到的数组是 b：

```
In [7]: data = np.load("dataall.npz")
In [8]: for k in data:
   ...:     print(k)
   ...:     print(data[k])
   ...:
arr_1
[ 0.  0.  0.]
arr_0
[[ 1.  1.  1.]
 [ 1.  1.  1.]]
```

第二种是**kwds 模式：

```
In [9]: np.savez("dataall", x=a, y=b)
```

np.load()函数返回的字典会根据传入的参数确定数组对应的键，即“x”对应数组 a，“y”对应数组 b：

```
In [10]: data = np.load("dataall.npz")
In [11]: for k in data:
    ...:     print(k)
    ...:     print(data[k])
    ...:
y
[ 0.  0.  0.]
x
[[ 1.  1.  1.]
 [ 1.  1.  1.]]
```

6.7　随机数组

NumPy 中的随机数组是通过子模块 numpy.random 实现的，这里只介绍一些简单的用法。导入 NumPy 模块：

```
In [1]: import numpy as np
```

np.random.rand()函数可以用来生成 0～1 区间指定大小的随机数组：

```
In [2]: np.random.rand(2, 3)
Out[2]:
array([[ 0.61746844,  0.24500837,  0.84050515],
       [ 0.12622371,  0.54774915,  0.53706457]])
```

np.random.randn()函数生成的则是服从标准正态分布的随机数组。

与标准模块 random 类似，numpy.random 也有 choice()函数，不过功能更强大：

```
np.random.choice(a, size=None, replace=True, p=None)
```

该函数从一维数组或列表 a 中，随机选取出 size 大小形状的元素组成数组。其中，replace 参数表示选择的元素是否可重复，p 是一个与 a 大小相同的数组，表示 a 中各个元素被选中的概率，默认为等概率：

```
In [3]: np.random.choice(range(3), (2, 3))
Out[3]:
array([[2, 0, 2],
       [1, 0, 2]])
```

np.random.shuffle()函数支持对数组的乱序操作：

```
In [4]: a = np.arange(6)
In [5]: np.random.shuffle(a)
In [6]: a
Out[6]: array([0, 3, 2, 1, 5, 4])
```

对于多维数组来说，乱序只在它的维度 0 进行：

```
In [7]: b = np.array([[1, 2], [3, 4], [5, 6]])
In [8]: np.random.shuffle(b)
In [9]: b
```

```
Out[9]:
array([[3, 4],
       [5, 6],
       [1, 2]])
```

6.8 实例：使用 NumPy 实现 K 近邻查找

K 近邻是一种基础的数据分析算法，利用 NumPy 的基础功能，可以快速实现 K 近邻的算法。K 近邻算法的定义如下，已知有一组 M 个 N 维向量数据，对于给定的一个 N 维向量，从这组数据里找到与该向量距离最近的 K 个结果。在数学中，衡量两个向量的距离可以用二范数（即欧氏距离），两个向量的欧氏距离可以这样计算：

```
In [1]: import numpy as np
In [2]: x, y = np.random.rand(10), np.random.rand(10)
In [3]: np.sqrt(np.sum((x - y) ** 2))
Out[3]: 0.9012650783785655
```

M 个 N 维向量可以组成一个大小为(M,N)的二维数组 X，单一的 N 维向量是一个大小为(N,)的一维数组 y：

```
In [4]: X, y = np.random.rand(100, 10), np.random.rand(10)
```

它们的欧氏距离可以利用数组广播机制计算：

```
In [5]: distance = np.sqrt(np.sum((X-y) ** 2, axis=1))
In [6]: distance.shape
Out[6]: (100,)
```

事实上，由于开方函数的单调性，距离最近的 K 个结果可以直接利用 np.sum()的结果得到。为了得到距离最近的 K 个结果，需要对 distance 进行排序，得到前 K 个索引。该操作可以通过 np.argsort()实现：

```
In [7]: np.argsort(distance)[:10]
Out[7]: array([64,  3, 82,  4, 54, 48, 18, 73, 86, 74])
```

如果不考虑这 K 个索引的顺序，而只需要前 K 个结果，可以使用 np.argpartition()函数更快地获得结果：

```
In [8]: np.argpartition(distance, 10)[:10]
Out[8]:array([48, 74, 86,  3,  4, 82, 64, 73, 54, 18])
```

因此，可以将 K 近邻计算定义为如下函数：

```
def topk_idx(X, y, k, strict=False):
    distance = np.sum((X-y) ** 2, axis=1)
    if strict:
        return np.argsort(distance)[:k]
    return np.argpartition(distance, k)[:k]
```

该函数接受 4 个参数，返回最近邻的 K 个索引位置。如果 strict 参数被设为 True，使用 np.argsort()

返回有序的前 K 个，否则返回不保序的前 K 个。

这个实例仅用于演示如何使用 NumPy 进行高效计算，实际使用时，K 近邻的算法在很多第三方模块中已经有更好的实现，可以直接调用。

6.9　本章学习笔记

本章对 NumPy 模块进行了简单的介绍。NumPy 模块的核心是数组，掌握数组的用法和细节是十分必要的。

学完本章，读者应该做到：

- 掌握 NumPy 数组类型的基本属性和类型。
- 掌握 NumPy 数组的生成和索引。
- 掌握 NumPy 数组的迭代。
- 掌握 NumPy 数组的读写。
- 掌握 NumPy 数组的广播机制。
- 了解 NumPy 数组的索引机制。
- 掌握 NumPy 随机数组的生成和使用。

1. 本章新术语

本章涉及的新术语见表 6-2。

表 6-2　本章涉及的新术语

术　语	英　文	释　义
数组	Array	NumPy 中的基本类型
N 维数组	N-dimensional Array (ndarray)	有 N 个维度的 NumPy 数组
不合法数字	Not A Number (NaN)	未定义或无法表示的数字，如 0/0
无穷大	Infinite	没有边界的数字
矩阵	Matrix	由多行多列组成的矩形阵列
广播机制	Broadcasting	将两个形状相符的数组变成相同形状
花式索引	Fancy Indexing	数组的一种高级索引机制

2. 本章新函数

本章涉及的新函数见表 6-3。

表 6-3　本章涉及的新函数

函　数	用　途
numpy.array()	构造一个 NumPy 数组
numpy.shape()	查看数组的形状
numpy.size()	查看数组的元素个数
numpy.asarray()	将一个对象转换为数组
numpy.zeros()	产生一个全 0 数组
numpy.ones()	产生一个全 1 数组

（续）

函　　数	用　　途
numpy.arange()	产生一个一维等距数组
numpy.linspace()	产生一个一维线性数组
numpy.ndenumerate()	迭代多维数组的每一个元素并得到这些元素的索引位置
numpy.sum()	数组求和
numpy.prod()	数组求积
numpy.average()	数组求平均数
numpy.reshape()	得到一个形状改变的数组
numpy.resize()	得到一个形状改变的数组
numpy.concatenate()	连接数组
numpy.atleast_2d()	保证数组至少有 2 维
numpy.atleast_3d()	保证数组至少有 3 维
numpy.vstack()	沿维度 0 对多个数组进行连接
numpy.hstack()	沿维度 1 对多个数组进行连接
numpy.dstack()	沿维度 2 对多个数组进行连接
numpy.dot()	张量乘法
numpy.cos()	余弦函数
numpy.isnan()	判断数组中的每个元素是否是 nan
numpy.isinf()	判断数组中的每个元素是否是 inf
numpy.allclose()	判断两个浮点数数组是否接近
numpy.loadtxt()	从文本中读取数组
numpy.savetxt()	向文本中写入数组
numpy.save()	向文本中保存单个数组
numpy.savez()	向文本中保存多个数组
numpy.load()	从文本中读取数组
numpy.random.rand()	生成一个 0～1 的随机数组
numpy.random.choice()	从数组中随机选取元素
numpy.random.shuffle()	对数组的第 0 维进行乱序操作
numpy.argsort()	返回排序后的索引
numpy.argpartition()	返回按某个大小分割后的索引

3. 本章 Python 2 与 Python 3 的区别

本章涉及的 Python 2 与 Python 3 的区别见表 6-4。

表 6-4　本章涉及的 Python 2 与 Python 3 的区别

用　　法	Python 2	Python 3
运算符@	不支持	矩阵乘法，如 NumPy 数组

第7章 Python数据可视化：Matplotlib模块

Matplotlib是一个数据可视化的第三方Python模块。本章将着重介绍Matplotlib主要的数据可视化功能，完成基本的数据可视化需要。

本章要点：

- 使用函数和对象进行数据可视化操作。
- 数据可视化中的文本处理。

7.1 Matplotlib模块简介

Matplotlib 模块是 Python 中一个常用的第三方数据可视化模块，支持很多不同类型的数据可视化操作。Matplotlib 模块有丰富的代码示例，支持精准的图像控制和高质量的图像输出，还可以使用Tex语法显示公式。Matplotlib模块官方文档地址为http://matplotlib.org。

Matplotlib 模块可以在脚本模式、Python 或 IPython 解释器以及 Jupyter Notebook 中使用。Anaconda已经预先安装好了Matplotlib模块。也可以使用pip命令更新：

```
$ pip install matplotlib -U
```

本书使用的Matplotlib模块版本如下：

```
In [1]: import matplotlib as mpl
In [2]: mpl.__version__
Out[2]: '3.5.1'
```

在 Matplotlib 模块中，Pyplot 是一个核心的绘图子模块，通过该子模块，可以完成很多基本的可视化操作。在实际操作中，该子模块通常这样导入：

```
from matplotlib import pyplot as plt
```

为了方便，本书统一采用plt作为Pyplot子模块的缩写。

7.2 基于函数的可视化操作

子模块Pyplot提供了一些绘图函数来完成基本的可视化绘图操作。

7.2.1 plt.plot()函数的使用

最常用的绘图函数为plt.plot()函数。例如，可以用plt.plot()函数绘制一条直线，并使用plt.

ylabel()函数给图像加上一个 y 轴的标题，得到如图 7-1 所示的图形：

```
from matplotlib import pyplot as plt
plt.plot([1,2,3,4])
plt.ylabel('some numbers')
plt.show()
```

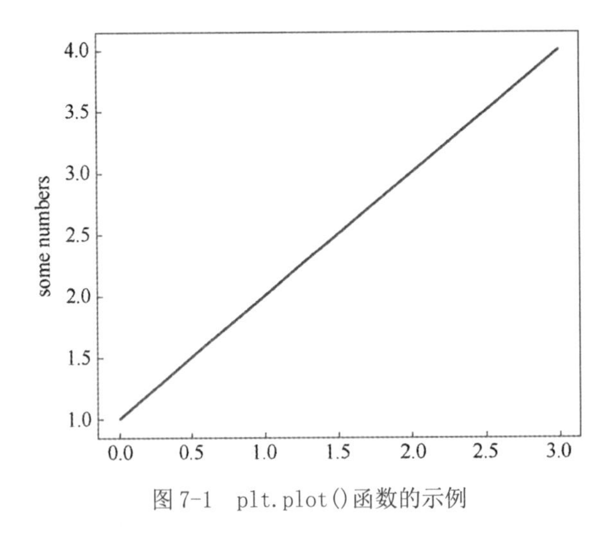

图 7-1　plt.plot()函数的示例

通常，Matplotlib 模块不会立即显示绘制的图形，以便后续向图形中添加更多的信息。只有在调用 plt.show()函数后，绘制的图形才会显示。默认情况下，Python 绘制的图形会以弹窗的形式显示，并提供了一些按钮对生成的图形进行一些简单的操作。例如，图 7-1 对应图形的完整弹窗如图 7-2 所示。

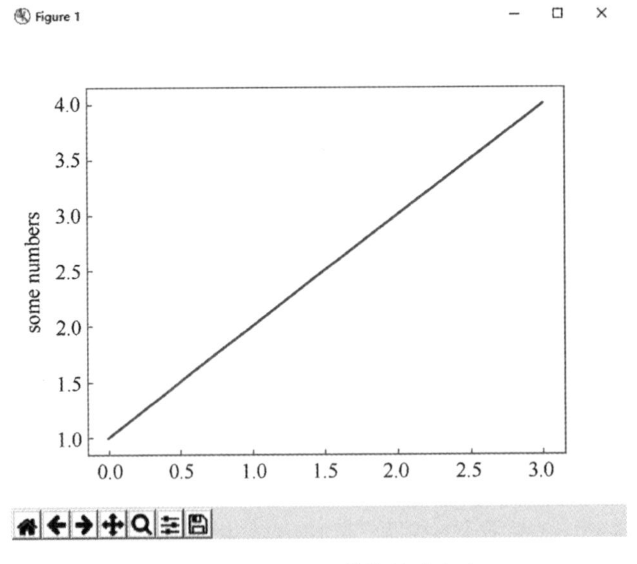

图 7-2　Matplotlib 模块的弹出窗口

如果使用 Jupyter Notebook，plt.show()函数则可以省略，Python 也不会弹出绘图窗口，而是在 Jupyter Notebook 的输出中内嵌图片，如图 7-3 所示。

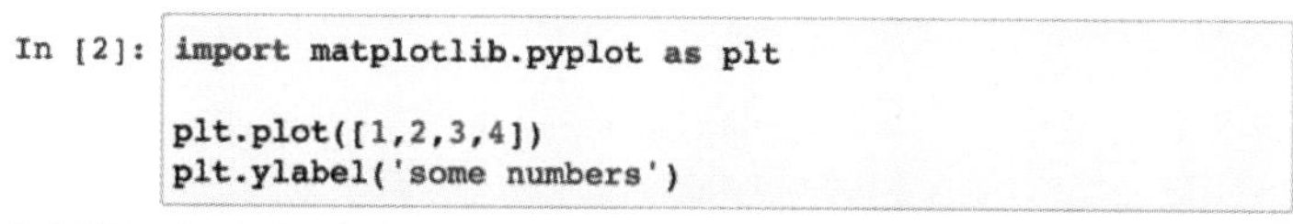

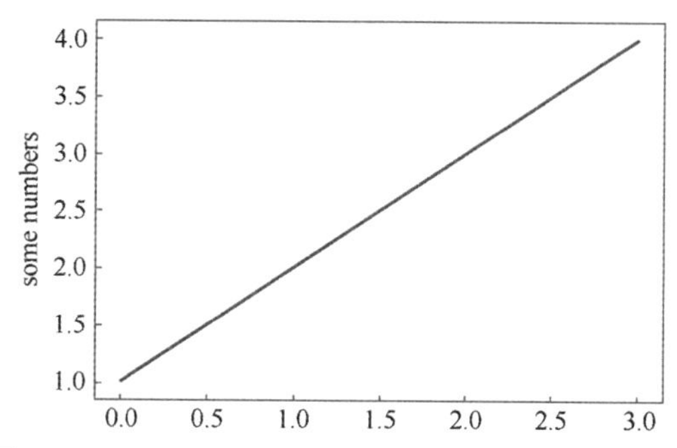

图 7-3　Matplotlib 模块在 Jupyter Notebook 中的示例

1. 函数的基本使用

plt.plot()函数可以绘制基本的点线图，它的使用方式主要有：

```
plt.plot(x, y)
plt.plot(x, y, format_str)
plt.plot(y)
plt.plot(y, format_str)
```

通常，参数 x、y 是两个等长的一维数组或列表，分别表示绘制点的横坐标与纵坐标，参数 format_str 用来控制绘图的格式。默认情况下，只给定 x 轴坐标和 y 轴坐标时，plt.plot()函数会用一条直线连接两个相邻的点。例如，当 x 的参数为[1, 2, 3, 4]、y 的参数为[1, 4, 9, 16]时，plt.plot()函数会在坐标点(1, 1)、(2, 4)、(3, 9)和(4, 16)之间绘制三条直线，得到如图 7-4 所示的图形：

```
plt.plot([1,2,3,4], [1,4,9,16])
```

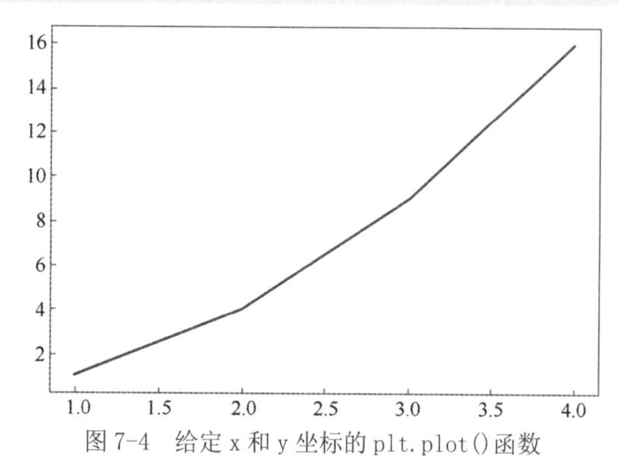

图 7-4　给定 x 和 y 坐标的 plt.plot()函数

不指定参数 x 时，x 的值默认为 range(len(y))。例如，调用 plt.plot()函数绘制图 7-1 时，只指定了参数 y 为[1, 2, 3, 4]，长度为 4，对应的 x 值为[0, 1, 2, 3]，从而图 7-1 中的四个坐标点为(0, 1)、

(1,2)、(2,3)和(3,4)。

2. 格式字符串的使用

默认情况下，plt.plot()函数用蓝色实线连接两个相邻的坐标点。可以使用格式字符串（即参数 format_str）来控制 plt.plot()函数绘制图形的格式。格式字符主要用来控制颜色和点线的类型。其中，颜色控制符见表 7-1。

表 7-1　函数 plt.plot()中的颜色控制符

字　符	颜　色
'b'	蓝色，blue
'g'	绿色，green
'r'	红色，red
'c'	青色，cyan
'm'	品红，magenta
'y'	黄色，yellow
'k'	黑色，black
'w'	白色，white

点线控制符参数见表 7-2。

表 7-2　函数 plt.plot()中的点线控制符

字　符	类　型	字　符	类　型
'-'	实线	'--'	虚线
'-.'	虚点线	':'	点线
'.'	点	','	像素点
'o'	圆点	'v'	下三角点
'^'	上三角点	'<'	左三角点
'>'	右三角点	'1'	下三叉点
'2'	上三叉点	'3'	左三叉点
'4'	右三叉点	's'	正方点
'p'	五角点	'*'	星形点
'h'	六边形点 1	'H'	六边形点 2
'+'	加号点	'x'	乘号点
'D'	实心菱形点	'd'	瘦菱形点
'_'	横线点		

可以单独或者组合使用颜色和点线控制符来控制绘图的格式。点和线的格式可以组合，如“-o”表示实线加圆点的组合，组合的顺序可以互换，即“-o”与“o-”的作用等价。例如，使用红色“r”与圆点“o”的组合，可以得到如图 7-5 所示的红色圆点图：

```
plt.plot([1,2,3,4], [1,4,9,16], 'ro')
```

3. 坐标轴显示范围的修改

图的显示范围可以通过 plt.axis()函数控制：

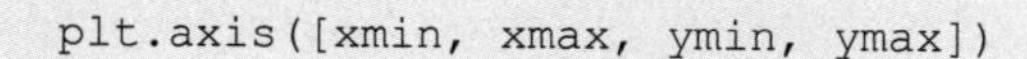

```
plt.axis([xmin, xmax, ymin, ymax])
```

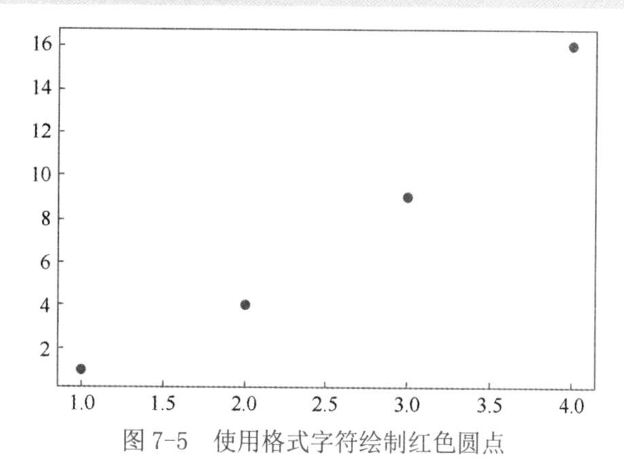

图 7-5　使用格式字符绘制红色圆点

其中，xmin、xmax 表示 x 轴的显示范围，ymin、ymax 表示 y 轴的显示范围。例如，可以将 x 轴的显示范围设为 0～6，y 轴的显示范围设为 0～20，得到如图 7-6 所示的图形：

```
plt.plot([1, 2, 3, 4], [1, 4, 9, 16], 'ro')
plt.axis([0, 6, 0, 20])
```

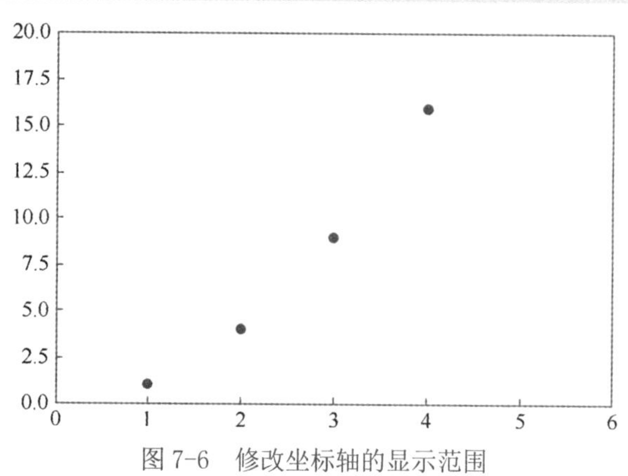

图 7-6　修改坐标轴的显示范围

4．同时绘制多条曲线

plt.plot()函数支持传入多组(x, y, format_str)参数，从而实现在同一张图中绘制多条曲线。例如，如图 7-7 所示，可以在同一张图中，绘制 x、x^2和 x^3在区间 0～5 的图。为了区分这三组曲线，借助格式字符串，可以将第一组曲线的格式设为红色虚线，第二组设为蓝色正方形点，第三组设为绿色上三角点：

```
import numpy as np
from matplotlib import pyplot as plt
t = np.arange(0., 5., 0.2)              # 数组也可以作为plt.plot()函数的参数
plt.plot(t, t, 'r--',                   # 红色虚线
         t, t ** 2, 'bs',               # 蓝色正方形点
         t, t ** 3, 'g^')               # 绿色上三角点
plt.show()
```

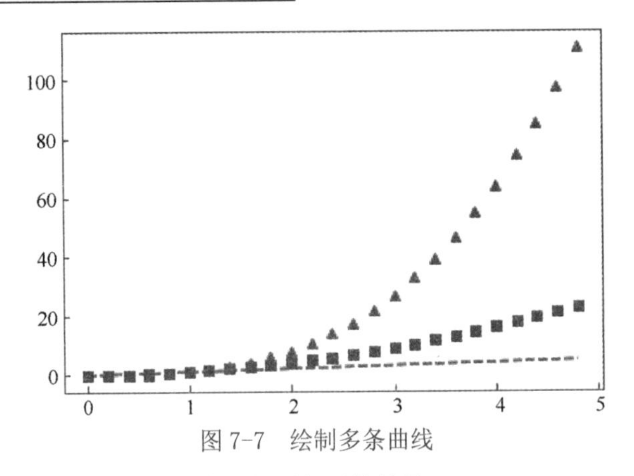

图 7-7　绘制多条曲线

也可以连续使用三次 plt.plot()函数，得到相同的效果：

```
import numpy as np
from matplotlib import pyplot as plt
t = np.arange(0., 5., 0.2)              # 数组也可以作为plt.plot()函数的参数
plt.plot(t, t, 'r--')                   # 红色虚线
plt.plot(t, t ** 2, 'bs')               # 蓝色正方形点
plt.plot(t, t ** 3, 'g^')               # 绿色上三角点
plt.show()
```

在 plt.show()函数被调用前，多个函数操作默认会在同一张图中进行，因此，多个 plt.plot()函数绘制的图形都显示在了同一张图中。

5. 控制格式的关键字

plt.plot()函数还支持使用关键字参数来控制绘图的格式。例如，可以使用参数 linewidth 来改变线条的宽度，使用参数 color 来改变颜色，得到如图 7-8 所示的图形：

```
import numpy as np
from matplotlib import pyplot as plt
x = np.linspace(-np.pi,np.pi)
y = np.sin(x)
plt.plot(x, y, linewidth=2.0, color='r')    # 线宽 2，颜色红色
plt.show()
```

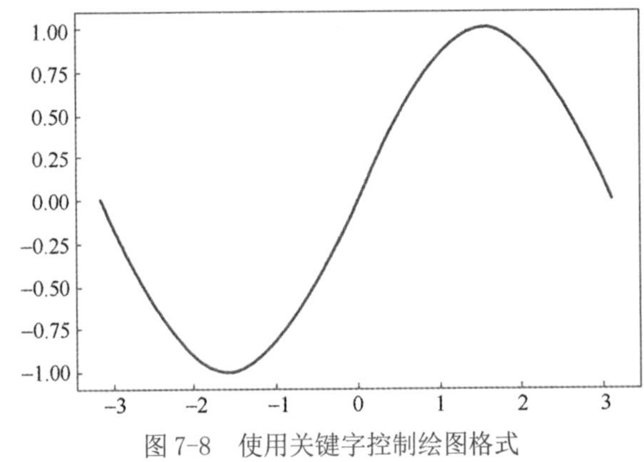

图 7-8　使用关键字控制绘图格式

7.2.2　图与子图

1. 图的生成

Matplotlib 绘制的每张图都有一个特定的数字编号，该编号默认从 1 开始。可以使用 plt.figure()函数指定绘图操作作用在哪张图上，该函数最基本的调用方式为：

```
plt.figure(num)
```

其中，num 为图的编号。在 Matplotlib 中，图可以理解为绘制数据的背景，调用该函数之后，之后的绘图操作都会作用在编号为 num 的图上。如果省略参数 num，之后的绘图操作将在当前最高编号加 1 的新图中进行。例如，在下面的例子中，第一个 plt.plot()函数会在默认的第一张图“Figure 1”中绘制。调用 plt.figure(3)后，绘图背景变为“Figure 3”，后一个 plt.plot()函数会被绘制在“Figure 3”中；调用函数 plt.show()后，编号为 1 和 3 的两幅图会被显示出来：

```
plt.plot(...)          # 绘制在 Figure 1 中
plt.figure(3)          # 新建 Figure 3
plt.plot(...)          # 绘制在 Figure 3 中
plt.show()             # 同时显示 Figure 1 和 Figure 3
```

再看另一个例子，在下面的例子中，第一个 plt.plot()函数还是会在默认的第一张图“Figure 1”中绘制。调用 plt.figure()后，绘图背景变为“Figure 2”，后一个 plt.plot()的内容会被绘制在“Figure 2”中，最后得到编号为 1 和 2 的两张图：

```
plt.plot(...)          # 绘制在 Figure 1 中
plt.figure()           # 新建 Figure 2
plt.plot(...)          # 绘制在 Figure 2 中
plt.show()             # 同时显示 Figure 1 和 Figure 2
```

2. 子图的生成

在 Matplotlib 中，同一张图可以分成多个子图进行绘制。Matplotlib 提供了 plt.subplot()函数来将一张图切分为多个子图，其使用方法为：

```
plt.subplot(numrows, numcols, fignum)
```

其中，参数 numrows 代表子图的行数，numcols 代表子图的列数，fignum 代表子图对应的第几个子图，该位置按照行排列的规则，从 1 开始计数。调用该函数后，之后的绘图操作会在指定的子图位置进行。例如，指定子图的 numrows 为 3、numcols 为 4 时，不同子图位置编号的相对位置为：

```
1, 2, 3, 4
5, 6, 7, 8
9, 10, 11, 12
```

调用 plt.subplot(4,3,8)后，之后的绘图操作会在 8 号子图对应的位置进行。当绘制子图的总数小于 10 时，可以用一个三位数字来调用该函数，如 plt.subplot(211)等价于 plt.subplot(2,1,1)。考虑一个在同一张图中绘制上下两张子图的例子。由于上下两张子图对应 2 行 1 列，第一张子图可以调用 plt.subplot(211)进行绘制，第二张子图则调用 plt.subplot(212)进行绘制，最终得到如图 7-9 所示的图形：

```
import numpy as np
```

```
from matplotlib import pyplot as plt
def f(t):
    return np.exp(-t) * np.cos(2*np.pi*t)
t1 = np.arange(0.0, 5.0, 0.1)
t2 = np.arange(0.0, 5.0, 0.02)
plt.subplot(211)                                    # 定位到第 1 张子图
plt.plot(t1, f(t1), 'bo', t2, f(t2), 'k')
plt.subplot(212)                                    # 定位到第 2 张子图
plt.plot(t2, np.cos(2*np.pi*t2), 'r--')
plt.show()
```

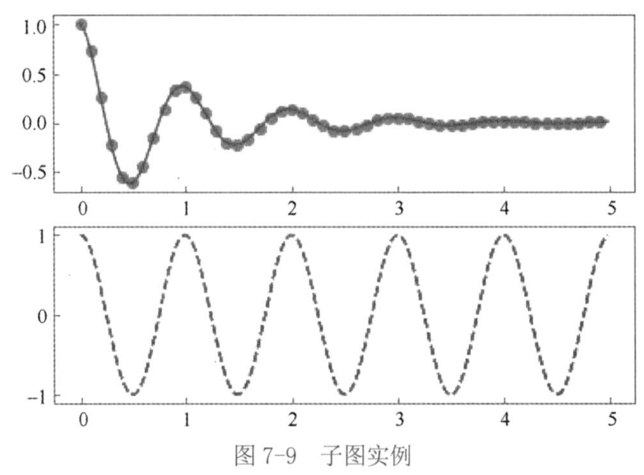

图 7-9　子图实例

7.3　基于对象的可视化操作

Pyplot 子模块主要通过函数进行可视化的操作，实际上，Matplotlib 中更灵活的方式是使用基于对象的方式进行可视化操作。在 Matplotlib 中，每张图实际上都是一个 Figure 对象，可以使用 plt.figure()函数来产生。Figure 对象可以通过.add_axes()方法向图中添加 Axes 对象。Axes 对象可以进行绘图操作，调用它的.plot()方法相当于调用 plt.plot()函数。一个使用 Axes 对象绘图的实例如图 7-10 所示：

```
from matplotlib import pyplot as plt
import numpy as np
x = np.linspace(0, 5, 10)
y = x ** 2
fig = plt.figure()
axes = fig.add_axes([0.1, 0.1, 0.8, 0.8])
axes.plot(x, y, 'r')
plt.show()
```

对于子图来说，每一个子图对应图像上的一个 Axes 对象。可以使用 plt.subplots()函数来同时得到 Figure 对象和子图对应的 Axes 对象数组，其用法为：

```
fig, axes = plt.subplots(numrows, numcols)
```

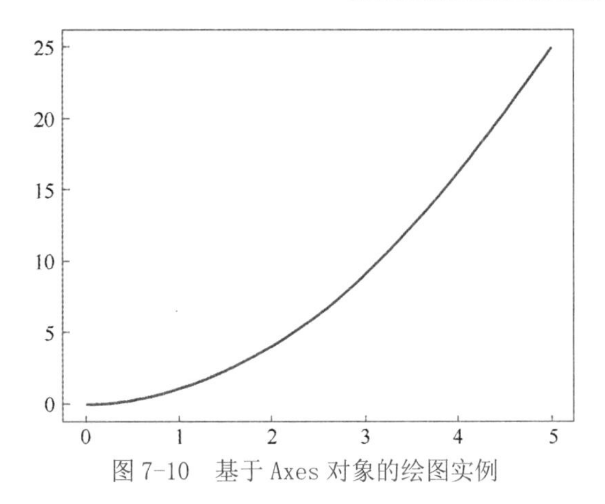

图 7-10　基于 Axes 对象的绘图实例

其中，numrows 是子图的行数，numcols 是子图的列数。一般来说，如果 numrows 和 numcols 都不为 1，axes 是二维 NumPy 数组；如果两者只有一个为 1，axes 是一个一维数组；如果两者都为 1，axes 是一个单独的 Axes 对象。利用 plt.subplots()函数和基于对象的可视化模式，重新生成上下子图的例子，可以得到如图 7-11 所示的图形：

```
import numpy as np
from matplotlib import pyplot as plt
def f(t):
    return np.exp(-t) * np.cos(2*np.pi*t)
t1 = np.arange(0.0, 5.0, 0.1)
t2 = np.arange(0.0, 5.0, 0.02)
fig, axes = plt.subplots(2, 1)
axes[0].plot(t1, f(t1), 'bo', t2, f(t2), 'k')
axes[1].plot(t2, np.cos(2*np.pi*t2), 'r--')
plt.show()
```

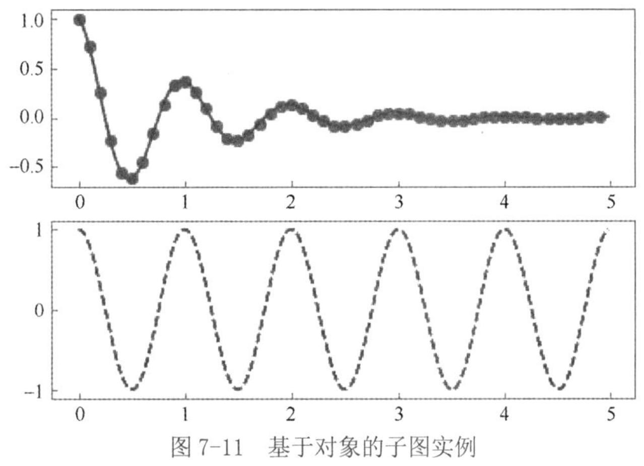

图 7-11　基于对象的子图实例

7.4　图像中的文本处理

在数据可视化时，通常需要加上一些描述文字对生成的图形进行描述和解释。Matplotlib 模块提供了一些基于函数和基于对象的文本处理方法。常用的函数与方法见表 7-3。

表 7-3 处理文本的函数与方法

函数	方法	作用
plt.text()	axes.text()	在指定位置添加文本
plt.xlabel()	axes.set_xlabel()	添加 x 轴标题
plt.ylabel()	axes.set_ylabel()	添加 y 轴标题
plt.title()	axes.set_title()	添加标题
plt.suptitle()	fig.suptitle()	整张图的标题
plt.anotate()	axes.anotate()	添加注释

本书不对这些函数的用法进行具体介绍，感兴趣的读者可以去官网阅读相关文档。科学计算需要使用各种数学公式与符号，Matplotlib 支持使用 LaTeX 的语法书写并显示数学公式。考虑如图 7-12 所示的图形：

```
from matplotlib import pyplot as plt
plt.title('alpha > beta')
plt.show()
```

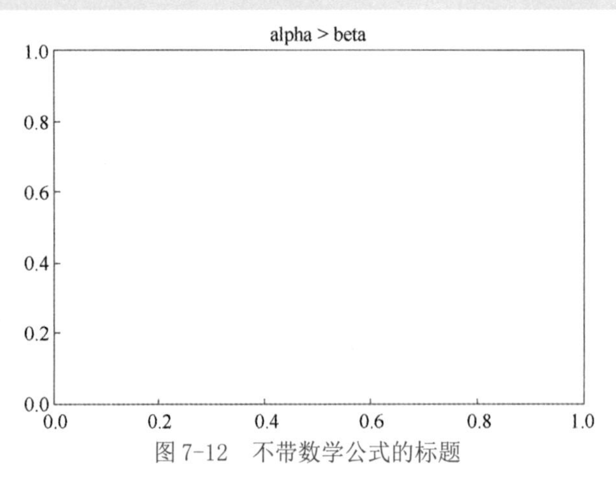

图 7-12 不带数学公式的标题

可以用 LaTeX 的语法将标题替换为数学公式，得到如图 7-13 所示的图形：

```
plt.title(r'$\alpha > \beta$')
```

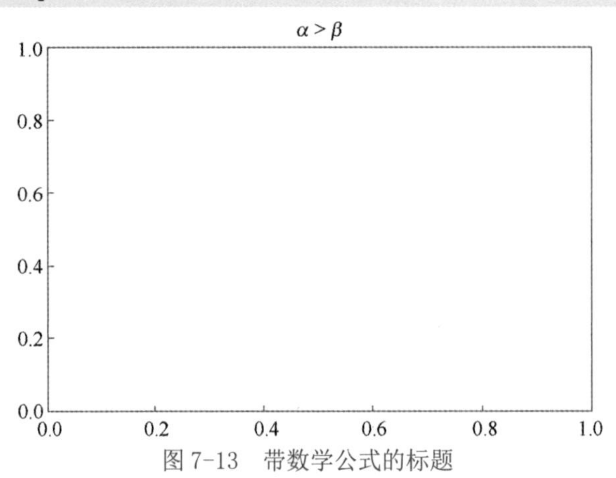

图 7-13 带数学公式的标题

可以看到，将两个“$”之间的部分解释成了数学公式。由于 LaTeX 的语法需要使用符号“\”，因此为了避免转义的问题，这里都是用不转义的 r 字符串实现 LaTeX 语法。

7.5　实例：基于 Matplotlib 的三角函数可视化

本节以三角函数为例，说明如何通过调用各种绘图操作对三角函数进行可视化。最简单的绘图方式如图 7-14 所示：

```
import numpy as np
from matplotlib import pyplot as plt
x = np.linspace(-np.pi, np.pi)
plt.plot(x,np.cos(x),x,np.sin(x))
plt.show()
```

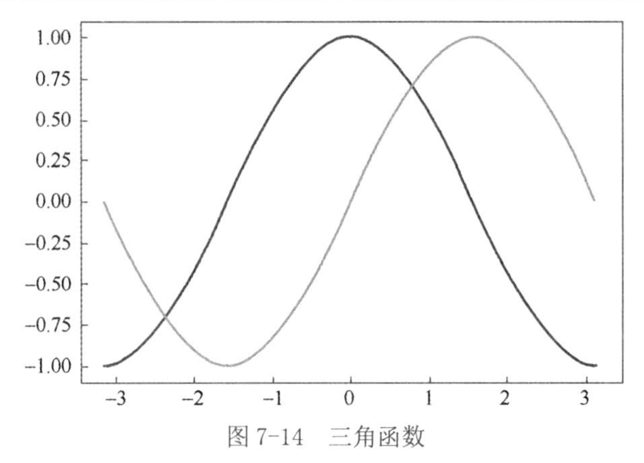

图 7-14　三角函数

对三角函数来说，x 轴刻度不太适合用整数表示，为此，可以通过 plt.xticks()和 plt.yticks()函数设置刻度，将刻度转换为与圆周率相关的值，得到如图 7-15 所示的图形：

```
plt.xticks([-np.pi, -np.pi/2, 0, np.pi/2, np.pi])
plt.yticks([-1, 0, 1])
```

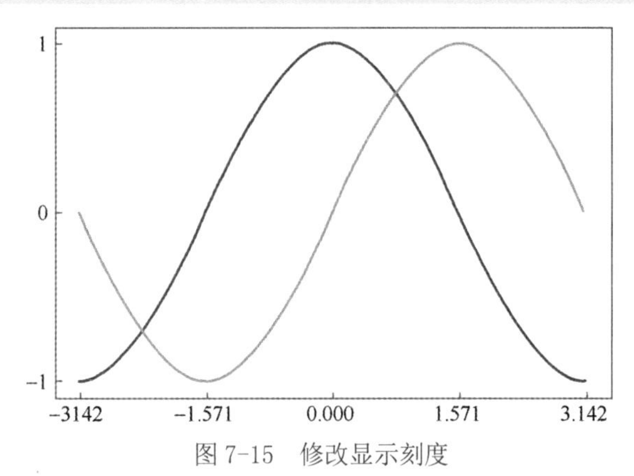

图 7-15　修改显示刻度

为了让刻度的位置显示的是含有圆周率的标识，可以在 plt.xticks()中传入第二组参数，并使用

LaTeX 的语法来显示圆周率，得到如图 7-16 所示的图形：

```
plt.xticks([-np.pi, -np.pi/2, 0, np.pi/2, np.pi],
           ['$-\pi$', '$-\pi/2$', '$0$', '$\pi/2$', '$\pi$'])
```

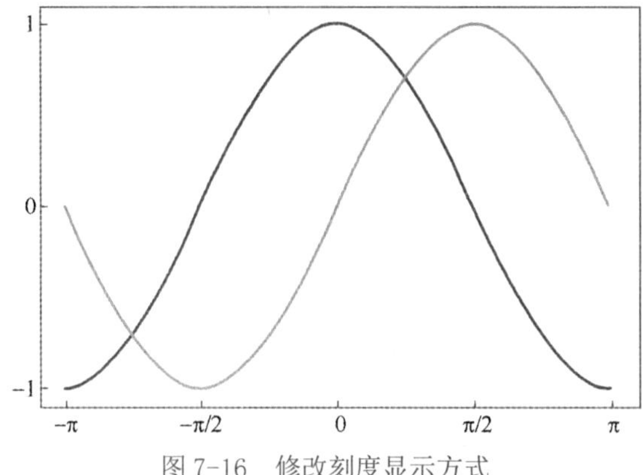

图 7-16 修改刻度显示方式

绘制三角函数时，最好让 x 轴与 y 轴在原点相交。这个功能，可以利用 Axes 对象完成。当前图像的 Axes 对象可以通过 plt.gca()函数来得到：

```
ax = plt.gca()
```

四个坐标轴（上下左右）可以通过 ax.spines 属性索引得到。考虑到刻度在左边与下方的两个坐标轴上，因此，可以利用索引先将上面的轴和右边的轴设为透明：

```
ax.spines['right'].set_color('none')
ax.spines['top'].set_color('none')
```

再将左边与下方两个坐标轴的位置设在数据点的原点：

```
ax.spines['bottom'].set_position(('data',0))
ax.spines['left'].set_position(('data',0))
```

经过这一系列的操作，实现了将图像的坐标轴平移到坐标原点的功能，得到的平移坐标轴如图 7-17 所示：

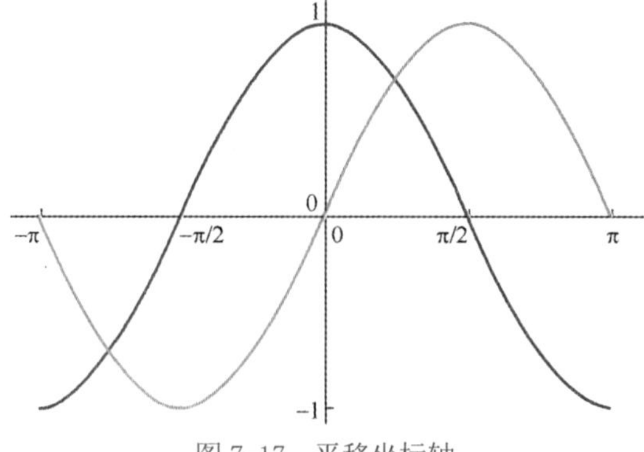

图 7-17 平移坐标轴

接着，可以使用 plt.legend()函数来加入图例，区分 cos 函数与 sin 函数：

```
plt.legend(['cosine', 'sine'], loc='upper left', frameon=False)
```

其中，图例的名称分别为“cosine”和“sine”，顺序与调用 plt.plt()函数绘图时的先后顺序对应；图例的位置在左上角；图例无边框。加入图例后的图像如图 7-18 所示：

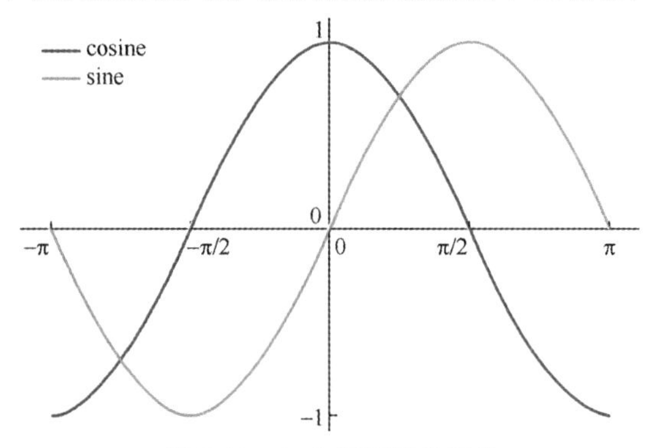

图 7-18　加入图例后的图像

可以在图中加入一些三角函数关键点的坐标。利用 plt.text()函数，可以向图像中添加两条曲线在第一象限中的交点信息，结果如图 7-19 所示：

```
plt.text(np.pi / 4 - 0.15, -0.17, r"$\pi/4$")
plt.plot([np.pi/4, np.pi/4], [0, np.cos(np.pi/4)], '--k')
plt.text(-0.6, np.cos(np.pi/4) - 0.05, r"$\sqrt{2}/2$")
plt.plot([0, np.pi/4], [np.cos(np.pi/4), np.cos(np.pi/4)], '--k')
```

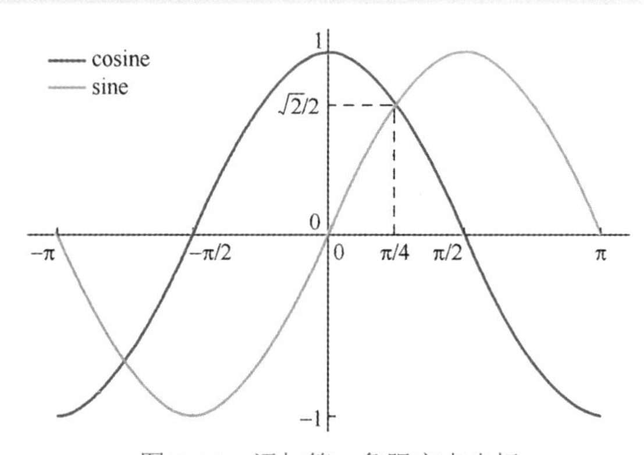

图 7-19　添加第一象限交点坐标

最后，可以用 plt.fill_between()函数将两条曲线与 x 轴围成区域上色，结果如图 7-20 所示：

```
plt.fill_between(np.linspace(0, np.pi/4), np.sin(np.linspace(0, np.pi/4)))
plt.fill_between(np.linspace(np.pi/4, np.pi/2),np.cos(np.linspace(np.pi/4, np.pi/2)))
```

完整的代码为：

```
# -*- codings=utf-8 -*-
import numpy as np
from matplotlib import pyplot as plt
x = np.linspace(-np.pi, np.pi)
plt.plot(x, np.cos(x), x, np.sin(x))
```

```
# 得到Axes 对象
ax = plt.gca()
# 设置坐标轴
ax.spines['right'].set_color('none')
ax.spines['top'].set_color('none')
ax.spines['bottom'].set_position(('data',0))
ax.spines['left'].set_position(('data',0))
# 设置刻度
plt.xticks([-np.pi, -np.pi/2, 0, np.pi/2, np.pi],
           ['$-\pi$', '$-\pi/2$', '$0$', '$\pi/2$', '$\pi$'])
plt.yticks([-1, 0, 1])
# 添加图例
plt.legend(['cosine', 'sine'], loc='upper left', frameon=False)
# 添加交点的x 坐标信息
plt.text(np.pi / 4 - 0.15, -0.17, r"$\pi/4$")
plt.plot([np.pi/4, np.pi/4], [0, np.cos(np.pi/4)], '--k')
# 添加交点的y 坐标信息
plt.text(-0.6, np.cos(np.pi/4) - 0.05, r"$\sqrt{2}/2$")
plt.plot([0, np.pi/4], [np.cos(np.pi/4), np.cos(np.pi/4)], '--k')
# 用颜色对 0~π /4 区域进行填充
plt.fill_between(np.linspace(0, np.pi/4),
np.sin(np.linspace(0, np.pi/4)))
# 用颜色对π /4~π /2 区域进行填充
plt.fill_between(np.linspace(np.pi/4, np.pi/2),
np.cos(np.linspace(np.pi/4, np.pi/2)))
# 显示图像
plt.show()
```

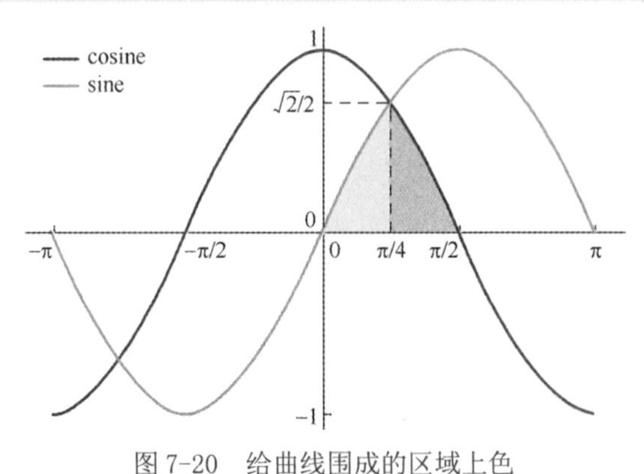

图 7-20　给曲线围成的区域上色

7.6　本章学习笔记

本章对 Matplotlib 模块进行了简单的介绍。Matplotlib 模块支持使用基于函数和基于对象两种方式进行基础的可视化操作，也能借助 LaTeX 语法在图像上插入漂亮的数学公式。Matplotlib 中还有很多很强大的绘图操作，要想熟练掌握各种不同的绘图方式，需要通过观看已有的绘图代码实例，不断实践和摸索。

学完本章，读者应该做到：

- 了解基于函数和基于对象的两种可视化操作模式。
- 掌握一些基本绘图操作。
- 知道图和子图的生成。
- 可以向图中添加数学公式。
- 掌握如何使用 Matplotlib 的示例进行可视化尝试。

1. 本章新术语

本章不涉及新术语。

2. 本章新函数

本章涉及的新函数见表 7-4。

表 7-4　本章涉及的新函数

函　　数	用　　途
matplotlib.pyplot.plot()	绘图函数
matplotlib.pyplot.ylabel()	添加 y 轴标题
matplotlib.pyplot.show()	显示图像
matplotlib.pyplot.axis()	修改图像显示范围
matplotlib.pyplot.figure()	产生一个新的 Figure 对象或指定一个已存在的 Figure 对象
matplotlib.pyplot.subplot()	指定一张子图
matplotlib.pyplot.title()	添加标题
matplotlib.pyplot.xticks()	添加 x 轴刻度
matplotlib.pyplot.yticks()	添加 y 轴刻度
matplotlib.pyplot.gca()	获取当前图像的 Axes 对象
matplotlib.pyplot.legend()	添加图例
matplotlib.pyplot.text()	在指定位置添加文字

3. 本章 Python 2 与 Python 3 的区别

本章不涉及 Python 2 与 Python 3 的区别。

第8章 Python科学计算进阶：SciPy模块

SciPy是一个以NumPy模块为基础的第三方Python模块。本章将学习SciPy中各子模块的使用。使用 SciPy 模块可以完成一些进阶的科学计算操作，因此需要有一定的高等数学基础，如线性代数、微积分和概率论等。

本章要点：

- SciPy各子模块的基本使用。

8.1 SciPy模块简介

Anaconda中已经集成了SciPy模块。可以在命令行使用pip命令更新模块：

```
$ pip install scipy -U
```

SciPy是基于NumPy构建的，通常的导入方式为：

```
In [1]: import scipy as sp
```

本书使用的SciPy模块版本为：

```
In [2]: sp.__version__
Out[2]: '1.8.0'
```

SciPy模块由很多不同的科学计算子模块组成，常用的模块如下。

- scipy.cluster：聚类算法。
- scipy.integrate：积分和常微分方程求解。
- scipy.interpolate：插值相关。
- scipy.optimize：优化相关。
- scipy.stats：统计相关。
- scipy.linalg：线性代数相关。

SciPy模块通常以“子模块.函数”的形式进行调用：

```
from scipy import some_module
some_module.some_function()
```

8.2 插值模块：scipy.interpolate

scipy.interpolate是SciPy中负责插值操作的子模块。导入interpolate子模块：

```
In [1]: from scipy import interpolate
In [2]: import numpy as np
```

插值（Interpolation）是通过已知的离散数据点求未知数据的过程或方法。在实际问题中，对于若干离散的数据点(x, y)，可以通过某种方法得到一个经过所有已知数据点的连续函数 y=f(x)，然后通过该函数预测未知点 x'的对应值 f(x')。例如，考虑这样一组离散数据点：

```
In [3]: x = np.linspace(0, 2*np.pi, 10)
In [4]: y = np.sin(x)
```

该组数据由三角函数生成，分布如图 8-1 所示：

```
In [5]: from matplotlib import pyplot as plt
In [6]: plt.plot(x, y, "o")
In [7]: plt.show()
```

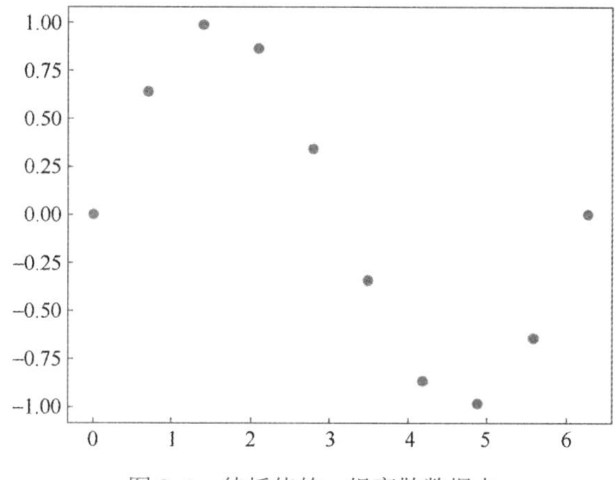

图 8-1　待插值的一组离散数据点

1. 一维插值函数

这些数据点 x 的维度为 1，因此是个一维插值问题。一维插值问题对应的函数为 interpolate.interp1d()。该函数接受一组 x 值和对应的 y 值，返回拟合后得到的函数：

```
In [8]: f = interpolate.interp1d(x, y)
```

返回值 f 可以像函数一样被调用。当输入值为数字时，f 返回一个 NumPy 数组：

```
In [9]: f(0)
Out[9]: array(0.)
In [10]: f(0).shape
Out[10]: ()
```

输入值为数组或列表时，f 返回对应大小的数组：

```
In [11]: f([np.pi / 6, np.pi / 2])
Out[11]: array([ 0.48209071,  0.95511217])
```

默认情况下，插值函数允许的定义域范围由输入数据的范围决定。对于超出范围的数据，调用 f 会抛出异常。例如，在上面的例子中，x 的范围为圆周率的 0～2 倍，因此输入负数会报错：

```
In [12]: f(-np.pi)
---------------------------------------------------------------------------
ValueError                          Traceback (most recent call last)
<ipython-input-12-347bea9d5138> in <module>()
----> 1 f(-np.pi)
ValueError: A value in x_new is below the interpolation range.
```

可以通过在调用插值函数时加入 bounds_error 参数来允许超出范围的输入：

```
In [13]: f = interpolate.interp1d(x, y, bounds_error=False)
```

若输入值超过插值范围，输出为 np. nan：

```
In [14]: f(-np.pi)
Out[14]: array(nan)
```

还可以加入 fill_value 参数来指定超出范围的默认返回值：

```
In [15]: f = interpolate.interp1d(x, y, bounds_error=False, fill_value=-100)
In [16]: f(-np.pi)
Out[16]: array(-100.0)
```

2. 不同的插值方法

（1）线性插值方法

线性插值（Linear Interpolation）是最常使用的插值方法，也是插值函数的默认方法。线性插值的基本思想为：在已知相邻点(x_1, y_1)和(x_2, y_2)的情况下，对于 $x_1 \sim x_2$ 的任意 x，线性插值对应的 y 满足点(x, y)在点(x_1, y_1)和(x_2, y_2)所形成的线段上。

对于之前的数据点，线性插值方法对应的函数如图 8-2 所示：

```
In [17]: t = np.linspace(0, 2 * np.pi, 200)
In [18]: plt.plot(x, y, 'o', t, f(t))
In [19]: plt.show()
```

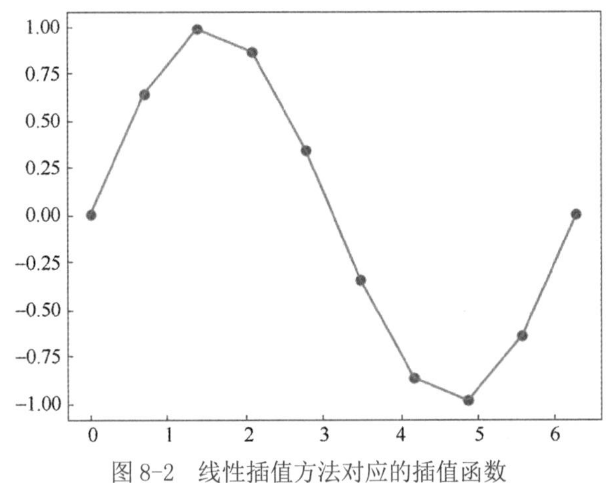

图 8-2　线性插值方法对应的插值函数

（2）其他插值方法

可以在 interpolate. interp1d()函数中，通过参数 kind 来使用不同的插值方法。

● 'nearest'：最近邻插值，x 对应的值为离 x 最近的点对应的值。
● 'zero'：零阶插值，使用一个常数分段函数进行插值。
● 'linear'：线性插值，默认插值方法。
● 'quadratic'：二次函数插值。
● 'cubic'：三次函数插值。
● 数字 4，5，6，7：更高次数的函数插值。

其中，最近邻插值方法对应的函数如图 8-3 所示：

```
In [20]: f = interpolate.interp1d(x, y, kind="nearest")
In [21]: plt.plot(x, y, 'o', t, f(t))
In [22]: plt.show()
```

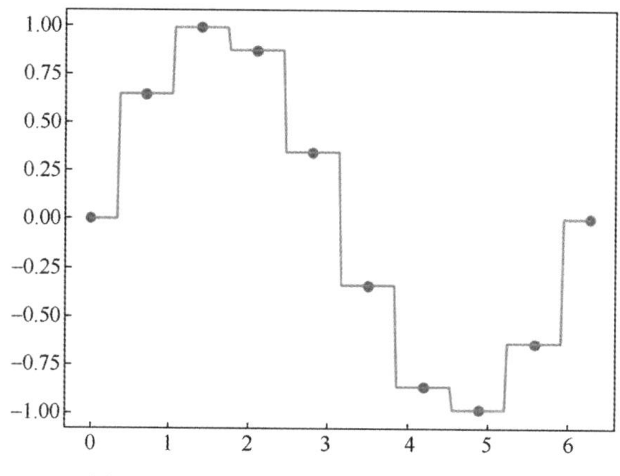

图 8-3　最近邻插值方法对应的插值函数

三次插值方法对应的函数如图 8-4 所示：

```
In [23]: f = interpolate.interp1d(x, y, kind="cubic")
In [24]: plt.plot(x, y, 'o', t, f(t))
In [25]: plt.show()
```

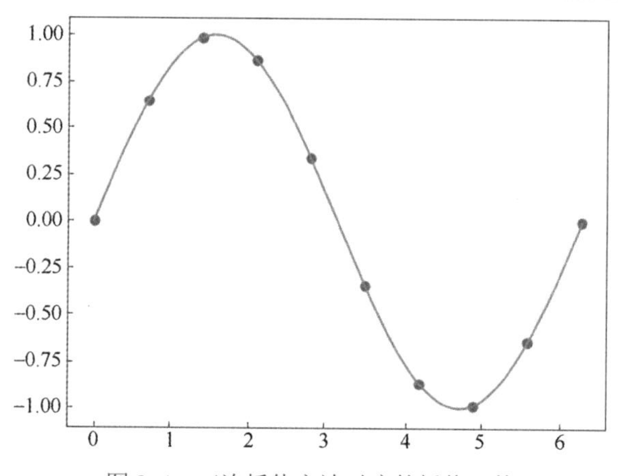

图 8-4　三次插值方法对应的插值函数

8.3 概率统计模块：scipy.stats

scipy.stats 是 Scipy 中负责概率统计相关的子模块。

8.3.1 基本统计量

先看基本统计量的计算，导入相关的模块：

```
In [1]: import numpy as np
In [2]: from matplotlib import pyplot as plt
In [3]: from scipy import stats
```

假设有一组身高数据：

```
In [4]: h = np.array([1.46,1.79,2.01,1.75,1.56,1.69,1.88,1.76,1.88,1.78])
```

NumPy 数组提供了一些方法来查看这组数据的基本统计量，如最大最小值：

```
In [5]: h.max(),h.min()
Out[5]: (2.01, 1.46)
```

平均值：

```
In [6]: h.mean()
Out[6]: 1.7559999999999998
```

标准差和方差：

```
In [7]: h.std(), h.var()
Out[7]: (0.15081114017207078, 0.022743999999999986)
```

中位数：

```
In [8]: np.median(h)
Out[8]: 1.77
```

scipy.stats 模块提供了一些其他的统计量，如众数及其出现次数：

```
In [9]: stats.mode(h)
Out[9]: ModeResult(mode=array([ 1.88]), count=array([2]))
```

偏度和峰度：

```
In [10]: stats.skew(h),stats.kurtosis(h)
Out[10]: (-0.3935244564726347, -0.33067209772439865)
```

8.3.2 概率分布

概率分布（Probability Distribution）是统计和概率论中的一个重要组成部分，scipy.stats 模块提供了一些函数和方法来使用这些概率分布。导入相关模块：

```
In [1]: import numpy as np
In [2]: from matplotlib import pyplot as plt
```

概率分布可以分为连续分布和离散分布两大类。不同的概率分布定义和参数各不相同，不过，scipy.stats 模块提供了一套公用的接口来处理它们。

1．连续分布

（1）正态分布

正态分布对象 norm 可以直接导入：

```
In [3]: from scipy.stats import norm
```

可以用方法.rvs()来产生一个服从标准正态分布的数组：

```
In [4]: x_norm = norm.rvs(size=1000)
```

标准正态分布数据的直方图如图 8-5 所示：

```
In [5]: h = plt.hist(x_norm, bins=20, density=True)
In [6]: plt.show()
```

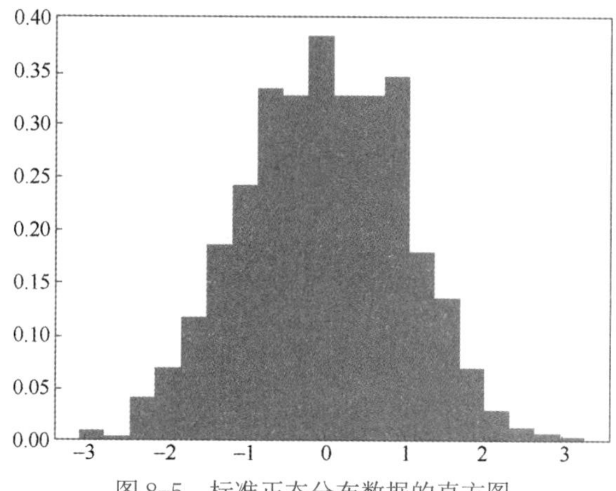

图 8-5　标准正态分布数据的直方图

数学上，正态分布有两个参数，分别为均值和标准差。可以使用.fit()方法估计上面这组数据对应的正态分布参数：

```
In [7]: x_mean, x_std = norm.fit(x_norm)
In [8]: x_mean
Out[8]: -0.012594617574775617
In [9]: x_std
Out[9]: 1.0015925387269911
```

标准正态分布的均值为 0，标准差为 1，估计出的参数与真实参数已经十分接近。

概率密度函数（Probability Density Function，PDF）是用来描述连续概率分布在某个点处取值可能性大小的函数。标准正态分布的概率密度函数为

$$P(x)=\frac{1}{\sqrt{2\pi\sigma}}\exp\left(-\frac{x^2}{2}\right)$$

可以用.pdf(x)方法来计算正态分布在 x 处对应的概率密度函数值，其中 x 可以是一个数组：

```
In [10]: x = np.linspace(-3, 3)
```

```
In [11]: p = norm.pdf(x)
```

将概率密度函数绘制到直方图中，得到图 8-6 所示的图像：

```
In [12]: h = plt.hist(x_norm, bins=20, density=True)
In [13]: plt.plot(x, p)
In [14]: plt.show()
```

对于概率密度函数为 $P(x)$ 的概率分布，其累积分布函数（Cumulative Distribution Function，CDF）定义为

$$F(x)=\int_{-\infty}^{x} f(t)\,\mathrm{d}t$$

$F(x)$ 表示随机变量落在比 x 小的区域内的概率，可以用.cdf(x)方法来计算。对于正态分布来说，若均值为 μ，标准差为 σ，则有以下结论：

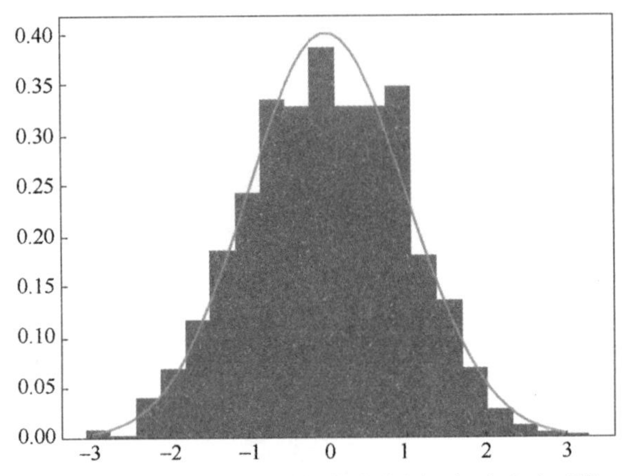

图 8-6　标准正态分布数据的直方图及概率密度函数

- 数据分布在 $(\mu-\sigma,\mu+\sigma)$ 的概率约为 0.683。
- 数据分布在 $(\mu-2\sigma,\mu+2\sigma)$ 的概率约为 0.954。
- 数据分布在 $(\mu-3\sigma,\mu+3\sigma)$ 的概率约为 0.997。

利用标准正态分布的累积分布函数对这些结论进行验证：

```
In [15]: norm.cdf(1) - norm.cdf(-1)
Out[15]: 0.6826894921370858 5
In [16]: norm.cdf(2) - norm.cdf(-2)
Out[16]: 0.9544997361036416 
In [17]: norm.cdf(3) - norm.cdf(-3)
Out[17]: 0.9973002039367398 
```

累积分布函数的反函数可以使用.ppf()方法得到。比如找到标准正态分布中概率恰好为 0.5 的点：

```
In [18]: norm.ppf(0.5)
Out[18]: 0.0
```

（2）平移和放缩

scipy.stats 模块可以使用位置和尺度参数来改变概率分布的参数。设位置参数为 loc，尺度参数为 scale，对概率密度函数为 p(x) 的概率分布，进行尺度与平移变换后，新的概率密度函数为

p((x-loc)/scale)。

在正态分布的例子中，.fit()方法返回的其实是对这两个参数的估计。在正态分布中，这两个参数恰好对应分布的均值和标准差。可以通过这两个参数得到不同参数的概率分布。例如，图 8-7 是三组不同参数的正态分布对应的概率密度函数：

```
In [19]: x = np.linspace(-3, 3)
In [20]: plt.plot(x, norm.pdf(x),
    ...:          x, norm.pdf(x, loc=0.5, scale=2), '--',
    ...:          x, norm.pdf(x, loc=-0.5, scale=0.5), ':')
In [21]: plt.legend([r'$\mu=0,\sigma=1$',
    ...:             r'$\mu=0.5,\sigma=2$',
    ...:             r'$\mu=-0.5,\sigma=0.5$'])
In [22]: plt.show()
```

也可以将 loc 和 scale 参数直接传递给 norm，来构造一个新的概率分布对象。下面这两种用法是等价的：

```
norm(loc=0.5, scale=2).pdf(x)
norm.pdf(x, loc=0.5, scale=2)
```

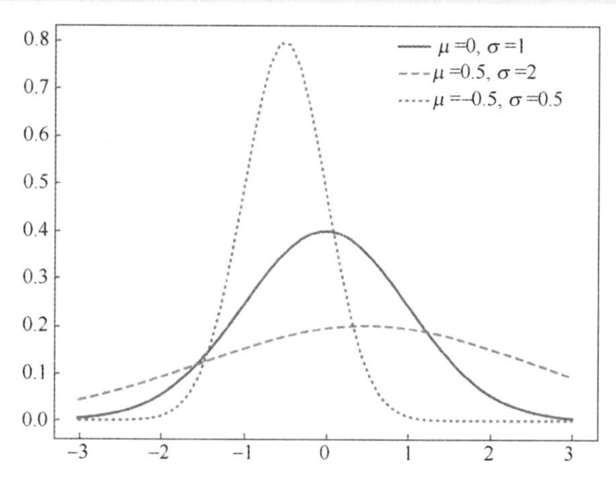

图 8-7 不同参数的正态分布对应的概率密度函数

(3) 其他连续分布

scipy.stats 中还包括一些其他的连续分布，如指数分布 expon 和学生 t 分布 t 等：

```
In [23]: from scipy.stats import expon, t
```

指数分布的参数 λ 是尺度参数 scale 的倒数，不同参数的分布如图 8-8 所示：

```
In [24]: x = np.linspace(0.01, 1)
In [25]: plt.plot(x, expon.pdf(x),
    ...:          x, expon.pdf(x, scale=2), '--',
    ...:          x, expon.pdf(x, scale=0.5), ':')
In [26]: plt.legend([r'$\lambda=1$', r'$\lambda=0.5$', r'$\lambda=2$'])
In [27]: plt.show()
```

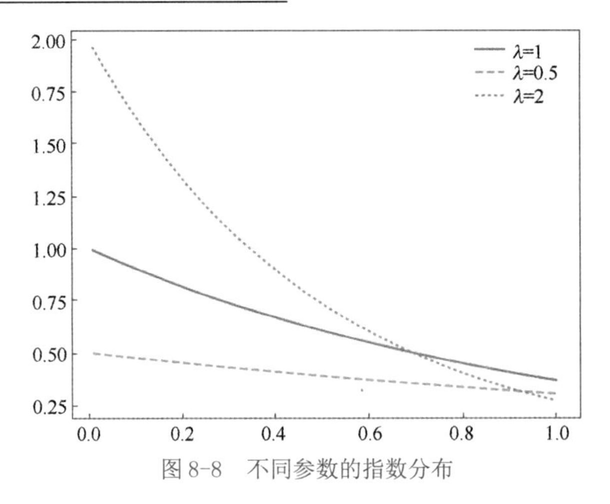

图 8-8　不同参数的指数分布

某些概率分布需要使用额外参数来定义，额外参数的个数可以通过分布对象的.numargs 属性查看。正态分布和指数分布不需要额外参数：

```
In [28]: expon.numargs
Out[28]: 0
In [29]: norm.numargs
Out[29]: 0
```

学生 t 分布需要 1 个额外参数：

```
In [30]: t.numargs
Out[30]: 1
```

额外参数的名称可以用.shapes 属性查看：

```
In [31]: t.shapes
Out[31]: 'df'
```

参数 df 是学生 t 分布的自由度，使用学生 t 分布时要传入这个参数。不同自由度参数下的学生 t 分布如图 8-9 所示：

```
In [32]: x = np.linspace(-3, 3)
In [33]: plt.plot(x, t.pdf(x, df=1),x, t.pdf(x, df=5), '--',x, t.pdf(x, df=100), ':')
In [34]: plt.legend([r'$df=1$', r'$df=5$', r'$df=100$'])
In [35]: plt.show()
```

2．离散分布

离散分布没有概率密度函数，但是有概率质量函数（Probability Mass Function，PMF），用来表示每个离散点上的概率。

（1）离散均匀分布

掷一个均匀的骰子时，可以认为骰子掷出的点数服从一个 1～6 的离散均匀分布，掷到每个数字的概率都为 1/6。离散均匀分布可以用 randint 来构造：

```
In [36]: from scipy.stats import randint
```

概率质量函数可以使用.pmf()方法计算，掷骰子的概率质量函数如图 8-10 所示：

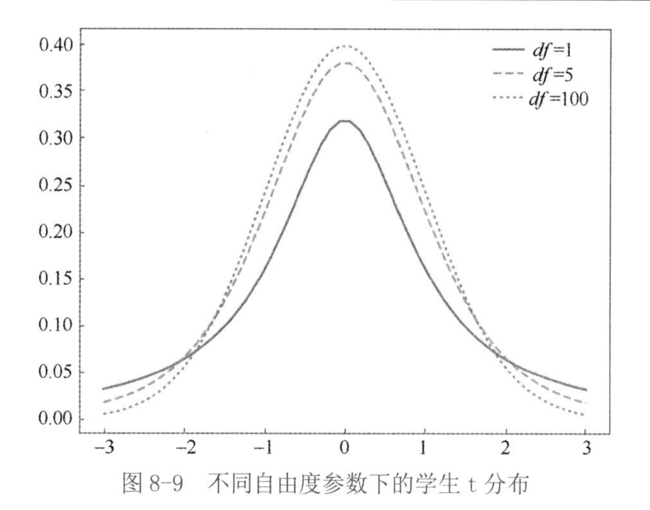

图 8-9　不同自由度参数下的学生 t 分布

```
In [37]: x = np.arange(1, 7)
In [38]: plt.stem(x, randint(1, 7).pmf(x))
In [39]: plt.show()
```

其中，plt.stem()函数是用来绘制杆状图的函数。离散均匀分布有两个额外参数：

```
In [40]: randint.shapes
Out[40]: 'low, high'
```

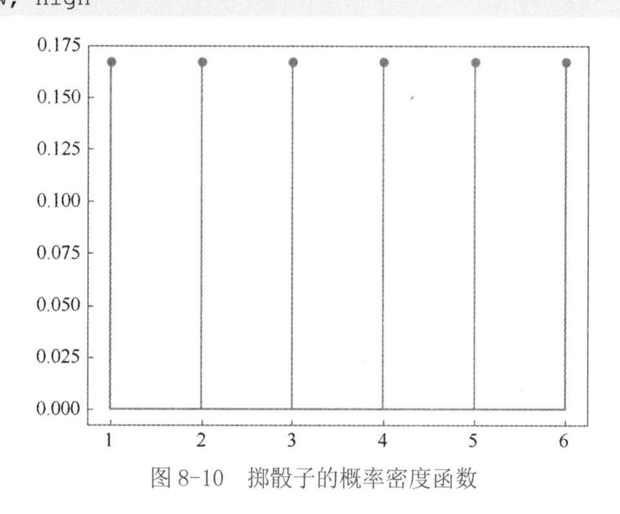
图 8-10　掷骰子的概率密度函数

对于骰子的例子，low 为 1，high 为 7，表示 1～6 的离散均匀分布，即离散均匀分布是一个包含 low 不包含 high 的分布。

（2）二项分布

二项分布也是一个需要指定额外参数的概率分布，可以用 binom 来构造：

```
In [41]: from scipy.stats import binom
In [42]: binom.shapes
Out[42]: 'n, p'
```

其中，n 是二项分布的试验次数，p 是每次试验得到 1 的概率。两组不同参数下的二项分布对应的概率质量函数分别如图 8-11 和图 8-12 所示：

```
In [43]: x = np.arange(0, 11)
In [44]: plt.stem(x, binom(n=10, p=0.5).pmf(x))
In [45]: plt.show()
```

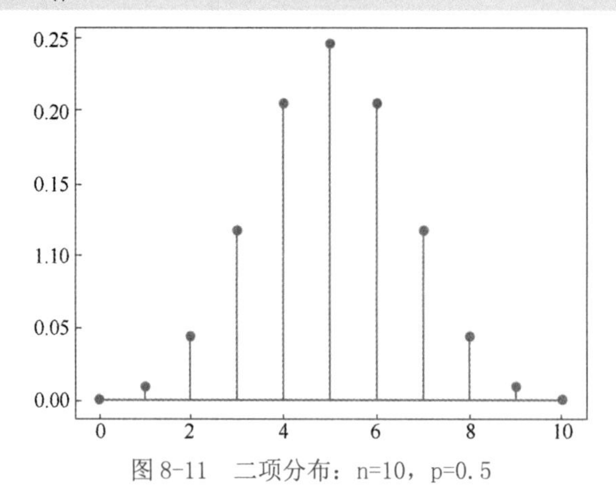

图 8-11　二项分布：n=10，p=0.5

```
In [46]: plt.stem(x, binom(n=10, p=0.2).pmf(x))
In [47]: plt.show()
```

（3）泊松分布

泊松分布通常用于描述单位时间内随机事件发生的次数：

```
In [48]: from scipy.stats import poisson
```

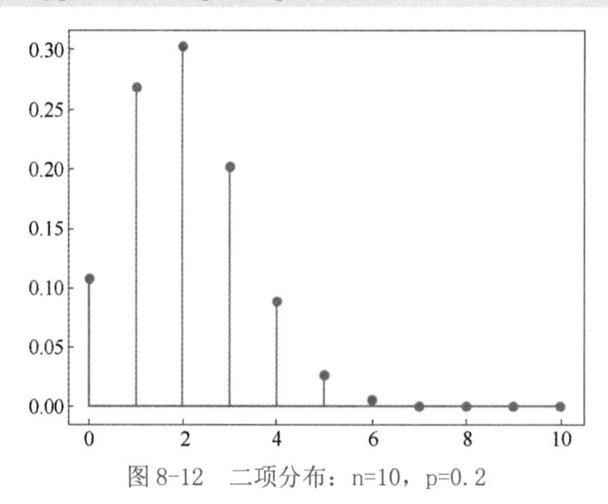

图 8-12　二项分布：n=10，p=0.2

泊松分布有一个额外参数需要指定：

```
In [49]: poisson.shapes
Out[49]: 'mu'
```

其中，mu 表示随机事件平均发生率。其概率质量函数如图 8-13 所示：

```
In [50]: x = np.arange(21)
```

```
In [51]: plt.stem(x, poisson(9).pmf(x))
In [52]: plt.xticks(x)
In [53]: plt.show()
```

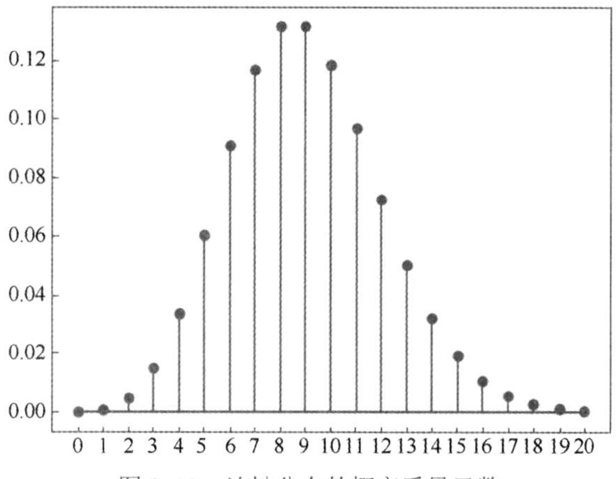

图 8-13　泊松分布的概率质量函数

3. 自定义概率分布

自定义概率分布可以通过 scipy.stats 中的变量 rv_continuous（连续分布）和 rv_discrete（离散分布）来实现：

```
In [54]: from scipy.stats import rv_continuous, rv_discrete
```

（1）自定义连续分布

自定义连续分布需要用 rv_continuous 定义一个新类型来实现。新类型需要实现一个._pdf()方法来计算自定义分布的概率密度函数。例如，正态分布可以自定义如下：

```
In [55]: class GaussianGen(rv_continuous):
    ...:     def _pdf(self, x):
    ...:         return np.exp(-x**2 / 2.) / np.sqrt(2.0 * np.pi)
    ...:
```

构造一个正态分布的实例：

```
In [56]: gaussian = GaussianGen()
```

利用累积分布函数来验证正态分布：

```
In [57]: gaussian.cdf(3) - gaussian.cdf(-3)
Out[57]: 0.99730020393673979
```

还可以使用位置和尺度参数改变正态分布的参数：

```
In [58]: gaussian(loc=1, scale=3).mean()
Out[58]: 0.99999999999999778
In [59]: gaussian(loc=1, scale=3).std()
Out[59]: 2.999999998960206
```

（2）自定义离散分布

自定义离散分布只需要将离散点及其对应概率传给 rv_discrete 函数即可。例如，一个不均匀的骰子对应的离散值及其概率：

```
In [60]: xk = [1, 2, 3, 4, 5, 6]
In [61]: pk = [.3, .35, .25, .05, .025, .025]
```

利用它们构建一个自定义离散分布对象：

```
In [62]: loaded = rv_discrete(values=(xk, pk))
```

产生服从该分布的随机数：

```
In [63]: loaded.rvs(size=(6,))
Out[63]: array([2, 1, 2, 2, 1, 1])
```

8.4 优化模块：scipy.optimize

scipy.optimize 是 SciPy 中负责优化的子模块，这里介绍其三个主要功能：

- 最小二乘优化和曲线拟合。
- 无约束的优化。
- 方程求根。

8.4.1 数据拟合

导入基础的模块：

```
In [1]: import numpy as np
In [2]: from matplotlib import pyplot as plt
```

1．多项式拟合

多项式拟合（Polynomial Curve-Fitting）用 n 阶多项式描述数据点 (x, y) 的关系：

$$y = a_n x^n + a_{n-1} x^{n-1} + \cdots + a_1 x + a_0 = \sum_{i=0}^{n} a_i x^i$$

多项式拟合的目的是找到一组系数 a，使得拟合得到的曲线与真实数据点之间的距离最小。例如，考虑 n=1（即线性拟合）的情况，一组待拟合的数据点如图 8-14 所示：

```
In [3]: x = np.linspace(-5, 5, 50)
In [4]: y = 4 * x + 1.5
In [5]: y_noise = y + np.random.randn(50) * 2
In [6]: plt.plot(x, y_noise, "x")
In [7]: plt.show()
```

拟合与插值不同，拟合不要求得到的曲线经过所有的数据点。多项式拟合的系数可以使用 NumPy 模块的 np.polyfit()函数来得到：

```
np.polyfit(x, y, n)
```

其中，n 为多项式阶数。一阶多项式函数为

$$y = a_1 x + a_0$$

n=1 时，返回一阶多项式的两个系数：

```
In [8]: coeff = np.polyfit(x, y_noise, 1)
```

```
In [9]: coeff
Out[9]: array([ 3.98512347,  1.58236357])
```

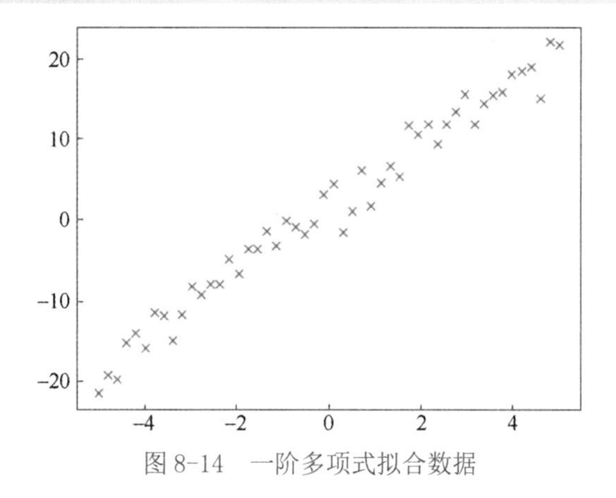

图 8-14　一阶多项式拟合数据

拟合得到的系数与生成数据时所用的 4 和 1.5 比较接近，说明拟合有一定的效果。拟合得到的曲线如图 8-15 所示：

```
In [10]: plt.plot(x, y_noise, "x",
    ...:          x, coeff[0] * x + coeff[1])
In [11]: plt.show()
```

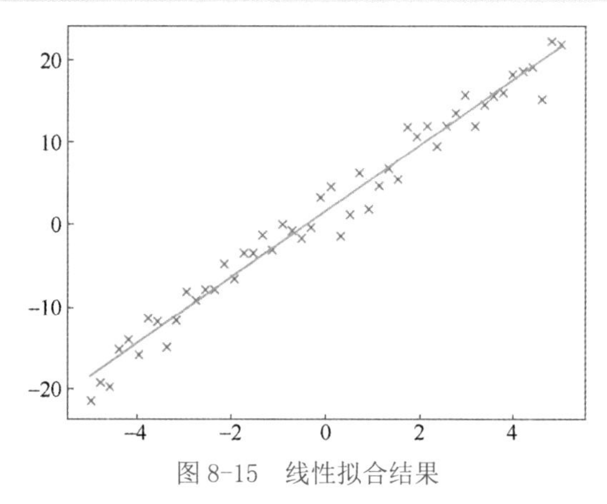

图 8-15　线性拟合结果

多项式函数还可以通过 np.ploy1d()函数生成：

```
In [12]: f = np.poly1d(coeff)
In [13]: f
Out[13]: poly1d([ 3.98512347,  1.58236357])
In [14]: print(f)
3.985 x + 1.582
```

生成的多项式对象支持数学运算得到新的多项式：

```
In [15]: print(f ** 2 + 2 * f + 3)
       2
15.88 x + 20.58 x + 8.669
```

再看更高阶的多项式拟合问题。例如，有这样一组正弦函数的数据点：

```
In [16]: x = np.linspace(0, np.pi * 2)
In [17]: y = np.sin(x)
```

分别使用 1 阶、3 阶和 9 阶多项式对这组数据进行拟合：

```
In [18]: f1 = np.poly1d(np.polyfit(x, y, 1))
In [19]: f3 = np.poly1d(np.polyfit(x, y, 3))
In [20]: f9 = np.poly1d(np.polyfit(x, y, 9))
```

拟合曲线如图 8-16 所示：

```
In [21]: t = np.linspace(-3 * np.pi, 3 * np.pi, 200)
In [22]: plt.plot(x, y, "x",t, f1(t), ":",t, f3(t), "--",t, f9(t), "-.",t, np.sin(t))
In [23]: plt.legend(["data",r"$n=1$",r"$n=3$",r"$n=9$",r"$y=\sin(x)$"])
In [24]: plt.axis([-3 * np.pi, 3 * np.pi, -1.5, 1.5])
In [25]: plt.show()
```

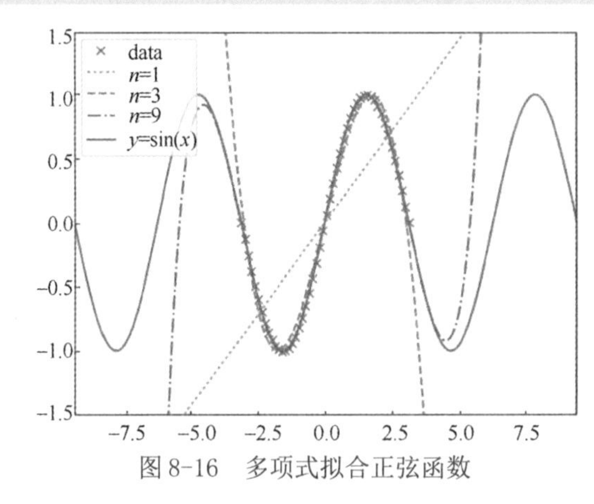

图 8-16　多项式拟合正弦函数

可以看到不同阶数的多项式对于三角函数的拟合能力各不相同。

2. 最小二乘优化进行拟合

除了多项式拟合，还有一些别的优化可以进行拟合。先导入 scipy. optimize 模块：

```
In [26]: from scipy import optimize
```

定义一个关于 x 的函数，该函数有四个额外参数：

```
In [27]: def my_f(x, a, b, w, t):
    ...:     return a * np.exp(-b * np.sin(w * x + t))
    ...:
```

利用该函数，可以生成一组如图 8-17 所示的带噪声数据：

```
In [28]: x = np.linspace(0, 2 * np.pi)
In [29]: actual_parameters = [3, 2, 1.25, np.pi / 4]
In [30]: y = my_f(x, *actual_parameters)
In [31]: y_noise = y + 0.8 * np.random.randn(len(y))
In [32]: plt.plot(x, y, "x")
In [33]: plt.show()
```

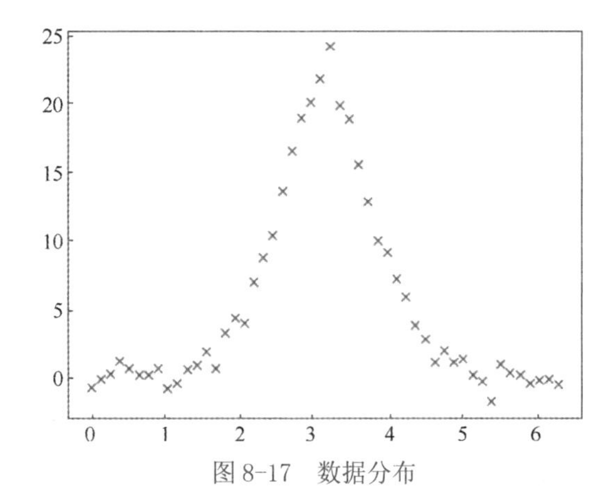

图 8-17　数据分布

最小二乘法（Least Squares）是一种优化技术，它通过最小化误差的平方和来寻找一个与数据匹配的最佳函数，可以用来估计上面例子中生成数据对应的真实参数。使用最小二乘优化，需要先定义误差函数，该误差函数接受三个参数，第一个参数 p 是要估计的真实参数，第二个参数 x 是数据的输入，第三个参数 y 是输入对应的数据值：

```
In [34]: def err_f(p, x, y):
   ...:     return y - my_f(x, *p)
   ...:
```

最小二乘估计对应的函数为 optimize.leastsq()，可以利用该函数和定义的误差函数对真实参数进行最小二乘估计：

```
In [35]: c, rv = optimize.leastsq(err_f, [1,1,1,1], args=(x, y_noise))
```

其中，第一个参数为误差函数 err_f，第二个参数为误差函数中 p 的初始估计，第三个参数为误差函数 err_f 需要的两个额外参数。找到最小二乘解时，rv 返回 1～4 中的某个值，c 返回找到的最小二乘估计：

```
In [36]: rv
Out[36]: 1
In [37]: c
Out[37]: array([ 1.84424467,  2.46719744,  1.07234387,  1.34571301])
```

可以使用最小二乘法得到的参数绘制曲线与原始曲线进行对比，如图 8-18 所示：

```
In [38]: plt.plot(x, y_noise, "x",x, y,
   ...:          x, my_f(x, *c), ":")
In [39]: plt.legend(["data", "actual", "leastsq"])
In [40]: plt.show()
```

可以看出，最小二乘法估计出的参数绘制的曲线与真实曲线十分近似。

3. 曲线拟合

也可以不定义误差函数，用 optimize.curve_fit()函数直接对 my_f()的参数进行拟合：

```
In [41]: p_est, err_est = optimize.curve_fit(my_f, x, y_noise)
```

p_est 是对参数的估计值，该结果与最小二乘估计的结果基本一致：

```
In [42]: p_est
Out[42]: array([ 1.8442458 ,  2.46719684,  1.07234402,  1.34571254])
```

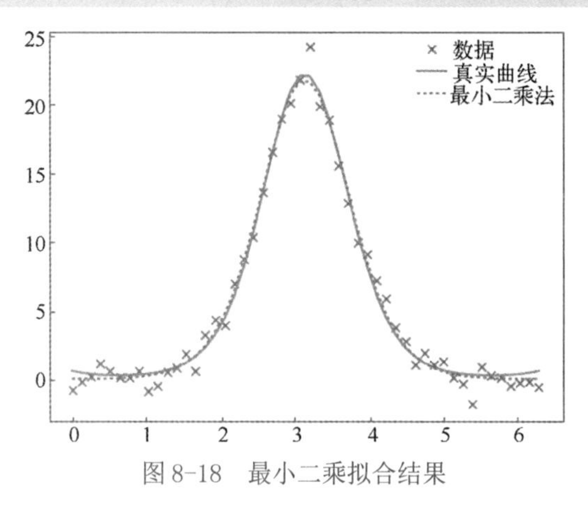

图 8-18　最小二乘拟合结果

err_est 则是 4 个估计参数的协方差矩阵。

8.4.2 最值优化

最值优化包括求函数最大值、最小值的问题。导入基础的模块：

```
In [1]: import numpy as np
In [2]: from matplotlib import pyplot as plt
```

由于求函数最大值的问题可以通过给函数加上负号变成求最小值的问题，所以只需要关注最小值问题的求解即可。函数的最小值可以用 optimize.minimize()函数进行优化求解。例如，已知在地面上做斜抛运动的水平距离公式为

$$d=\frac{2v_0^2}{g}\sin\theta\cos\theta=\frac{v_0^2}{g}\sin2\theta$$

其中，d 是水平飞行的距离，v_0 是初速度大小，g 是重力加速度，θ 是抛出的角度。给定初速度和重力加速度时，可以通过 optimize.minimize()函数找到一个抛出角度使飞行的距离最大。定义水平距离的计算函数：

```
In [3]: def fly_dist(theta, v0):
   ...:     g = 9.8
   ...:     theta_rad = np.pi * theta / 180.
   ...:     return v0 ** 2 / g * np.sin(2*theta_rad)
   ...:
```

其中，theta 是采用度数进行衡量的，取值为 0°～90°，在计算三角函数时，需要将角度变为弧度。取初速度为 1，不同角度对应的水平飞行距离如图 8-19 所示：

```
In [4]: t = np.linspace(0, 90)
In [5]: plt.plot(t, fly_dist(t, 1))
In [6]: plt.xlabel(r"$\theta$")
In [7]: plt.ylabel(r"$d$")
In [8]: plt.show()
```

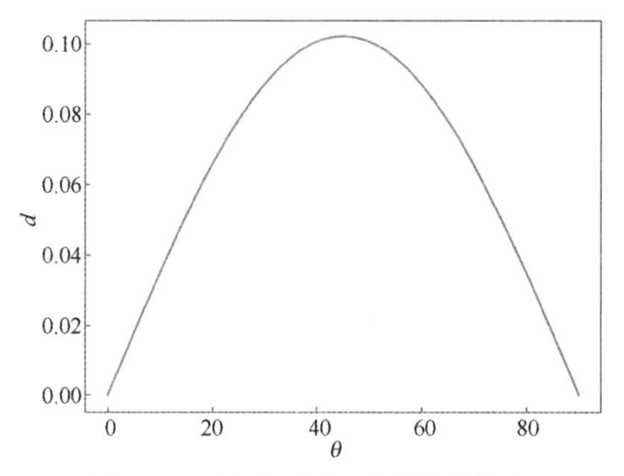

图 8-19　斜抛运动角度与距离的关系

从图 8-19 可以看出，水平距离最大的角度应该是 45°，用 optimize.minimize()函数可以得到这个结果。optimize.minimize()函数可以接受三个参数：第一个参数是待优化的函数，第二个参数是最优参数的初始猜测值，第三个参数则是传入待优化函数的额外参数。为了将求最大值的问题改为求最小值的问题，先定义函数求距离的相反数：

```
In [9]: fly_dist_neg = lambda theta, v0: - fly_dist(theta, v0)
```

设定初始猜测为 10°，并将初速度 v0 通过额外参数传入：

```
In [10]: from scipy import optimize
In [11]: res = optimize.minimize(fly_dist_neg, 10, args=(1,))
```

返回的 res 结果为：

```
In [12]: res
Out[12]:
     fun: -0.10204081530081002
hess_inv: array([[ 8179.24699281]])
jac: array([  5.05708158e-07])
  message: 'Optimization terminated successfully.'
nfev: 33
     nit: 4
njev: 11
   status: 0
  success: True
       x: array([ 45.00406196])
```

success 为 True，优化算法成功找到了一个解。而函数的最小值存储在.fun 属性中，最小值对应的角度可以用.x 属性查看：

```
In [13]: res.x
Out[13]: array([ 45.00406196])
```

Rosenbrock 函数是一个用来测试优化算法效果的非凸函数，对一个 N 维向量 x，其定义为

$$\text{rosen}(x)=\sum_{i=1}^{N}100(x_{i+1}^{2}-x_{i})^{2}+(1-x)^{2}$$

当向量中所有值都取 1 时，函数取最小值 0。optimize 模块中已有 Rosenbrock 函数：

```
In [14]: optimize.rosen([2, 3, 4, 5])
Out[14]: 14714.0
```

对三维 Rosenbrock 函数进行最小化求解：

```
In [15]: res = optimize.minimize(optimize.rosen, [-1, 0.3, 2])
In [16]: res.x
Out[16]: array([ 0.99999731,  0.99999463,  0.99998925])
```

当输入维度大于 3 时，该函数有一个局部极小值点[-1,1,...,1]。如果初始值选得不好，函数 optimize.minimize()的解可能会落在该点：

```
In [17]: res = optimize.minimize(optimize.rosen, [1.3,1.6,-0.5,-1.8,0.8])
In [18]: res.x
Out[18]: array([-0.96205044,  0.93573839,  0.88071185,  0.77787448,  0.60508856])
```

该点对应的函数值为：

```
In [19]: res.fun
Out[19]: 3.9308394341645605
```

数学家们针对这种问题，提出了很多不同的算法来求解最小值，这些方法可以通过 optimize.minimize()函数中的 method 参数来指定，常用的参数有 BFGS、CG 和 Nelder-Mead 算法等，对这些算法，本书不做具体介绍。默认情况下，optimize.minimize()函数使用 BFGS 算法：

```
In [20]: x0 = [1.3, 1.6, -0.5, -1.8, 0.8]
In [21]: res = optimize.minimize(optimize.rosen, x0, method="BFGS")
In [22]: res.x
Out[22]:array([-0.96205044,  0.93573839,  0.88071185,  0.77787448,  0.60508856])
```

换成 CG 方法：

```
In [24]: res = optimize.minimize(optimize.rosen, x0, method="CG")
In [25]: res.x
Out[25]: array([0.99999977, 0.99999955, 0.99999911, 0.99999821, 0.99999642])
```

或是 Nelder-Mead 方法：

```
In [26]: res = optimize.minimize(optimize.rosen, x0,method="Nelder-Mead")
In [27]: res.x
Out[27]: array([0.99999904, 1.00000295, 1.00000582, 1.00001145, 1.00002227])
```

8.4.3 方程求根

optimize.root()函数可以求解方程的根。例如，考虑这样一个方程：

$$x+\cos(x)=0$$

导入相关模块，并定义函数：

```
In [1]: import numpy as np
In [2]: from scipy import optimize
In [3]: func = lambda x: x + np.cos(x)
```

求根函数使用的方法为：

```
optimize.root(func, x0)
```

其中，x0 是算法迭代的初始值。

该函数会找到一个使 func(x)=0 的解：

```
In [4]: sol = optimize.root(func, 0.3)
```

解和对应的函数值可以用.x 属性和.fun 属性查看：

```
In [5]: sol.x
Out[5]: array([-0.73908513])
In [6]: sol.fun
Out[6]: array([ 0.])
```

optimize.root()函数还可以求解方程组：

$$\begin{cases} x_0\cos(x_1) = 4 \\ x_0 x_1 - x_1 = 5 \end{cases}$$

根据方程，定义一个输出为两个值的函数，注意，为了求解方程组，需要先将方程组变成求 $f(x)$=0 的形式：

```
In [7]: func2 = lambda x: [x[0]*np.cos(x[1]) - 4, x[0]*x[1] - x[1] - 5]
```

求根：

```
In [8]: sol = optimize.root(func2, [1, 1])
In [9]: sol.x
Out[9]: array([ 6.50409711,  0.90841421])
```

8.5　线性代数模块：scipy.linalg

scipy.linalg 是 SciPy 中负责线性代数计算的模块。NumPy 也有 numpy.linalg 模块，不过建议使用 scipy.linalg，原因有二：

- scipy.linalg 包含 numpy.linalg 中的所有函数，同时还包含了很多 numpy.linalg 中没有的函数。
- scipy.linalg 默认使用线性代数库 BLAS/LAPACK 等对运算进行加速，而在 numpy.linalg 中，这些加速需要自己配置，不是默认设置的。

具体的比较如下：

```
In [1]: import numpy.linalg
In [2]: import scipy.linalg
In [3]: len(dir(numpy.linalg))
Out[3]: 35
In [4]: len(dir(scipy.linalg))
Out[4]: 141
```

先导入相关的模块：

```
In [5]: import numpy as np
In [6]: from scipy import linalg
```

1. 基本的矩阵操作

在 NumPy 中，矩阵有两种表示方法：矩阵类型和二维数组类型。

（1）矩阵类型下的基本操作

矩阵类型可以用 np.mat()或者 np.matrix()创建：

```
In [7]: A = np.mat("[1, 2; 3, 4]")
In [8]: A
Out[8]:
matrix([[1, 2],
        [3, 4]])
```

对于矩阵类型，它的转置矩阵为：

```
In [9]: A.T
Out[9]:
matrix([[1, 3],
        [2, 4]])
```

通常把形状为 n×n 的矩阵称为方阵（Square Matrix）。对于一个方阵 A，如果方阵 B 满足 AB＝BA＝I，称方阵 B 是 A 的逆矩阵（Inverse Matrix），其中 I 是单位矩阵。单位矩阵（Identity Matrix）是指对角线元素为 1 其余元素为 0 的矩阵。如果逆矩阵存在，对于矩阵类型，它的逆矩阵可以用.I 属性查看：

```
In [10]: A.I
Out[10]:
matrix([[-2. ,  1. ],
        [ 1.5, -0.5]])
```

左乘逆矩阵：

```
In [11]: A.I * A
Out[11]:
matrix([[  1.00000000e+00,   0.00000000e+00],
        [  2.22044605e-16,   1.00000000e+00]])
```

右乘逆矩阵：

```
In [12]: A * A.I
Out[12]:
matrix([[  1.00000000e+00,   0.00000000e+00],
        [  8.88178420e-16,   1.00000000e+00]])
```

（2）二维数组类型下的基本操作

矩阵也可以用二维数组对象表示，数组对象的矩阵操作与矩阵对象有一定的区别。首先创建数组：

```
In [13]: A = np.array([[1, 2],[3, 4]])
In [14]: A
Out[14]:
```

```
array([[1, 2],
       [3, 4]])
```

用.T 属性得到数组的转置：

```
In [15]: A.T
Out[15]:
array([[1, 3],
       [2, 4]])
```

数组没有.I 属性，其逆矩阵可以用 linalg.inv()函数计算：

```
In [16]: linalg.inv(A)
Out[16]:
array([[-2. ,  1. ],
       [ 1.5, -0.5]])
```

数组的矩阵乘法需要使用.dot()方法或者运算符“@”进行计算：

```
In [17]: A.dot(linalg.inv(A))
Out[17]:
array([[1.0000000e+00, 0.0000000e+00],
       [8.8817842e-16, 1.0000000e+00]])
In [18]: A @ linalg.inv(A)
Out[18]:
array([[1.0000000e+00, 0.0000000e+00],
       [8.8817842e-16, 1.0000000e+00]])
In [19]: linalg.inv(A) @ A
Out[19]:
array([[1.00000000e+00, 0.00000000e+00],
       [1.11022302e-16, 1.00000000e+00]])
```

scipy.linalg 也可以作用在矩阵类型上：

```
In [20]: A = np.matrix([[1, 2],[3, 4]])
In [21]: A
Out[21]:
matrix([[1, 2],
 [3, 4]])
In [22]: linalg.inv(A)
Out[22]:
matrix([[-2. ,  1. ],
        [ 1.5, -0.5]])
```

在之后的操作中，为了方便，本书统一使用数组来进行说明。

2．线性方程组的求解

考虑下列方程组：

$$\begin{cases} x+3y+5z=10 \\ 2x+5y-z=8 \\ 2x+3y+8z=3 \end{cases}$$

其矩阵形式为

$$\begin{bmatrix}1 & 3 & 5\\2 & 5 & -1\\2 & 3 & 8\end{bmatrix}\begin{bmatrix}x\\y\\z\end{bmatrix}=\begin{bmatrix}10\\8\\3\end{bmatrix}$$

因此解为

$$\begin{bmatrix}x\\y\\z\end{bmatrix}=\begin{bmatrix}1 & 3 & 5\\2 & 5 & -1\\2 & 3 & 8\end{bmatrix}^{-1}\begin{bmatrix}10\\8\\3\end{bmatrix}$$

这个解可以通过矩阵的逆直接得到：

```
In [23]: A = np.array([[1, 3, 5],
    ...:               [2, 5, -1],
    ...:               [2, 3, 8]])
In [24]: b = np.array([10, 8, 3])
In [25]: linalg.inv(A)@ b
Out[25]: array([-8.83870968,  5.25806452,  0.61290323])
```

也可以直接使用 linalg.solve()函数，直接求解这个方程：

```
In [26]: linalg.solve(A, b)
Out[26]: array([-8.83870968,  5.25806452,  0.61290323])
```

两者在时间效率上存在差异，linalg.solve()函数的效率更高一些。

3．行列式的计算

行列式（Determinant）是一个将方阵映射到标量的函数。linalg.det()函数可以计算矩阵的行列式：

```
In [27]: linalg.det(A)
Out[27]: -31.0
```

数学上，行列式非零表示矩阵是可逆的。逆矩阵的行列式与矩阵的行列式满足相乘等于 1 的关系：

```
In [28]: linalg.det(linalg.inv(A))
Out[28]: -0.032258064516129024
In [29]: linalg.det(linalg.inv(A)) * linalg.det(A)
Out[29]: 1.0
```

4．范数的计算

范数（Norm）是数学上一个类似“长度”的概念。linalg.norm()函数可以计算矩阵的范数：

```
In [30]: A = np.array([[1, 2],[3, 4]])
```

默认情况下，linalg.norm()函数计算的是矩阵的 Frobenius 范数，该范数计算的是矩阵所有元素平方和的平方根：

```
In [31]: linalg.norm(A)
Out[31]: 5.4772255750516612
In [32]: linalg.norm(A, "fro")
Out[32]: 5.4772255750516612
```

可以通过 linalg.norm()函数中的第二个参数来修改矩阵范数的计算方法。例如，矩阵的 1 范数计算的是矩阵中每列元素的和的最大值：

```
In [33]: linalg.norm(A, 1)
Out[33]: 6.0
```

矩阵的-1 范数计算的是矩阵中每列元素的和的最小值：

```
In [34]: linalg.norm(A, -1)
Out[34]: 4.0
```

矩阵的 2 范数计算的是矩阵的最大奇异值：

```
In [35]: linalg.norm(A, 2)
Out[35]: 5.4649857042190426
```

矩阵的-2 范数计算的是矩阵的最小奇异值：

```
In [36]: linalg.norm(A, -2)
Out[36]: 0.36596619062625746
```

矩阵的正无穷范数计算的是矩阵中每行元素的和的最大值：

```
In [37]: linalg.norm(A, np.inf)
Out[37]: 7.0
```

矩阵的负无穷范数计算的是矩阵中每行元素的和的最小值：

```
In [38]: linalg.norm(A, -np.inf)
Out[38]: 3.0
```

linalg.norm()函数也可以用来计算向量的范数（也称模）：

```
In [39]: b = np.array([10, 8, 3])
```

对于向量来说，linalg.norm()函数默认是向量的 2 范数，即计算向量元素的平方和的平方根：

```
In [40]: linalg.norm(b)
Out[40]: 13.152946437965905
```

也可以通过指定参数来修改向量范数的计算方式。例如，向量的 1 范数计算的是向量所有元素的和：

```
In [41]: linalg.norm(b, 1)
Out[41]: 21.0
```

向量的 2 范数计算的是向量所有元素平方和的平方根：

```
In [42]: linalg.norm(b, 2)
Out[42]: 13.152946437965905
```

向量的 0 范数计算的是向量所有元素中非零值个数：

```
In [43]: linalg.norm(b, 0)
Out[43]: 3.0
```

向量的无穷范数计算的是向量所有元素的最大值：

```
In [44]: linalg.norm(b, np.inf)
Out[44]: 10.0
```

5．矩阵的广义逆

对于形状为 m×n 的矩阵 A，可以用 linalg.pinv()求解其广义逆。A 的广义逆 B 满足 A=ABA 和 B=ABA：

```
In [45]: A = np.array([[1, 2, 3],
    ...:                [4, 5, 6]])
In [46]: B = linalg.pinv(A)
```

使用 np.allclose()函数来验证广义逆定义满足的两个条件，即 A=ABA 和 B=ABA：

```
In [47]: np.allclose(A, A @ B @ A)
Out[47]: True
In [48]: np.allclose(B, B @ A @ B)
Out[48]: True
```

使用 np.allclose()函数的原因是广义逆 B 通常是一个浮点数组，而浮点数组之间的计算可能存在一定细微的误差，因此不能使用等于来判断。

6．特征值分解

对于方阵 A，特征值λ和特征向量 v 满足 Av＝λv。Linalg.eig()函数可以用来求解特征值和特征向量：

```
In [49]: A = np.array([[1, 2, 3],
    ...:                [4, 5, 6],
    ...:                [7, 8, 9]])
In [50]: l, v = linalg.eig(A)
In [51]: np.allclose(A.dot(v), l * v)
Out[51]: True
```

7．奇异值分解

$M\times N$矩阵 A 的奇异值分解为

$$A=U\Sigma V^{\mathrm{H}}$$

矩阵 Σ 的形状为 $M\times N$，主对角线上的元素被称为奇异值。U、V 分别为 M 阶、N 阶正交单位矩阵。函数 linalg.svd()可以对矩阵进行奇异值分解：

```
U,s,Vh = linalg.svd(A)
```

该函数分别返回 U矩阵，奇异值 s 和 V^{H}矩阵：

```
In [52]: A = np.array([[1, 2, 3],
    ...:                [4, 5, 6]])
In [53]: U, s, Vh = linalg.svd(A)
```

从奇异值恢复矩阵 Σ：

```
In [54]: S = linalg.diagsvd(s, 2, 3)
In [55]: np.allclose(A, U @ S @ Vh)
Out[55]: True
```

8.6　实例：基于 SciPy 的主成分分析

通过 SciPy 模块，可以实现一种常用的数据分析技术——主成分分析。主成分分析（Principal Component Analysis，PCA）是一种常用的数据分析简化方法，通常用于降低数据的维度。

本节将主成分分析定义为一个函数，该函数接受一个数组 X 和维度 k 为输入，返回对数组 X 进行主成分分析后的新数组 Y。按照主成分分析的算法，函数的具体计算流程如下：

- 第一步，计算数组 X 每个维度的均值和标准差。
- 第二步，将数组 X 零均值化和方差归一化得到 $\bar{X}$。
- 第三步，计算处理后数据的协方差矩阵 Σ。
- 第四步，对协方差矩阵 Σ 进行特征值分解。
- 第五步，取前 k 大的特征值对应的特征向量为主成分矩阵 U_k。
- 第六步，计算 $\bar{X}U_k$，该乘积为主成分分析得到的结果。

根据需要，首先导入相关模块：

```
import numpy as np
from scipy import linalg
```

定义函数 pca：

```
def pca(X, k):
    ...
```

其中，输入参数 X 的形状为(N, d)，表示 N 个 d 维数据点；k 是一个整数，表示输出的维度；函数返回值的形状为(N, k)。按照流程，第一步，使用数组的方法.mean()与.std()计算 X 各个维度的均值和标准差，返回的均值 m 和方差 s 都是大小为 d 的一维数组：

```
m, s = X.mean(axis=0), X.std(axis=0)
```

第二步，利用均值和方差对数据进行零均值和归一化：

```
X_bar = (X - m) / (s + np.spacing(0))
```

其中，np.spacing()函数用来防止方差 s 出现除数为 0 的情况。Np.spacing(x)函数返回的是 x 与离 x 最近的浮点数的绝对值，np.spacing(0)的值大约为 4.94e-324。

第三步，计算新数据的协方差矩阵，零均值的情况下，协方差矩阵的计算为：

```
S = X_bar.T.dot(X_bar) / X.shape[0]
```

第四步，用 scipy.linalg 中的 linalg.eig()函数对协方差矩阵进行特征值分解：

```
_, U = linalg.eig(S)
```

U 是由特征向量组成的矩阵，每一列对应一个特征值。

第五步，取 U 中对应的前 k 个特征向量组成主成分矩阵 Uk：

```
Uk = U[:, :k]
```

第六步，Uk 的形状为(d, k)，通过主成分矩阵计算最后的主成分分析结果：

```
Y= X_bar.dot(Uk)
```

综上所述，完整的主成分函数定义如下：

```
import numpy as np
from scipy import linalg
def pca(X, k):
    m, s = X.mean(axis=0), X.std(axis=0)
    X_bar = (X - m) / (s + np.spacing(0))
    S = X_bar.T.dot(X_bar)
    _, U = linalg.eig(S)
    Uk = U[:, :k]
    Y= X_bar.dot(Uk)
    return Y
```

主成分分析主要用于数据降维，其好处一是压缩数据的大小，二是减少数据中的冗余特征。例如，以图像为例，一张 1200×800 像素的图像包含了 960000 个特征，直接对 960000 个特征进行处理，计算量会很大。而对于自然图像来说，相邻两个像素的值通常是高度相关的，因此，图像数据的特征中存在一定的冗余。这种冗余可以利用主成分分析，将原来的图像数据压缩成一个维度要低得多的近似向量，在减少后续处理图像的计算量的前提下，尽可能地保留原来图像中包含的信息。

本节使用一组真实图像数据来验证刚刚定义的主成分分析函数，这组数据来自一个第三方 Python 模块 Scikit-Learn。Scikit-Learn 是一个包含很多机器学习算法的第三方 Python 模块，可以通过 pip 或 conda 安装：

```
$ pip/conda install scikit-learn
```

安装完成后，从 Scikit-Learn 模块导入一组真实图像数据：手写数字数据集 digits。该数据集包含 1791 个 0～9 的黑白手写数字图片，每张图片的像素大小为 8×8。前 100 张手写数字的图片如图 8-20 所示。由于每张图片的大小只有 8×8 共 64 个像素点，所以这些数字都不是特别清晰。

图 8-20　digits 数据集的前 100 张手写数字图片

该数据集可以通过以下方式导入，注意，Scikit-Learn 模块在 Python 中 import 时用的名称是 sklearn：

```
from sklearn.datasets import load_digits
digits = load_digits()
```

```
x, y = digits.data, digits.target
```

其中，数组 x 表示手写数字的每个像素点的值，形状为 1791×64，而 y 则是这 1791 张图片代表的数字值。利用主成分分析函数，可以对这组 64 维的图像数据进行降维，并减少数据中存在的特征冗余。对 pca()函数来说，输入 x 是一个形状为 1791×64 的数组，k 是降维后数据的大小，通常来说，k 越大，得到的新数组包含原来图像的信息就越多，当 k 等于数据维度的大小时（这里是 64），新数组相当于是原数组的另一种表示，包含的信息与原数组之间不存在误差。

为了说明主成分分析能够将数据降到很低的维度，选择 k=2，将这组数字从 64 维降到 2 维，因此，函数的输出是一个形状为 1791×2 的新数组：

```
x2 = pca(x, 2)
```

可以将新生成的新数组 x2，看成是这些数字图片在二维空间的一种表示，每张图片对应于二维空间的一个点。利用 Matplotlib 模块，可以在二维空间画出这些数字图片对应的点，得到如图 8-21 所示的结果：

```
from matplotlib import pyplot as plt
markers = ['.', '*', 's', 'd', 'x']
for I in range(5):
    plt.scatter(x2[y==I, 0], x2[y==I, 1], marker=markers[I])
plt.legend(range(5))
plt.axis('off')
plt.show()
```

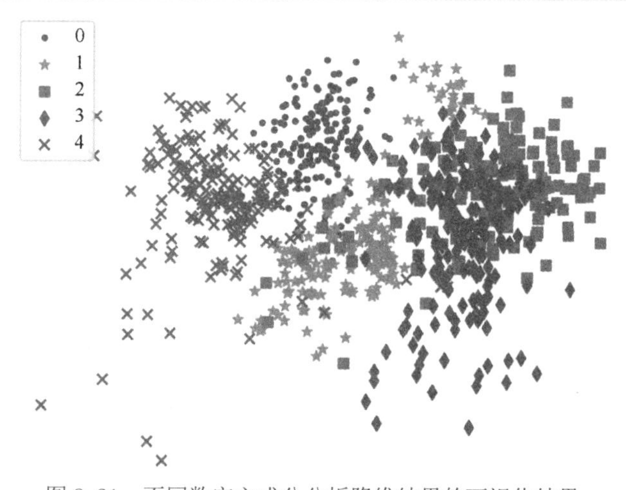

图 8-21　不同数字主成分分析降维结果的可视化结果

从图 8-21 可以看出，相同数字对应的二维数据点很明显地聚集在一起，这说明主成分分析降到 2 维后，仍然保留了与原数字图片相关的信息。完整的代码为：

```
import numpy as np
from scipy import linalg
from sklearn.datasets import load_digits
from matplotlib import pyplot as plt
```

```
def pca(X, k):
    m, s = X.mean(axis=0), X.std(axis=0)
    X_bar = (X - m) / (s + np.spacing(0))
    S = X_bar.T.dot(X_bar)
    _, U = linalg.eig(S)
    Uk = U[:, :k]
    Y = X_bar.dot(Uk)
    return Y
# 导入数据集
digits = load_digits()
x, y = digits.data, digits.target
# 进行pca
x2 = pca(x, 2)
# 绘图
markers = ['.', '*', 's', 'd', 'x']
for I in range(5):
    # 利用y的label晒出对应的点
    plt.scatter(x2[y==I, 0], x2[y==I, 1], marker=markers[I])

plt.legend(range(5))
plt.axis('off')
plt.show()
```

以上案例主要是为了说明如何使用 SciPy 模块定义一个主成分分析函数。一些第三方模块（如 Scikit-Learn 等）已经包含了现成的主成分函数，可以直接调用。同时，对于主成分分析算法的原理和具体使用，本书不做详细介绍，感兴趣的读者可以自行查阅相关资料。

8.7 本章学习笔记

本章完成了 SciPy 模块的介绍。SciPy 模块在 NumPy 模块的基础上，包含了很多进阶的科学计算操作，需要有一定的高等数学基础才能灵活使用。

学完本章，读者应该做到：

- 了解 SciPy 的基本用法。
- 知道 SciPy 各个模块的功能和使用方法。

1. 本章新术语

本章涉及的新术语见表 8-1。

表 8-1 本章涉及的新术语

术 语	英 文	释 义
插值	Interpolation	一种通过已知离散数据求未知数据的方法
线性插值	Linear Interpolation	一种基于线性函数的插值方法
概率分布	Probability Distribution	随机变量满足的某种概率性质
概率密度函数	Probability Density Function(PDF)	描述连续概率分布在某个点处取值可能性大小的函数
累积分布函数	Cumulative Distribution Function(CDF)	概率密度函数的积分

（续）

术　语	英　文	释　义
概率质量函数	Probability Mass Function(PMF)	描述离散概率分布在各个点上取值可能性的函数
多项式拟合	Polynomial Curve-Fitting	使用多项式对曲线进行拟合
最小二乘法	Least Squares	一种通过最小化误差的平方和寻找数据的最佳函数匹配的方法
方阵	Square Matrix	形状为 n×n 的矩阵
逆矩阵	Inverse Matrix	对方阵 A 来说，满足 AB=BA=I 的方阵 B 称为 A 的逆矩阵
单位矩阵	Identity Matrix	对角元素全为 1，其他元素为 0 的方阵
行列式	Determinant	将一个方阵映射到标量的函数
范数	Norm	数学中一个类似“长度”的概念，可以作用在矩阵或向量上
主成分分析	Principal Component Analysis(PCA)	一种提取主成分进行数据降维的算法

2. 本章新函数

本章涉及的新函数见表 8-2。

表 8-2　本章涉及的新函数

函　数	用　途
scipy.interpolate.interp1d()	一维插值函数
scipy.stats.mode()	计算数据的众数
scipy.stats.skew()	计算数据的偏度
scipy.stats.kurtosis()	计算数据的峰度
numpy.polyfit()	求多项式拟合系数
numpy.ploy1d()	生成多项式函数
scipy.optimize.leastsq()	函数的最小二乘估计
scipy.optimize.curve_fit()	函数的曲线拟合
scipy.optimize.minimize()	求函数最小值
scipy.optimize.rosen()	Rosenbrock 函数
scipy.optimize.root()	方程求根
numpy.matrix()	构造一个矩阵对象
scipy.linalg.inv()	矩阵求逆
scipy.linalg.solve()	线性方程组求解
scipy.linalg.det()	求矩阵的行列式值
scipy.linalg.norm()	求矩阵或向量的范数
scipy.linalg.pinv()	求矩阵的广义逆
scipy.linalg.eig()	矩阵的特征值分解
scipy.linalg.svd()	矩阵的奇异值分解

3. 本章 Python 2 与 Python 3 的区别

本章不涉及 Python 2 与 Python 3 的区别。

第 9 章 Python 数据分析基础：Pandas 模块

Pandas 是一个 Python 数据分析的基础模块，基于 NumPy 和 Matplotlib 构建，它提供了一些处理数据（特别是表格数据）的基本接口。本章将介绍 Pandas 模块的一些基础使用。

本章要点：

- Series 类型的使用。
- DataFrame 类型的使用。

9.1 Pandas 模块简介

Pandas 基于 NumPy 和 Matplotlib 构建，提供了一些快速强大而又简单易用的数据结构来处理表格、数据库、时间序列、矩阵等形式的数据，是一个强大的数据分析基础模块。Pandas 在数据分析（特别是金融数据分析）上应用广泛。

Pandas 提供了一些基本的数据分析功能，包括：

- 支持缺失值的处理。
- 支持数据的插入和删除。
- 支持与其他常用数据类型的转换。
- 支持对数据的索引和筛选。
- 支持 CSV、Excel、网页、数据库类型文件的读写。

Anaconda 中已经集成了 Pandas 模块。可以在命令行使用 pip 命令更新模块：

```
$ pip install pandas -U
```

常用的导入模式如下：

```
In [1]: import pandas as pd
```

为了方便，本书使用 pd 作为 Pandas 模块的简写。本书使用的 Pandas 版本如下：

```
In [2]: pd.__version
Out[2]: 1.4.1
```

9.2 一维数据结构：Series 对象

Pandas 模块中有两种主要的数据结构：一维数据结构 Series 和二维数据结构 DataFrame，这两种数据结构能够处理各种常见类型的数据。其中，又以二维数据结构 DataFrame 最为常用。在 Pandas 中，一维数据结构 Series 可以存储任意类型的数据，包括整数、浮点数、字符串、Python 对象等。

9.2.1　Series 对象的生成

通常，Pandas 模块与 NumPy 模块需要配合使用。导入相关模块：

```
In [1]: import numpy as np
In [2]: import pandas as pd
```

Series 对象的构造方法为：

```
pd.Series(data=None, index=None, dtype=None)
```

其中，各参数的含义如下：

- data 参数可以是列表、元组或者一维数组，也可以是字典，还可以是标量值。
- index 参数是一个与 data 大小相同的数组或索引，表示 Series 对象的标记。
- 与 NumPy 数组一样，Series 对象中的数据必须是同一类型的，不指定 dtype 参数时，Pandas 会根据 data 中的数据进行推断。

根据 data 参数的不同，Series 对象有不同的生成方式。

1. 使用数组生成

Series 对象可以通过类似一维数组的结构生成：

```
In [3]: a=pd.Series([1, 2, 3, 4])
In [4]: a
Out[4]:
0    1
1    2
2    3
3    4
dtype: int64
```

左栏是该 Series 对象的标记，即 index 参数需要指定的内容；右边是对应的数据。在不指定 index 参数的情况下，标记默认是 RangeIndex(n)，其中 n 是 data 的长度。标记可以用.index 属性查看：

```
In [5]: a.index
Out[5]: RangeIndex(start=0, stop=4, step=1)
```

可以用标记来索引对应位置的值：

```
In [6]: a[0]
Out[6]: 1
```

Series 对象的标记类似于字典，因此与数组不同的是 Series 不支持负数索引。类似于字典意味着标记可以不是整数。例如，生成一个通过 index 参数指定标记的 Series 对象：

```
In [7]: a = pd.Series([1, 2, 3, 4], index=["a", "b", "c", "d"])
In [8]: a
Out[8]:
a    1
b    2
c    3
```

```
d    4
dtype: int64
```

用标记进行索引：

```
In [9]: a["b"]
Out[9]: 2
```

查看标记：

```
In [10]: a.index
Out[10]: Index(['a', 'b', 'c', 'd'], dtype='object')
```

2. 使用字典生成

Series 对象类似于字典，所以也可以通过字典生成，在不给定 index 参数的情况下，标记默认为字典的键，并按照字典中键的顺序进行排列：

```
In [11]: d = {"c": 3, "b": 2, "a": 1}
In [12]: pd.Series(d)
Out[12]:
c3
b    2
a1
dtype: int64
```

Series 对象的类型由字典对应的值确定，即整数。如果指定了 index 参数，Pandas 会按照参数指定的顺序从字典中依次读取相应的值，并让不存在的键对应 np.nan：

```
In [13]: a = pd.Series(d, index=['c', 'd', 'b','e'])
In [14]: a
Out[14]:
c    3.0
d    NaN
b    2.0
e    NaN
dtype: float64
In [15]: a["c"]
Out[15]: 3.0
In [16]: a["d"]
Out[16]: nan
```

值得注意的是，由于 np.nan 是浮点数，所以该 Series 对象的类型为浮点数：

```
In [17]: type(a["d"])
Out[17]: numpy.float64
```

3. 使用标量生成

Series 对象还可以通过标量生成，通过指定 index 参数，产生一个指定大小且值全为该标量的 Series 对象：

```
In [18]: pd.Series(5, index=range(3))
Out[18]:
```

```
0    5
1    5
2    5
dtype: int64
In [19]: pd.Series(5, index=["a", "b", "c", "d"])
Out[19]:
a    5
b    5
c    5
d    5
dtype: int64
```

9.2.2 Series 对象的使用

Series 对象可以从数组或者字典中构造，可以像数组或字典一样使用。导入相关模块：

```
In [1]: import numpy as np
In [2]: import pandas as pd
```

1. 像数组一样使用

Series 对象可以从数组中生成，也支持一些数组的操作。例如，对于一个非数字标记的 Series 对象：

```
In [3]: s = pd.Series(np.random.randn(5),index=['a', 'b', 'c', 'd', 'e'])
In [4]: s
Out[4]:
a   -0.219996
b    0.622392
c    0.085267
d    2.360910
e   -0.835780
dtype: float64
```

虽然标记不是数字，仍然可以像数组一样按照位置顺序对它进行索引：

```
In [5]: s[0]
Out[5]: -0.21999646097971792
```

或者进行切片得到一个 Series 对象：

```
In [6]: s[:3]
Out[6]:
a   -0.219996
b    0.622392
c    0.085267
dtype: float64
```

也可以使用布尔值进行索引：

```
In [7]: s[s >s.median()]
Out[7]:
b    0.622392
d    2.360910
```

```
dtype: float64
```

Series 对象还支持与 NumPy 数组类似的高级索引，同时索引多个元素：

```
In [8]: s[[4, 3, 1]]
Out[8]:
e   -0.835780
d    2.360910
b    0.622392
dtype: float64
```

一些 NumPy 函数可以直接作用在 Series 对象上，返回的结果还是 Series 对象：

```
In [9]: np.exp(s)
Out[9]:
a     0.802522
b     1.863380
c     1.089007
d    10.600591
e     0.433536
dtype: float64
```

2．像字典一样使用

Series 对象也可以像字典一样使用，标记就相当于字典的键，可以进行值的查询：

```
In [10]: s['a']
Out[10]: -0.21999646097971792
```

值的修改：

```
In [11]: s['e'] = 12
In [12]: s
Out[12]:
a    -0.219996
b     0.622392
c     0.085267
d     2.360910
e    12.000000
dtype: float64
```

可以用关键字 in 查看 Series 中是否存在某个标记：

```
In [13]: 'e' in s
Out[13]: True
In [14]: 0 in s
Out[14]: False
```

这里，虽然可以以 0 对 Series 对象进行索引，但 0 不在标记中。对于不存在的标记，直接索引会像字典一样抛出异常。不过，Series 对象也支持用.get()方法索引不存在的标记：

```
In [15]: s.get('f')
In [16]: s.get('f', np.nan)
Out[16]: nan
```

3． 数学运算和标记对齐

与数组类似，Series 对象还支持一些基础的数学运算。例如，两个 Series 相加：

```
In [17]: s + s
Out[17]:
a    -0.439993
b     1.244784
c     0.170533
d     4.721820
e    24.000000
dtype: float64
```

Series 数乘：

```
In [18]: s * 2
Out[18]:
a    -0.439993
b     1.244784
c     0.170533
d     4.721820
e    24.000000
dtype: float64
```

也支持一些 NumPy 函数操作：

```
In [19]: np.exp(s)
Out[19]:
a     0.802522
b     1.863380
c     1.089007
d    10.600591
e     0.433536
dtype: float64
```

不过数组与 Series 对象有一个本质上的区别。数组只有顺序没有标记，而 Series 对象是有标记的，两个 Series 对象相加时，会根据标记的值进行对齐操作。例如，s[1:]的标记为 b～e，而 s[:-1]的标记为 a～d，它们相加时，会先对两个 Series 中各自独有的部分补上 np.nan，然后再相加，从而得到：

```
In [20]: s[1:] + s[:-1]
Out[20]:
a         NaN
b    1.244784
c    0.170533
d    4.721820
e         NaN
dtype: float64
```

可以看到，由于 np.nan 与其他数相加仍为 np.nan，所以结果中标记为 a 和 e 的两组值变成了 np.nan。

9.3 二维数据结构：DataFrame 对象

DataFrame 对象是一种二维带标记数据结构，不同列的数据类型可以不同。为了方便理解，可以将 DataFrame 对象看成一张 Excel 电子表格，或者是一个由多列 Series 对象构成的字典。

9.3.1 DataFrame 对象的生成

与 Series 类似，DataFrame 对象也可以由多种类型的数据生成：

- 由 Series 对象为值构成的字典。
- 由一维数组或列表构成的字典。
- 由字典构成的列表或数组。

导入相关模块：

```
In [1]: import numpy as np
In [2]: import pandas as pd
```

1. 使用 Series 对象构成的字典生成

DataFrame 对象可以从一组以 Series 对象为值构成的字典中生成。字典中的值除了 Series 对象，也可以是另一个字典，因为字典被转换为 Series 对象。假设有一个包含两个 Series 对象的字典 d：

```
In [3]: s1 = pd.Series([1, 2, 3], index=['a', 'b', 'c'])
In [4]: s2 = pd.Series([1., 2., 3., 4.], index=['a', 'b', 'c', 'd'])
In [5]: d = {"one": s1, "two": s2}
```

可以用字典 d 构造一个 DataFrame 对象：

```
In [6]: df = pd.DataFrame(d)
In [7]: df
Out[7]:
   one     two
a  1.0     1.0
b  2.0     2.0
c  3.0     3.0
d  NaN     4.0
```

与 Series 相比，DataFrame 对象要区分不同的行和列，因此有行标记和列标记之分。默认情况下，df 的列标记是传入字典的键，可以用属性.columns 查看：

```
In [8]: df.columns
Out[8]: Index(['one', 'two'], dtype='object')
```

行标记是两个 Series 对象标记的并集，Pandas 会自动将两个 Series 对象的标记对齐：

```
In [9]: df.index
Out[9]: Index(['a', 'b', 'c', 'd'], dtype='object')
```

在生成 DataFrame 时，也可以指定 index 和 columns 参数。指定参数时，Pandas 会按照给定的顺序从传入的数据中寻找对应的值，如果该值不存在，则使用默认值 np.nan。例如，指定 index：

```
In [10]: pd.DataFrame(d, index=["d", "b", "a"])
```

```
Out[10]:
   one      two
d  NaN      4.0
b  2.0      2.0
a  1.0      1.0
```

同时指定 index 和 columns 参数：

```
In [11]: pd.DataFrame(d, index=['d', 'b', 'a'], columns=['two', 'three'])
Out[11]:
   two  three
d  4.0   NaN
b  2.0   NaN
a  1.0   NaN
```

2. 使用一维数组构成的字典生成

DataFrame 对象还可以使用由一维数组或列表构成的字典生成，这些数组和列表必须是等长的。以列表构成的字典为例，在不给定 index 参数的情况下，index 默认为 RangeIndex(n)，n 为数组或列表的长度：

```
In [12]: d = {'one' : [1., 2., 3., 4.],
   ...:        'two' : [4., 3., 2., 1.]}
In [13]: pd.DataFrame(d)
Out[13]:
   one  two
0  1.0  4.0
1  2.0  3.0
2  3.0  2.0
3  4.0  1.0
```

传入 index 参数时，该参数的长度也必须与列表长度一致：

```
In [14]: pd.DataFrame(d, index=['a', 'b', 'c', 'd'])
Out[14]:
   one  two
a  1.0  4.0
b  2.0  3.0
c  3.0  2.0
d  4.0  1.0
```

3. 使用字典数组生成

DataFrame 对象还可以使用字典构成的数组或列表进行构建：

```
In [15]: data= [{'a': 1, 'b': 2}, {'a': 5, 'b': 10, 'c': 20}]
In [16]: pd.DataFrame(data)
Out[16]:
  a  b         c
0 1  2       NaN
1 5  10      20.0
```

与 Series 不同的是，字典的键对应的是列标记，行标记由数组或列表的大小决定。

9.3.2 DataFrame 对象的使用

DataFrame 对象不是二维 NumPy 数组，在使用方法上存在很大差异。导入相关模块：

```
In [1]: import numpy as np
In [2]: import pandas as pd
```

先构造一个 DataFrame 对象供后续示例使用：

```
In [3]: s1 = pd.Series([1, 2, 3], index=['a', 'b', 'c'])
In [4]: s2 = pd.Series([1., 2., 3., 4.], index=['a', 'b', 'c', 'd'])
In [5]: d = {"one": s1, "two": s2}
In [6]: df = pd.DataFrame(d)
```

1． 列相关的操作

DataFrame 对象可以看成是一个由 Series 对象构成的字典，.columns 属性对应字典的键，每一列对应字典的值。与字典类似，可以使用列标记去选择列，得到 Series 对象：

```
In [7]: df['one']
Out[7]:
a    1.0
b    2.0
c    3.0
d    NaN
Name: one, dtype: float64
```

可以像字典一样增加新列：

```
In [8]: df["three"] = df["one"] * df["two"]
In [9]: df["flag"] = df["one"] > 2
In [10]: df
Out[10]:
   one       two  three   flag
a  1.0       1.0  1.0    False
b  2.0       2.0  4.0    False
c  3.0       3.0  9.0     True
d  NaN       4.0  NaN    False
```

增加新列时，如果新列的值是单一值，Pandas 会按照行标记自动进行扩展：

```
In [11]: df["four"] = 4
```

DataFrame 对象支持用 del 关键字或者.pop()方法删除列：

```
In [12]: del df["two"]
In [13]: three = df.pop("three")
In [14]: df
Out[14]:
   one        flag     four
a  1.0       False        4
b  2.0       False        4
c  3.0        True        4
```

```
d  NaN      False       4
```

增加一个行标记不完全相同的新列时，Pandas 只会保留该列中与原有行标记相同的部分，以保证原 DataFrame 对象的行标记不变化：

```
In [15]: df["foo"] = pd.Series([1,2,3], index=["a", "d", "e"])
In [16]: df
Out[16]:
    one   flag     four  foo
a   1.0   False      4   1.0
b   2.0   False      4   NaN
c   3.0    True      4   NaN
d  NaN    False      4   2.0
```

默认情况下，新列的插入位置都在 DataFrame 对象的最后。可以使用.insert()方法将其插到指定的位置：

```
In [17]: df.insert(1, "bar", df["one"])
In [18]: df
Out[18]:
   one        bar   flag  four  foo
a  1.0        1.0  False    4   1.0
b  2.0        2.0  False    4   NaN
c  3.0        3.0   True    4   NaN
d  NaN        NaN  False    4   2.0
```

2. 行相关的操作

DataFrame 对象有两种常用的索引行的方式。可以用.loc 属性索引行标记，返回一个 Series 对象：

```
In [19]: df.loc["b"]
Out[19]:
one          2
bar          2
flag     False
four         4
foo        NaN
Name: b, dtype: object
```

也可以用.iloc 属性索引位置，得到第二行数据：

```
In [20]: df.iloc[1]
Out[20]:
one          2
bar          2
flag     False
four         4
foo        NaN
Name: b, dtype: object
```

3. 加法与减法操作

DataFrame 对象支持加法和减法的操作，并且按照行列标记对齐的原则进行计算。在计算时，

Pandas 会在标记对应的行列上进行加减，对于没有对应的行列，加减操作会返回缺失值 np.nan。两个操作对象的形状可以不同：

```
In [21]: df1 = pd.DataFrame(np.random.randn(10, 4),columns=['A', 'B', 'C', 'D'])
In [22]: df2 = pd.DataFrame(np.random.randn(7, 3),columns=['A', 'B', 'C'])
```

相加时，Pandas 会将两个 DataFrame 中标记相同的对应位置相加，没有对应的位置都变成 np.nan：

```
In [23]: df1 + df2
Out[23]:
          A          B          C     D
0 -1.961389  -0.725250  -0.290819   NaN
1 -2.050127  -0.401767   1.611997   NaN
2 -1.936786   0.984660  -0.511480   NaN
3  2.172590  -1.329980   0.553104   NaN
4  0.839059   0.491627   1.099041   NaN
5 -0.739896  -1.850421   1.492740   NaN
6 -0.599039   1.037352  -0.271114   NaN
7     NaN       NaN        NaN      NaN
8     NaN       NaN        NaN      NaN
9     NaN       NaN        NaN      NaN
```

DataFrame 对象还可以与 Series 对象进行加减操作。与 NumPy 中的广播机制类似，Pandas 会先将 Series 对象的标记与 DataFrame 对象的列标记中对应的部分拿出来，然后使用广播机制将 Series 对象沿着行标记进行扩展。例如，将 df1 的所有行都减去 df1 的第一行 df1.iloc[0]：

```
In [24]: df1 - df1.iloc[0]
Out[24]:
          A         B         C         D
0  0.000000  0.000000  0.000000  0.000000
1 -1.719411  1.887065 -0.709553  0.869488
2 -1.112091  0.413028 -0.975248  1.226621
3  0.617528  0.674221  0.569413  0.991398
4  0.610313  1.322462  0.217230 -1.097110
5 -0.088890  0.477247 -1.475737  1.276289
6 -0.194212  2.497651 -1.376896 -0.799492
7  0.565461  2.559541  0.105337  0.319968
8 -0.364828  1.063343 -1.606581 -1.118841
9 -1.080030  2.899935  0.385420 -1.232824
```

9.4 Pandas 对象的索引

可以对 Pandas 中的数据对象进行索引，得到数据的一部分。DataFrame 和 Series 对象支持很多种索引方式。

9.4.1 基于中括号的索引和切片

Pandas 数据对象可以使用一对中括号“[]”进行索引操作。导入相关模块：

```
In [1]: import numpy as np
In [2]: import pandas as pd
```

1. 基于中括号的列索引

对于 Series 对象来说，中括号索引标记返回一个标量；对于 DataFrame 对象来说，中括号索引列标记，返回该列对应的一个 Series 对象。

在 Pandas 中，除了数字和字符串，时间序列也可以用来当作标记。日期时间序列可以用函数 pd.date_range()创建：

```
In [3]: dates = pd.date_range('1/1/2000', periods=8)
In [4]: dates
Out[4]:
DatetimeIndex(['2000-01-01', '2000-01-02', '2000-01-03', '2000-01-04',
               '2000-01-05', '2000-01-06', '2000-01-07', '2000-01-08'],
dtype='datetime64[ns]', freq='D')
```

通过指定 index 参数，可以构建一个基于时间序列的 DataFrame 对象：

```
In [5]: df = pd.DataFrame(np.random.randn(8, 4),
   ...:                  index=dates,
   ...:                  columns=['A', 'B', 'C', 'D'])
```

该对象的行标记为时间序列：

```
In [6]: df
Out[6]:
                   A         B         C         D
2000-01-01  1.638915 -1.008321  2.166036 -0.894784
2000-01-02  0.769116 -0.633720 -1.211412 -0.379055
2000-01-03 -1.241000  1.295561 -0.606592 -1.475568
2000-01-04 -0.149669 -0.304757  1.452458  0.946528
2000-01-05  1.054084 -1.287545 -0.285013  1.033930
2000-01-06 -2.280756 -0.524595 -0.094091  1.016710
2000-01-07 -1.649119 -0.953144 -1.037252  0.490890
2000-01-08  0.301363 -0.031038 -0.039464  0.062945
```

.head()方法可以查看前几行的数据，.tail()方法可以查看后几行的数据。不指定查看的行数时，默认显示 5 行，查看前 5 行数据：

```
In [7]: df.head()
Out[7]:
                   A         B         C         D
2000-01-01  1.638915 -1.008321  2.166036 -0.894784
2000-01-02  0.769116 -0.633720 -1.211412 -0.379055
2000-01-03 -1.241000  1.295561 -0.606592 -1.475568
2000-01-04 -0.149669 -0.304757  1.452458  0.946528
2000-01-05  1.054084 -1.287545 -0.285013  1.033930
```

查看最后 2 行数据：

```
In [8]: df.tail(2)
Out[8]:
```

```
                    A          B          C          D
2000-01-07  -1.649119  -0.953144  -1.037252   0.490890
2000-01-08   0.301363  -0.031038  -0.039464   0.062945
```

用中括号对列 A 进行索引，可以得到该列对应的 Series 对象：

```
In [9]: s = df['A']
```

该 Series 对象的标记为原来 DataFrame 对象的行标记，可以使用时间序列对该 Series 对象进行索引：

```
In [10]: s[dates[5]]
Out[10]: -2.2807562881162666
```

中括号索引还支持用列标记列表操作，得到一个 DataFrame 对象：

```
In [11]: df[['A', 'B']]
Out[11]:
                    A          B
2000-01-01   1.638915  -1.008321
2000-01-02   0.769116  -0.633720
2000-01-03  -1.241000   1.295561
2000-01-04  -0.149669  -0.304757
2000-01-05   1.054084  -1.287545
2000-01-06  -2.280756  -0.524595
2000-01-07  -1.649119  -0.953144
2000-01-08   0.301363  -0.031038
```

2. 基于名称属性的列索引

当列标记的名称是一个合法的 Python 对象名时，在不与 DataFrame 对象自带的方法和属性名冲突的情况下，Pandas 会自动将该名称转化为一个属性。可以使用该名称对应的属性来对列进行索引，如：

```
In [12]: df.C
Out[12]:
2000-01-01    2.166036
2000-01-02   -1.211412
2000-01-03   -0.606592
2000-01-04    1.452458
2000-01-05   -0.285013
2000-01-06   -0.094091
2000-01-07   -1.037252
2000-01-08   -0.039464
Freq: D, Name: C, dtype: float64
```

Series 对象也支持使用标记名称进行属性索引：

```
In [13]: sa = pd.Series([1,2,3],index=list('abc'))
In [14]: sa.a
Out[14]: 1
```

3．基于中括号的行切片

Series 对象支持切片操作：

```
In [15]: s[:5]
Out[15]:
2000-01-01    1.638915
2000-01-02    0.769116
2000-01-03   -1.241000
2000-01-04   -0.149669
2000-01-05    1.054084
Freq: D, Name: A, dtype: float64
In [16]: s[::2]
Out[16]:
2000-01-01    1.638915
2000-01-03   -1.241000
2000-01-05    1.054084
2000-01-07   -1.649119
Freq: 2D, Name: A, dtype: float64
In [17]: s[::-1]
Out[17]:
2000-01-08    0.301363
2000-01-07   -1.649119
2000-01-06   -2.280756
2000-01-05    1.054084
2000-01-04   -0.149669
2000-01-03   -1.241000
2000-01-02    0.769116
2000-01-01    1.638915
Freq: -1D, Name: A, dtype: float64
```

DataFrame 也支持切片操作，与索引不同的是，DataFrame 的切片是对行进行操作：

```
In [18]: df[:3]
Out[18]:
                   A         B         C         D
2000-01-01  1.638915 -1.008321  2.166036 -0.894784
2000-01-02  0.769116 -0.633720 -1.211412 -0.379055
2000-01-03 -1.241000  1.295561 -0.606592 -1.475568
```

9.4.2　基于位置和标记的高级索引

在中括号索引时，DataFrame 对象会存在列索引和行索引混用的情况。

- 单值：索引列。
- 列表：索引多列。
- slice 对象：索引多行。

为了避免混淆，DataFrame 对象提供了另一套高级索引来处理这些情况。先创建一个 DataFrame 对象：

```
In [1]: import numpy as np
```

```
In [2]: import pandas as pd
In [3]: dates = pd.date_range('1/1/2000', periods=8)
In [4]: df = pd.DataFrame(np.random.randn(8, 4),
   ...:                   index=dates,
   ...:                   columns=['A', 'B', 'C', 'D'])
```

1. 使用.loc 属性索引标记

中括号不能对单个行标记进行索引，为此，DataFrame 提供了.loc 属性来对单个行标记进行索引，如索引第二行的数据：

```
In [5]: df.loc[dates[1]]
Out[5]:
A   -0.486709
B    0.846958
C   -0.563970
D   -0.247051
Name: 2000-01-02 00:00:00, dtype: float64
```

返回的是一个标记为列标记的 Series 对象。日期类型还使用一个字符串进行索引，只要这个字符串符合日期的格式，如：

```
In [6]: df.loc['20000102']
Out[6]:
A   -0.486709
B    0.846958
C   -0.563970
D   -0.247051
Name: 2000-01-02 00:00:00, dtype: float64
```

还可以使用字符串构造 slice 对象索引行切片，不过，与数字切片只包含开头不包含结尾的结果不同，.loc 属性的行切片结果包含结尾：

```
In [7]: df.loc['20000102':'20000104']
Out[7]:
                   A         B         C         D
2000-01-02 -0.486709  0.846958 -0.563970 -0.247051
2000-01-03  0.333926 -2.821786 -1.139935  0.991115
2000-01-04  1.492630  0.322243 -0.386657 -0.727624
```

.loc 属性还可以额外接受列标记进行索引。例如，索引特定行列位置的值：

```
In [8]: df.loc['20000101', 'A']
Out[8]: -0.5585179507092388
```

可以用一个列标记列表来索引某一行的多个列，得到一个 Series 对象：

```
In [9]: df.loc['20000101', ['A', 'C']]
Out[9]:
A   -0.558518
C   -0.707675
Name: 2000-01-01 00:00:00, dtype: float64
```

或者索引行切片的多个列：

```
In [10]: df.loc['20000107':, ['A', 'C']]
Out[10]:
                   A         C
2000-01-07  0.163394  0.384501
2000-01-08 -0.829844 -1.593007
```

2．使用.iloc 索引位置

.loc 属性基于标记对 DataFrame 对象进行索引，而.iloc 属性则基于位置对 DataFrame 对象进行索引。例如，用.iloc 属性索引第二行的数据：

```
In [11]: df.iloc[1]
Out[11]:
A   -0.486709
B    0.846958
C   -0.563970
D   -0.247051
Name: 2000-01-02 00:00:00, dtype: float64
```

.iloc 属性索引时也可以增加一个参数，表示列的位置，如第二行第一列的值：

```
In [12]: df.iloc[1, 0]
Out[12]: -0.38218242059157614
```

也支持类似.loc 属性切片和列表的用法：

```
In [13]: df.iloc[1:3, [0, 3]]
Out[13]:
                   A         D
2000-01-02 -0.486709 -0.247051
2000-01-03  0.333926  0.991115
```

与.loc 属性不同的是，.iloc 的切片不包含最后一个元素。

3．使用.at 属性和.iat 属性快速索引单个值

如果只需要索引单个值，最快速的方法是使用.at 索引标记：

```
In [14]: df.at[dates[5], 'A']
Out[14]: -0.38218242059157614
```

或者用.iat 索引位置：

```
In [15]: df.iat[5, 0]
Out[15]: -0.38218242059157614
```

4．使用布尔值条件进行索引

Pandas 支持基于布尔值的条件对 Series 进行索引。例如，使用布尔值条件 s>0 索引，来得到 Series 对象中所有大于 0 的值：

```
In [16]: s = df["A"]
In [17]: s[s>0]
Out[17]:
2000-01-03    0.333926
```

```
2000-01-07    0.163394
Name: A, dtype: float64
```

还可以使用取反符号“～”，如使用取反表达式“～(s>0)”进行索引，得到所有小于或等于 0 的值：

```
In [18]: s[~(s>0)]
Out[18]:
2000-01-01   -0.558518
2000-01-02   -0.486709
2000-01-04   -1.492630
2000-01-05   -0.192374
2000-01-06   -0.382182
2000-01-08   -0.829844
Name: A, dtype: float64
```

DataFrame 对象的行也可以通过布尔值条件索引。比如，索引所有 A 列大于 0 的行：

```
In [19]: df[df["A"] > 0]
Out[19]:
                   A         B         C         D
2000-01-03  0.333926 -2.821786 -1.139935  0.991115
2000-01-07  0.163394  0.816489  0.384501 -0.965243
```

对于 Series 对象：

```
In [20]: s = pd.Series([4, 4, 1, 2, 3])
```

调用.isin()方法可以检查 Series 对象的每个值是否在给定的序列中：

```
In [21]: s.isin([3, 4, 6])
Out[21]:
0     True
1     True
2    False
3    False
4     True
dtype: bool
```

得到的布尔 Series 对象可以用来索引：

```
In [22]: s[s.isin([3, 4, 6])]
Out[22]:
0    4
1    4
4    3
dtype: int32
```

9.5 缺失值的处理

Pandas 模块支持对有缺失值的数据进行相关处理。导入相关模块：

```
In [1]: import numpy as np
In [2]: import pandas as pd
```

构建一个 DataFrame：

```
In [3]: df = pd.DataFrame(np.random.randn(4, 5), columns=list("abcde"))
```

DataFrame 的行标记可以通过赋值修改：

```
In [4]: df.index=pd.date_range("20000101", periods=4)
```

DataFrame 的值可以通过.iloc 属性修改为缺失值：

```
In [5]: df.iloc[[2, 3], [3, 4]] = np.nan
In [6]: df
Out[6]:
                   a         b         c         d         e
2000-01-01 -0.678761 -1.543698 -0.629053  2.027045  1.358898
2000-01-02 -0.914292 -0.003456 -0.389555  0.456122  0.548243
2000-01-03  0.770213  1.467212  1.618860       NaN       NaN
2000-01-04  1.714451 -1.841620 -1.610239       NaN       NaN
```

这样便得到一个有缺失值的 DataFrame 对象。可以使用.dropna()方法去掉所有包含缺失值的行，得到一个新的 DataFrame：

```
In [7]: df.dropna(how="any")
Out[7]:
                   a         b         c         d         e
2000-01-01 -0.678761 -1.543698 -0.629053  2.027045  1.358898
2000-01-02 -0.914292 -0.003456 -0.389555  0.456122  0.548243
```

这里，how 参数设为“any”表示只要该行有缺失值就会被去掉，如果换成“all”，则表示只有该行全部缺失时才会被去掉。.dropna()方法还可以通过 axis 参数指定对行还是对列进行操作，默认值为 0，即对行；如果要对列进行操作，可以将 axis 参数设为 1：

```
In [8]: df.dropna(axis=1, how="any")
Out[8]:
                   a         b         c
2000-01-01 -0.678761 -1.543698 -0.629053
2000-01-02 -0.914292 -0.003456 -0.389555
2000-01-03  0.770213  1.467212  1.618860
2000-01-04  1.714451 -1.841620 -1.610239
```

也可以用.fill_na()方法为缺失值补上默认值：

```
In [9]: df.fillna(value=100)
Out[9]:
                   a         b         c           d           e
2000-01-01 -0.678761 -1.543698 -0.629053    2.027045    1.358898
2000-01-02 -0.914292 -0.003456 -0.389555    0.456122    0.548243
2000-01-03  0.770213  1.467212  1.618860  100.000000  100.000000
2000-01-04  1.714451 -1.841620 -1.610239  100.000000  100.000000
```

这两种方法都返回一个新的 DataFrame 对象，对原对象不产生影响：

```
In [10]: df
```

```
Out[10]:
                   a         b         c         d         e
2000-01-01 -0.678761 -1.543698 -0.629053  2.027045  1.358898
2000-01-02 -0.914292 -0.003456 -0.389555  0.456122  0.548243
2000-01-03  0.770213  1.467212  1.618860       NaN       NaN
2000-01-04  1.714451 -1.841620 -1.610239       NaN       NaN
```

9.6 数据的读写

Pandas 模块能够读写很多格式的数据，如 CSV、ExceL、SQL、JSON、HTML、SAS、Pickle 等。在 Pandas 中，文件通常使用类似 pd.read_xxx()形式的函数进行读取，并使用类似.to_xxx()形式的方法进行写入。例如，考虑这样一个 DataFrame 数据：

```
In [1]: import numpy as np
In [2]: import pandas as pd
In [3]: df = pd.DataFrame(np.random.randn(3, 5),
   ...:                   index=list("abc"),
   ...:                   columns=list("ABCDE"))
In [4]: df
Out[4]:
          A         B         C         D         E
a  0.910108 -0.289254 -0.028416  0.722530  0.740720
b -0.983671  0.045981 -0.365224  0.001678 -0.458541
c  0.221710 -1.452501 -0.365209  0.127382  0.971895
```

可以使用.to_csv()方法将它保存为 CSV 文件：

```
In [5]: df.to_csv("foo.csv")
```

CSV 文件可以用 pd.read_csv()函数读取：

```
In [6]: pd.read_csv("foo.csv")
Out[6]:
  Unnamed: 0         A         B         C         D         E
0          a  0.910108 -0.289254 -0.028416  0.722530  0.740720
1          b -0.983671  0.045981 -0.365224  0.001678 -0.458541
2          c  0.221710 -1.452501 -0.365209  0.127382  0.971895
```

与原来的 DataFrame 对象相比，读取到的对象多了 Unnamed:0 的列，它是原来 DataFrame 对象的行标记。在保存的时候，Pandas 默认会保存行标记和列标记的值；在读取时，Pandas 并不知道这一列是行标记，所以会将其当作普通的数据列读取出来。为了解决这个问题，可以在读取时使用参数 index_col 指定行标记所在的列：

```
In [7]: pd.read_csv("foo.csv", index_col=0)
Out[7]:
          A         B         C         D         E
a  0.910108 -0.289254 -0.028416  0.722530  0.740720
b -0.983671  0.045981 -0.365224  0.001678 -0.458541
c  0.221710 -1.452501 -0.365209  0.127382  0.971895
```

也可以在保存的时候，忽略行标记：

```
In [8]: df.to_csv("foo.csv", index=False)
In [9]: pd.read_csv("foo.csv")
Out[9]:
          A         B         C         D         E
0  0.910108 -0.289254 -0.028416  0.722530  0.740720
1 -0.983671  0.045981 -0.365224  0.001678 -0.458541
2  0.221710 -1.452501 -0.365209  0.127382  0.971895
```

其他类型文件的读写方法类似，在具体参数上可能会有一些不同，常用的方法如下。

- pandas.read_csv()函数，.to_csv()方法：CSV 格式，逗号分割的文本格式。
- pandas.read_json()函数，.to_json()方法：JSON 格式。
- pandas.read_html()函数，.to_html()方法：HTML 网页上的表格。
- pandas.read_excel()函数，.to_excel()方法：Excel 格式的表格。

值得注意的是，读写 Excel 时，需要调用一些额外的模块，如 xlrd、xlwt、openpyxl 等，如果系统没有安装这些模块，需要额外通过 pip 或者 conda 安装。

9.7　实例：基于 Pandas 的期货数据分析

通过 Pandas 模块，可以实现一些简单的数据处理与分析。本节将基于上海商品交易所在 2021 年的真实期货数据，让读者了解 Pandas 的基础使用。导入相关的模块：

```
In [1]: import numpy as np
In [2]: import pandas as pd
```

为了获取 2021 年的期货数据，需要从上海商品交易所的官网获取数据，网址为：

```
In [3]: url="http://www.shfe.com.cn/historyData/MarketData_Year_2021.zip"
```

可以借助数据的 URL 链接，利用 urllib.request 模块的 urlretrieve()函数直接将该数据下载到本地，命名为“2021.zip”：

```
In [4]: import urllib.request
In [5]: urllib.request.urlretrieve(url, "2021.zip")
Out[5]: ('2021.zip', <http.client.HTTPMessage at 0x112806f40>)
```

利用 ziplib 模块处理获得的压缩文件：

```
In [6]: import zipfile
In [7]: f = zipfile.ZipFile("2021.zip")
In [8]: f.namelist()
Out[8]:
['╤·─┌║╧╚╝╨╨╟Θ▒¿▒Φ2021.01.xls',
 '╤·─┌║╧╚╝╨╨╟Θ▒¿▒Φ2021.02.xls',
 '╤·─┌║╧╚╝╨╨╟Θ▒¿▒Φ2021.03.xls',
 '╤· ─┌║╧╚╝╨╨╟Θ▓ ¿▓ Φ2021.04.xls',
 '╤· ─┌║╧╚╝╨╨╟Θ▓ ¿▓ Φ2021.05.xls',
 '╤· ─┌║╧╚╝╨╨╟Θ▓ ¿▓ Φ2021.06.xls',
```

```
 '╦∙─┌║╧╘╝╨╨╟Θ▒¿▒φ2021.07.xls',
 '╦∙─┌║╧╘╝╨╨╟Θ▒¿▒φ2021.08.xls',
 '╦∙─┌║╧╘╝╨╨╟Θ▒¿▒φ2021.09.xls',
 '╦∙─┌║╧╘╝╨╨╟Θ▒¿▒φ2021.10.xls',
 '╦∙─┌║╧╘╝╨╨╟Θ▒¿▒φ2021.11.xls',
 '╦∙─┌║╧╘╝╨╨╟Θ▒¿▒φ2021.12.xls']
```

可以看到，压缩文件中有很多 Excel 格式的文件，但名字都是乱码。不过，如果用其他方式打开“2021.zip”，会发现这些乱码其实是正常的中文字符，这是由于 zipfile 库中对 zip 文件的处理模式造成的，可以通过以下方式对文件名进行还原：

```
In [9]: print(f.namelist()[0].encode('cp437').decode('gbk'))
所内合约行情报表 2021.01.xls
```

利用.extract()方法和 os 模块，可以将该文件的内容解压：

```
In [10]: importos
In [11]: for name in f.namelist():
    ...:     f.extract(name)
    ...:     os.renames(name, name.encode('cp437').decode('gbk'))
    ...:
In [12]: f.close()
```

利用 pathlib 模块，查看当前文件夹下解压的 Excel 文件：

```
In [13]: from pathlib import Path
In [14]: data_path = Path('.')
In [15]: data_path.glob("*.xls")[0]
Out[15]: PosixPath('所内合约行情报表 2021.07.xls')
```

可以利用 Pandas 读取这些 Excel 文件，读取 Excel 文件需要使用 read_excel()函数：

```
In [16]: df = pd.read_excel('所内合约行情报表 2021.01.xls')
In [17]: df.head()
Out[17]:
      所内合约行情报表 Unnamed: 1 Unnamed: 2  Unnamed: 3 Unnamed: 4  ...
Unnamed: 10 Unnamed: 11 Unnamed: 12 Unnamed: 13
0  Daily Data       NaNNaNNaNNaN  ...       NaNNaNNaNNaNNaN
1           合约         日期         前收盘        前结算         开盘价  ...
涨跌 2          成交量         成交金额        持仓量 NaN
2   Contract       Date  pre close  Pre settle       Open  ...          ch2
Volume       Amount          OI NaN
3      ag2101   20210104       5567        5576       5667  ...          116
4360   37231.224        14576 NaN
4         NaN  20210105       5685        5692       5710  ...            5
2232   19074.006        14156 NaN
[5 rows x 15 columns]
```

可以看到，读取的结果并不符合预期，DataFrame 对应的列标记并不是想要的结果，原因是该 Excel 文件的列标记不在数据的第 1 行。为了解决这种情况，可以在 read_excel()函数中指定 header 参数：

```
In [18]: df = pd.read_excel('所内合约行情报表2021.01.xls', header=2)
In [19]: df.head(2)
Out[19]:
         合约         日期          前收盘           前结算    开盘价    最高价最低
价  ...      结算价  涨跌1  涨跌2      成交量         成交金额      持仓量 Unnamed: 14
0  Contract       Date  pre close  Pre settle  Open  High   Low  ...  Settle ch1
ch2  Volume      Amount      OI         NaN
1    ag2101  20210104        5567        5576  5667  5736  5655  ...    5692 109
116    4360  37231.224  14576          NaN
[2 rows x 15 columns]
```

更进一步，观察到数据的第一列为期货合约名，第二列为时间，可以利用 Pandas 中的 MultiIndex 设定，将其转为一个二级行标记：

```
In [20]: df = pd.read_excel('所内合约行情报表 2021.01.xls', header=2,
index_col=[0,1])
In [21]: df.head(2)
Out[21]:
                          前收盘           前结算    开盘价    最高价    最低价 收盘价
结算价  涨跌1  涨跌2      成交量         成交金额      持仓量 Unnamed: 14
合约        日期
Contract Date      pre close  Pre settle  Open  High   Low  Close  Settle  ch1
ch2  Volume      Amount      OI          NaN
ag2101   20210104       5567        5576  5667  5736  5655   5685    5692  109
116    4360  37231.224  14576           NaN
[2 rows x 13 columns]
In [22]: df.tail(2)
Out[22]:
                                                          前收盘   前结算  开盘
价  最高价   最低价   ...   涨跌2  成交量 成交金额  持仓量 Unnamed: 14
合约                                                 日期                 ...
3、 成交量、持仓量、持仓变化单位为手，单边计算；成交金额单位为万元，单边计算
20210129  NaNNaNNaNNaNNaN  ...  NaNNaNNaNNaNNaN
4、 涨跌1=收盘价-前结算； 涨跌2=结算价-前结算                    20210129  NaN  NaN
NaN  NaN  NaN  ...  NaNNaNNaNNaNNaN
[2 rows x 13 columns]
```

此时，DataFrame 的行列标记都被设定好了。仔细观察发现数据中有很多的缺失值，利用.dropna()方法可以去除全是缺失值的行和列：

```
In [23]: df = df.dropna(axis=1, how="all").dropna(how="all")
```

可以利用.loc 属性，索引得到天然橡胶的期货价格数据，如“ru2201”：

```
In [24]: df.loc['ru2201', ['开盘价', '收盘价']]
Out[24]:
```

```
              开盘价     收盘价
日期
20210118  15520  15690
20210119  15665  15610
20210120  15650  15625
20210121  15545  15630
20210122  15690  15345
20210125  15345  15220
20210126  15220  15055
20210127  15100  15275
20210128  15220  15115
20210129  15115  15270
```

由于 2021 年的数据是分月存储的，为了得到天然橡胶 ru2201 一年的完整数据，需要使用循环遍历所有的 Excel 数据文件：

```
In [25]: ru2201_all = []
In [26]: for data_file in sorted(data_path.glob("*.xls")):
    ...:     if "04" in data_file.name:
    ...:         df = pd.read_excel(data_file, header=2, index_col=[1,2])
    ...:     else:
    ...:         df = pd.read_excel(data_file, header=2, index_col=[0,1])
    ...:     df = df.dropna(axis=1, how="all").dropna(how="all")
    ...:     ru2201 = df.loc['cu2201', ['开盘价', '最高价', '最低价', '收盘价',
'成交量']]
    ...:     ru2201_all.append(ru2201.astype(float))
    ...:
```

注意，由于 4 月的数据格式特殊，所以需要使用判断进行特殊处理。此外，考虑到 Path 对象的.glob()方法的返回结果是无序的，增加了 sorted()函数的调用，以保证最终得到的期货数据是按时间排序的。

得到每个月份的DataFrame结果后，可以利用pd.concat()函数，将多个DataFrame对象合并为一个：

```
In [27]: df_ru2201 = pd.concat(ru2201_all)
```

对于这个数据，可以使用 mplfinance 模块绘制 K 线图。mplfinance 是一个基于 Matplotlib 绘图的模块，可以使用 pip 安装：

```
$ pip install mplfinance
```

导入这个模块：

```
In [28]: import mplfinance as mpf
```

为了使用这个模块画 K 线图，需要对数据格式进行处理：

```
In [29]: df_ru2201.index.name = 'Date'
In [30]: df_ru2201.index=pd.to_datetime([str(i) for i in df_ru2201. index])
```

```
In [31]: df_ru2201.columns = ["Open", "High", "Low", "Close", "Volume"]
In [32]: df_ru2201 = df_ru2201.dropna().astype(float)
```

使用 mpf 模块的 plot()函数，可以画出 K 线图，前 60 个数据点的 K 线图如图 9-1 所示：

```
In [33]: mpf.plot(df_ru2201.iloc[:60], type="candle")
```

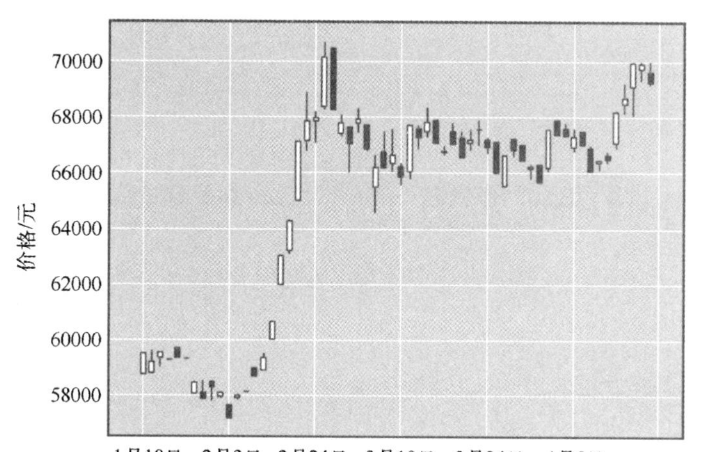

图 9-1　期货 K 线图示例

也可以加入一些参数，画出成交量，前 60 个数据点的 K 线图如图 9-2 所示：

```
In [34]: mpf.plot(df_ru2201.iloc[-60:], type="candle", volume=True)
```

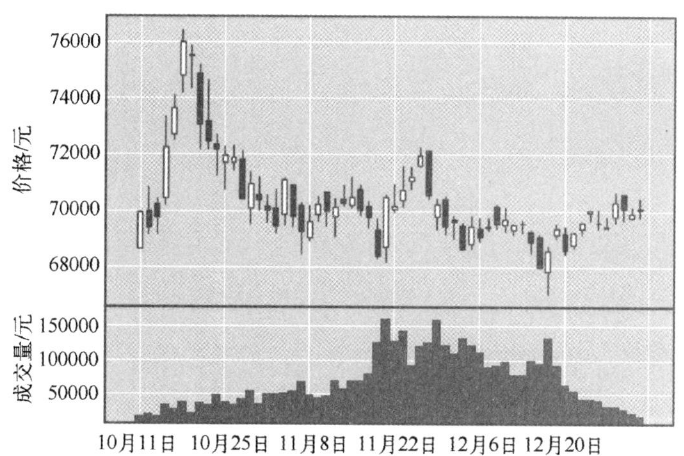

图 9-2　带成交量期货 K 线图示例

还可以通过 mav 参数，增加 5 日、10 日均线，如图 9-3 所示：

```
In [35]: mpf.plot(df_ru2201.iloc[-60:], type="candle", mav=(5, 10), volume=True)
```

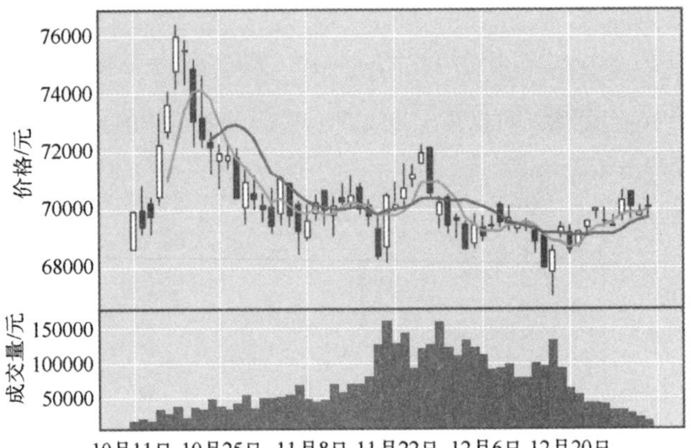

图 9-3　带均值线的期货 K 线图示例

9.8　本章学习笔记

本章对 Pandas 模块的使用进行了简单的介绍。Pandas 模块在处理数据时有天然的优势，很多操作和用法需要在实践中慢慢积累。

学完本章，读者应该做到：

- 掌握 Pandas 中的两种基本结构。
- 熟悉如何使用 DataFrame 对象及其索引。
- 熟悉如何使用 Pandas 读写表格数据。

1. 本章新术语

本章没有涉及新术语。

2. 本章新函数

本章涉及的新函数见表 9-1。

表 9-1　本章涉及的新函数

函数	用途
pandas.date_range()	生成一个日期序列
pandas.read_csv()	读取 CSV 文件
pandas.read_excel()	读取 Excel 文件
pandas.concat()	将多个 DataFrame 对象合并为一个
pandas.to_datetime()	转为 datetime 格式
mplfinance.plot()	绘制 K 线图

3. 本章 Python 2 与 Python 3 的区别

本章不涉及 Python 2 与 Python 3 的区别。

第 10 章 Python 案例 1：中文小说分析

数据分析（Data Analysis）是一个用适当的统计分析方法对收集来的大量数据进行分析，提取有用信息和形成结论的过程。数据分析的目的是最大化地发掘数据的价值。Python 非常适合用于数据分析。本章将结合一个文本分析案例来说明数据分析的一些基本模式和共性，主要目的是说明数据分析的基本流程，对于案例中涉及的非编程知识（如使用的一些复杂算法和概念），则非重点，不做详细介绍。

本章案例通过 Python 对金庸先生所著的中文小说进行数据分析，对涉及的各个流程（包括数据预处理、数据统计、数据建模以及效果分析等）进行简单介绍。通过这个案例，读者可以了解如何利用 Python 从金庸小说的文本数据中分析得出一些有趣的结果，并对这些结果进行一些有意义的分析。

本章要点：

- 通过案例了解数据分析的基本模式。

10.1 数据预处理

数据分析需要对数据进行处理。一般来说，由于原始数据的格式并不一定符合数据分析的需求，通常需要对其进行一定的处理。这种把原始数据处理成需要的格式的过程通常叫作**数据预处理**（Data Preprocessing）。数据预处理有很多方法，根据数据类型和分析的需要，处理方法也各不相同。

1. jieba 模块进行中文分词

中文文本不像西欧语言，它没有明显的词的划分。如果要应用一些基于词的中文文本分析工具，必须要对中文进行分词处理：

```
这是一个中文文本。
```

逻辑上，需要对其进行分词，以达到这样的效果：

```
这是 一个 中文 文本 。
```

分词本身涉及很多其他的非编程知识，这里不做过多介绍。一个比较好用的中文分词第三方模块叫 jieba（中文“结巴”的拼音），其网址为https://github.com/fxsjy/jieba。

可以使用 pip 命令安装：

```
$ pip install jieba
```

安装完毕后，先导入这个模块：

```
In [1]: import jieba
```

使用 jieba.cut()函数进行分词，该函数返回一个生成器：

```
In [2]: data = "这是一个中文文本。"
In [3]: jieba.cut(data)
Out[3]: <generator object cut at 0x0000000004D4C870>
```

将这个生成器变成列表：

```
In [4]: a = list(jieba.cut(data))
In [5]: for i in a:
   ...:     print(i, end=" ")
   ...:
这是 一个 中文 文本 。
```

2．真实数据的预处理

中文小说分析需要根据小说的内容和特点做一些与数据相关的处理，如小说的人物、情节、设定等。为了方便后续处理，可以提前收集好这些相关信息。

考虑到金庸先生写了很多部武侠小说，不同小说有不同的主角，可以采用这样的格式存储人物，每两行表示一部小说：其中第一行是小说名；第二行是该小说中出场人物的姓名，用空格隔开，命名为“character.txt”，其格式为：

```
小说 A
人物 A1 人物 A2 ……
小说 B
人物 B1 人物 B2 ……
小说 C
人物 C1 人物 C2 ……1
……
```

假定该文件的编码格式是 UTF-8（Windows 系统保存的中文文件通常为 GBK 或 GB18030 格式，UNIX、Mac 通常为 UTF-8），可以用 open()函数读入这个文件，并按照行进行存储：

```
In [6]: with open("character.txt", encoding="utf-8") as f:
   ...:     data = [line.strip() for line in f]
   ...:
```

文件的奇数行是小说名，偶数行是人物的名。在 Python 中，索引是从 0 开始的，因此奇数行从索引 0 开始，偶数行从索引 1 开始。实际项目通常会给变量取一些有实际意义的名称，比简单使用 a、b 的代码可读性更强。将小说名与人物名定义如下：

```
In [7]: novels = data[::2]
In [8]: characters = data[1::2]
```

利用小说名和对应的角色，可以得到一个字典，存储每个小说中的角色列表。可以使用推导式的形式构建这个字典：

```
In [9]:character_info = {n: cs.split() for n, cs in zip(novels, characters)}
```

查看字典 character_info 中的部分内容，比如小说《天龙八部》的前 5 个人物（按照写入的顺序）：

```
In [10]: for c in character_info["天龙八部"][:3]:
    ...:     print(c, end=' ')
刀白凤 丁春秋 马夫人
```

将武功招数和门派分别存入文件“kungfu.txt”和“bang.txt”中，每行为一个武功或一个门派，格式为：

```
武功 A1/门派 B1
武功 A2/门派 B2
……
```

读取武功和门派的信息，将其保存在两个列表里：

```
In [11]: with open("kungfu.txt", encoding="utf-8") as f,
    ...:      open("bang.txt", encoding="utf-8") as g:
    ...:         kungfu_info = [line.strip() for line in f]
    ...:         bang_info = [line.strip() for line in g]
    ...:
```

10.2　数据统计

对于预处理得到的数据，一般会分析数据的统计情况。对于文本数据，一个比较有用的统计数据是词频。所谓词频（Word Frequency），指的是单词在文本中出现的次数。

1. 词频的统计

具体到小说分析问题，词频统计可以对应到小说中的各个角色的出场次数。显然，对于角色来说，主要人物的出场次数多，词频也较高，因此，通过词频统计，可以大致看出小说中谁是主角。假定所有的小说文件的名称都是“小说名.txt”，编码都是 UTF-8。仍然以《天龙八部》为例，首先用 open()函数读取小说的内容：

```
In [12]: with open("天龙八部.txt", encoding="utf8") as f:
    ...:     content = f.read()
    ...:
```

利用人物字典 character_info 得到《天龙八部》中所有人物的列表 chars，并用字符串的.count()方法对 chars 中单个人物 c 在 content 出现的次数进行计数。为了方便对词频进行排序，可以将结果变成 NumPy 数组：

```
In [13]: import numpy as np
In [14]: chars = np.array(character_info["天龙八部"])
In [15]: counts = np.array([content.count(c) for c in chars])
```

利用数组的.argsort()方法对单词出现的次数 counts 进行排序，得到相应的下标：

```
In [16]: idx = counts.argsort()
```

默认情况下，数组的排序是按照从小到大进行的。因此，可以使用 idx[-5:]得到《天龙八部》中出现次数最多的 5 个角色的索引 i，并利用索引 i 得到人名及其出现次数：

```
In [17]:for i in idx[-5:]:
    ...:     print(chars[i], counts[i], end=' ')
    ...:
乔峰 1116 阿紫 1135 虚竹 1635 萧峰 1794 段誉 3376
```

2．词频的可视化

还可以对词频进行可视化，得到更直观的结果。在绘制词频图像之前，需要解决在 Matplotlib 中显示汉字的问题。默认情况下，Matplotlib 是不能直接显示汉字的。例如，直接添加汉字标题会得到如图 10-1 所示的结果：

```
In [18]: import matplotlib.pyplot as plt
In [19]: plt.title("中文")
In [20]: plt.show()
```

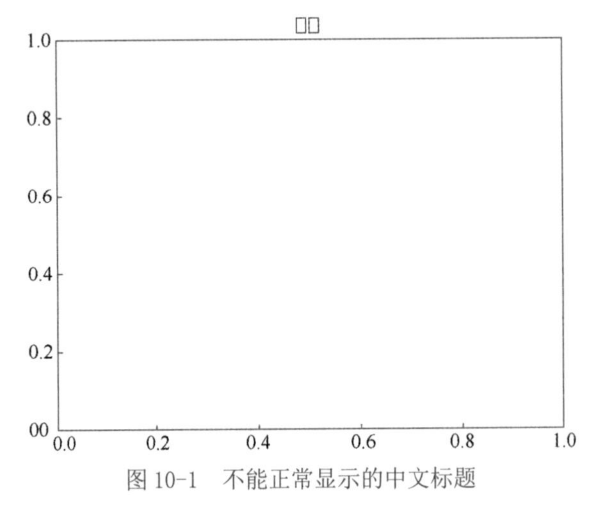

图 10-1　不能正常显示的中文标题

标题中应该显示“中文”两个字的地方被两个方块替代了，原因是 Matplotlib 找不到合适的中文字体去显示中文。解决这个问题需要找到一些支持中文的字体。

- Windows 7 及以上的系统中，字体库的位置为 C:/Windows/Fonts，如宋体 C:/Windows/Fonts/simsun.ttc。
- Linux 系统可以通过 fc-list 命令查看已有的字体和相应的位置，如宋体/usr/share/fonts/truetype/ osx-font-family/Songti.ttc。
- Mac 系统库的字体位置为/System/Library/Fonts，如宋体/System/Library/Fonts/Supplemental/ Songti.ttc。

字体可以使用 matplotlib.font_manager 中的 FontProperties 类导入：

```
In [21]: from matplotlib.font_manager import FontProperties
In [22]: font_song = FontProperties(fname="C:/Windows/Fonts/simsun.ttc")
```

在需要写入中文文字的可视化函数或方法中，可以加入 fontproperties 参数，指定显示文字的字体为 font_song。例如，对于图 10-1 所示的例子，加入参数指定宋体后，标题可以正常显示中文，得到如图 10-2 所示的结果：

```
In [23]: plt.title("中文", fontproperties=font_song)
In [23]: plt.show()
```

为了让词频的显示更直观，可以使用 plt.barh()函数绘制一个纵向的条形图，来表示《天龙八部》中出现次数前 10 位的人物的词频统计结果，如图 10-3 所示：

```
In [24]: plt.barh(range(10), counts[idx[-10:]])
In [25]: plt.title("天龙八部", fontproperties=font_song)
In [26]: plt.yticks(range(10), chars[idx[-10:]], fontproperties=font_song)
In [27]: plt.show()
```

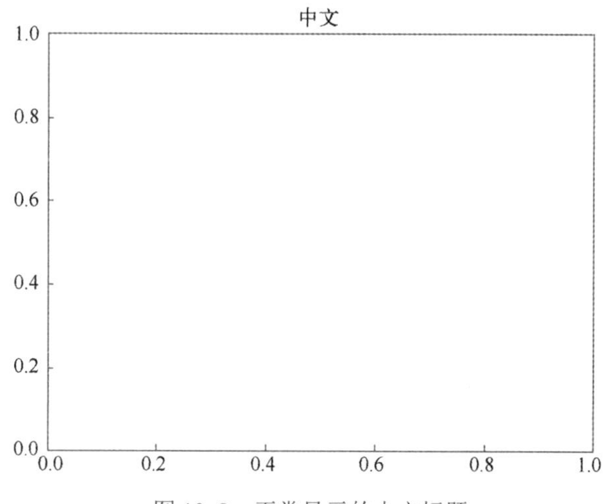

图 10-2　正常显示的中文标题

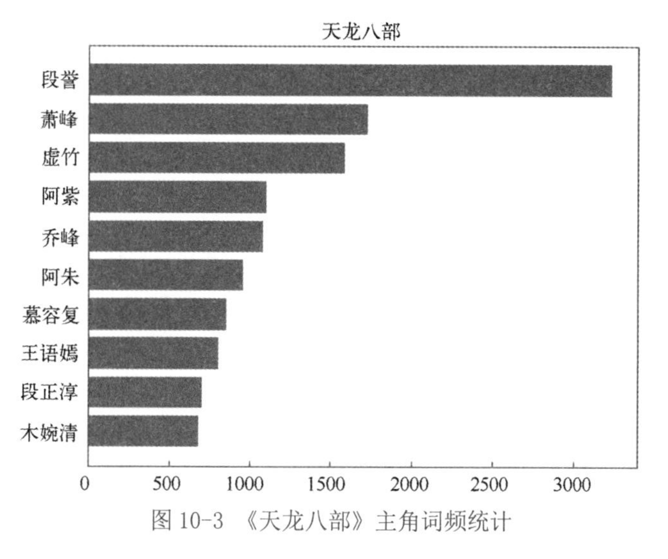

图 10-3　《天龙八部》主角词频统计

其中，横轴是词出现的频率，纵轴是对应的人物名。从图 10-3 中可以看到，词频图像的显示要比文字更为直观，不难得出“段誉是贯穿全书的主角”的猜想。

为了统计其他小说的词频复用代码，可以定义一个函数 find_main_chars()，实现词频统计和绘图的过程。该函数接受两个参数 novel 和 num，其中 novel 是小说的名称，num 是显示的主角个数（默认为 10）：

```
In [28]:def find_main_chars(novel, num=10):
    ...:     with open("{}.txt".format(novel), encoding="utf8") as f:
    ...:         content = f.read()
    ...:
    ...:     chars = np.array(character_info[novel])
    ...:     counts = np.array([content.count(c) for c in chars])
    ...:     idx = counts.argsort()
    ...:
    ...:     plt.barh(range(num), counts[idx[-num:]])
    ...:     plt.title(novel, fontproperties=font_song)
    ...:     plt.yticks(range(num),chars[idx[-num:]],fontproperties=font_song)
    ...:     plt.show()
    ...:
```

可以利用该函数查看其他小说中的词频统计。例如，《射雕英雄传》和《倚天屠龙记》的词频统计如图 10-4 和图 10-5 所示：

```
In [29]: find_main_charecters("射雕英雄传")
In [30]: find_main_charecters("倚天屠龙记")
```

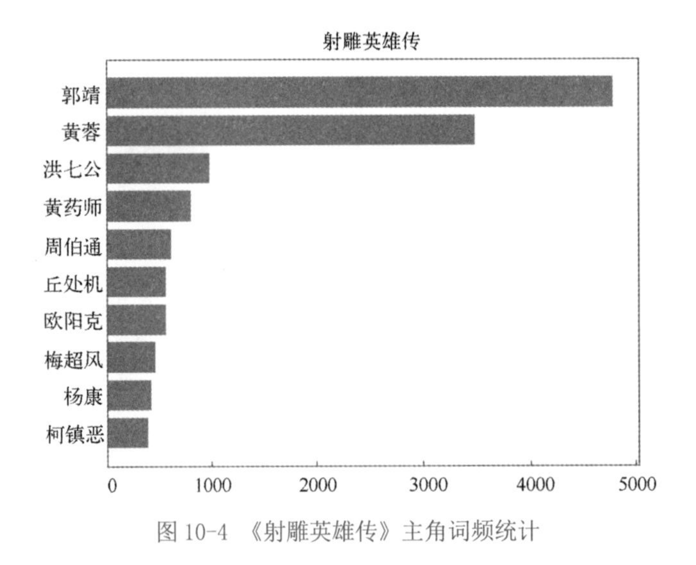

图 10-4 《射雕英雄传》主角词频统计

从图 10-4 和图 10-5 不难得出《射雕英雄传》的主角是郭靖以及《倚天屠龙记》的主角是张无忌的结论。以上结果说明，词频统计能够较好地找出小说中的主角人物。

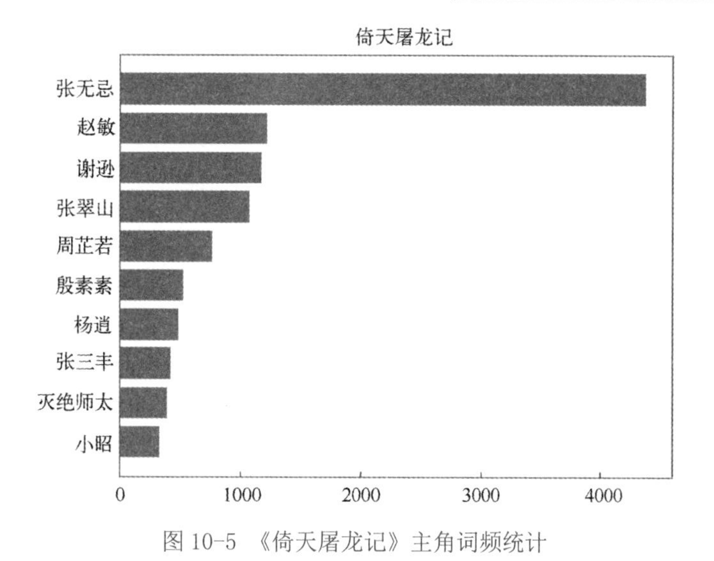

图 10-5 《倚天屠龙记》主角词频统计

10.3 数据建模

数据建模是一个用数学模型对原始数据进行抽象组织的过程。具体到文本分析，为了使用数学模型进行建模，可以将单词转换成某种数学表示，方便后续用程序进行处理。在数据分析中，一种常用的数学表示方法是用一个向量去表示一个单词，这个用来表示单词的向量叫作词向量（Word Vector）。

词向量有很多种实现方法，比如最常用的独热编码（One-Hot Encoding）方法，将一个词转换为一个很长的向量。这个向量的大小与词库中单词总数的大小相同，每个维度对应一个单词。表示单词时，该向量在该单词对应的维度的值为 1，其余维度的值为 0。举个例子，在独热编码下：

- “武功”可以表示为[0, 0, 0, 1, 0, 0, 0, 0, 0, 0, 0, ...]。
- “江湖”可以表示为[0, 0, 0, 0, 0, 0, 1, 0, 0, 0, 0, ...]。

这种表示方法简单明了，但对于小说文本来说，词库中对应的单词总数太大，因此在独热编码下，词对应的向量会很长，处理起来很不方便。更为重要的是，从独热编码的表示中，也看不出不同单词之间的关系。

基于这种因素，可以使用低维的实数向量代替独热编码表示单词。一个低维实数向量的例子可以是[0.231, -2.324, 1.2, 3.4, -5.6]。每个单词对应的词向量维度相同，常用的维度是 50 或 100。在这种表示形式下，不同单词之间的关系可以利用向量之间的一些相似关系得到。与独热编码不同，低维实数向量并不能直接获得，而需要通过一些现成的算法对文本进行分析计算得到。

一个常用的计算低维词向量的方法叫作 Word2Vec。与分词类似，本书不介绍 Word2Vec 的具体实现过程，而是使用一个叫 gensim 的第三方 Python 模块实现这个功能。gensim 包的源代码地址为 https://github.com/RaRe-Technologies/gensim，官方文档地址为http://radimrehurek.com/gensim/。

可以使用 pip 安装 gensim：

```
$ pip install gensim
```

安装好之后，导入这个模块：

```
In [31]: import gensim
```

Word2Vec 中的词是默认用空格分隔的，而中文小说默认没有分词，不符合要求，所以需要用 jieba 对中文文本进行分词。为了保证分词效果，使用 jieba 模块的 jieba.add_word()函数把收集到的人名、门派和武功名称加入分词词库，以保证这些名称能够被正确分开。门派和武功已经存储在了对象 kungfu_info 和 bang_info 中，它们都是由单个单词组成的列表，可以用 for 循环直接加入分词词库：

```
In [32]: for kungfu_name in kungfu_info:
    ...:     jieba.add_word(kungfu_name)
    ...:
In [33]: for bang_name in bang_info:
    ...:     jieba.add_word(bang_name)
    ...:
```

人名存储在字典 character_info 中，需要先得到每部作品对应的人名列表 chars，然后将列表 chars 中的单个人名加入分词词库中：

```
In [34]: for chars in character_info.values():
    ...:     for char_name in chars:
    ...:         jieba.add_word(char_name)
    ...:
```

利用 jieba 模块构建 Word2Vec 模型需要的数据。先列出金庸先生所著的小说名称：

```
In [35]: novels = ["书剑恩仇录", "天龙八部", "碧血剑", "越女剑", "飞狐外传",
    ...:           "侠客行", "射雕英雄传", "神雕侠侣", "连城诀", "鸳鸯刀",
    ...:           "倚天屠龙记", "白马啸西风", "笑傲江湖", "雪山飞狐", "鹿鼎记"]
```

按照之前的假定，所有的小说文本都以“小说名.txt”的形式保存，且文件的编码格式为 UTF-8。利用 for 循环，对每部小说的每一行文本进行分词，并将分词得到的结果保存在 sentences 对象中：

```
In [36]: sentences =[]
In [37]: for novel in novels:
    ...:     print("分词：", novel)
    ...:     with open(f"{novel}.txt", encoding="utf8") as f:
    ...:         sentences+=[list(jieba.cut(line.strip())) for line in f]
    ...:
```

sentences 对象是一个以列表为元素的列表。在列表中，每个元素对应于一句话的分词结果，形式为：

```
["单词 1", "单词 2", …, "单词 n"]
```

最后，以得到的列表 sentences 作为输入，调用 gensim 模块中已有的 Word2Vec 模型类 gensim.models.Word2Vec，构建一个基于金庸小说的 Word2Vec 词向量模型：

```
In [38]: model = gensim.models.Word2Vec(sentences)
```

词向量模型的构建通常需要一定的时间，构建完成后，模型会被保存对象 model 中。

10.4　效果分析

数据建模完成后，通常需要对模型进行一定的效果分析来验证模型的合理性。同时，利用模型可以从数据中提取信息，并得到一些有意义的结论。

对于中文文本分析中得到的 Word2Vec 词向量模型，可以做一些简单的分析，得到一些有趣的结果。注意，由于 Word2Vec 模型的构建存在一定的随机性，实际的效果可能与下面的结果略有出入。

1．相似性分析

在现实生活中，不同的事物之间存在相似关系，可以通过一些手段或标准去衡量这些相似关系。在文本分析中，余弦相似度（Cosine Similarity）是一种常用的相似性度量，它衡量的是两个向量在空间中夹角的余弦值大小，对于向量 v_1 和 v_2，其余弦相似度的计算公式为

$$\cos(v_1,v_2)=\frac{v_1\cdot v_2}{|v_1||v_2|}$$

余弦值越大，两个向量的夹角越小，两个向量也越相似。相似的词向量通常说明对应的词在某些方面上有一定的相似性。在中文小说分析的案例中，产出的模型对象 model 中包含所有词的词向量。因此，通过这些词向量之间的余弦相似度，可以判断两个词是否具有相似性。

事实上，model 对象的.wv 属性提供了.most_similar()方法，可以直接得到与某些单词最相似的其他单词。该方法通过计算给定单个词或多个词的词向量与词库中其他词向量的余弦相似度，来得到与给定单词或词组相似度最大的前几个词。.most_similar()方法支持在参数 positive 中传入一个列表，调用后，该方法计算所有其他单词与参数列表 positive 中的词的相似度，并返回相似度最大的前 10 相似词以及对应的相似度。相似度越大，说明两个词的词向量越接近。例如，如果这样调用.most_similar()方法：

```
model.wv.most_similar(positive=["乔峰", "萧峰"])
```

该方法会返回与男性角色“乔（萧）峰”相似的前 10 个词及其对应的相似度组成的列表，其形式为：

```
[[人物 1, 余弦相似度 1]
 [人物 2, 余弦相似度 2]
 ……
 [人物 10, 余弦相似度 10]]
```

利用 for 循环遍历这个结果，得到：

```
In [39]: for k, s in model.wv.most_similar(positive=["乔峰", "萧峰"]):
    ...:     print(k, end=" ")
    ...:
慕容复 段正淳 钟万仇 虚竹 全冠清 贝海石 石清 天山童姥 段誉 谢烟客
```

可以看到，与男性角色“乔（萧）峰”相似的单词大多是重要的男性人物。

值得注意的是，.most_similar()方法是在整个词库中寻找相似的词。词库中除了角色名，还有很多别的词语，比如“睡觉”“走路”“鲜花”“红色”等。在不限定词的类型的情况下，模型能够准确地将其他不相关的名词与角色名“乔（萧）峰”区分开，说明模型从文档中提取出了一定的相关知识，并且这些知识可以通过生成的词向量进行展现。

再如，与女性角色“阿朱”相似的词大部分都是女性角色：

```
In [40]: for k, s in model.wv.most_similar(positive=["阿朱"]):
    ...:     print(k, end=" ")
    ...:
阿紫 王语嫣 木婉清 香香公主 青青 钟夫人 段誉 钟灵 方怡 盈盈
```

再看门派与武功的相似情况。与“丐帮”相似的词大多数都是门派名：

```
In [41]: for k, s in model.wv.most_similar(positive=["丐帮"]):
    ...:     print(k, end=" ")
    ...:
恒山派 红花会 天地会 峨嵋派 长乐帮 魔教 全真教 雪山派 嵩山派 门人
```

与武功“降龙十八掌”相似的词大部分是武功招式：

```
In [42]: for k, s in model.wv.most_similar(positive=["降龙十八掌"]):
    ...:     print(k, s)
    ...:
打狗棒法 绝招 八卦掌 空明拳 太极拳 七十二路 一阳指 心法 蛤蟆功 乾坤大挪移
```

这些相似性，说明得到的词向量模型有一定的合理性。

2．关系分析

之前有人研究过，用 Word2Vec 生成的词向量存在这样的现象：

```
vec("北京")-vec("中国")=vec("巴黎")-vec("法国")
```

这种现象通常说明了一种对应关系：

```
“北京”之于“中国”，正如“巴黎”之于“法国”。
```

在 gensim 中，对应关系也可以使用.most_similar()方法来找到。利用该方法，可以定义 find_relationship()函数来寻找这样的对应关系，该函数接受 a、b、c 作为参数，以 a 和 b 的关系作为参考，返回与 c 具有类似关系的 d。

find_relationship()函数的定义为：

```
In [43]: def find_relationship(a, b, c):
    ...:     d, _=model.wv.most_similar(positive=[c, b],negative=[a])[0]
    ...:     print(f"{a}之于{b}，正如{c}之于{d}")
    ...:
```

利用 find_relationship()函数，可以找出人物之间存在的一些微妙关系：

```
In [44]: find_relationship("郭靖", "黄蓉", "杨过")
郭靖之于黄蓉，正如杨过之于小龙女
In [45]: find_relationship("郭靖", "华筝", "杨过")
郭靖之于华筝，正如杨过之于郭芙
In [46]: find_relationship("段誉", "公子", "韦小宝")
段誉之于公子，正如韦小宝之于大人
In [47]: find_relationship("郭靖", "降龙十八掌", "黄蓉")
郭靖之于降龙十八掌，正如黄蓉之于打狗棒法
```

最铁的关系大概是：

```
In [48]: find_relationship("杨过", "小龙女", "韦小宝")
杨过之于小龙女，正如韦小宝之于康熙
In [49]: find_relationship("令狐冲", "盈盈", "韦小宝")
令狐冲之于盈盈，正如韦小宝之于康熙
In [50]: find_relationship("郭靖", "黄蓉", "韦小宝")
郭靖之于黄蓉，正如韦小宝之于康熙
```

这些关系也能佐证使用词向量模型的合理性。

3. 聚类分析

聚类（Clustering）是数据分析中一种常用的分析手段，基于一些数学工具，将一群事物划分为若干个相似的群体。传统的分类通常基于一些规则或经验，而聚类则是在一些数学工具的帮助下，利用数据分析的手段更好地进行分类。通过对聚类的结果进行分析，可以得到一些有意义的结果。

回到文本分析的案例中。之前构造的词向量模型将一个中文词对应成一个词向量。词向量是词的一种数学表示，因此，可以通过对词向量进行聚类分析，将对应的词进行归类，并对归类的结果进行分析。

小说主要关心的词是人物、帮派以及武功，先从人物开始分析。考虑到金庸小说中人物众多，且不同小说之间人物联系较少，可以尝试从单本小说入手进行聚类分析。

仍以《天龙八部》为例。为了对人物进行聚类分析，首先要获得人名对应的词向量。产出的模型对象 model 的.wv 属性可以像字典一样使用，因此，单词 c 的词向量可以通过索引 model.wv[c]得到。遍历人名字典 character_info 中与《天龙八部》相关的人名对应的词，就能获得人物对应的词向量。注意，考虑到某些人名可能没有词向量，可以先关键词 in 判断一个人名 c 是否在 model 中有对应的词向量，并保留所有有词向量的人名及其对应的词向量：

```
In [51]: novel = "天龙八部"
In [52]: chars = np.array([c for c in character_info[novel]
    ...:                   if c in model.wv])
In [53]: vects = np.array([model.wv[c] for c in chars])
```

其中，chars 与 vects 一一对应，分别表示小说中的人名及其对应的词向量。有了词向量，就可以对这些向量进行聚类。

聚类的算法有很多，本书仅尝试几种比较常见的聚类算法，如 K 均值聚类、层级聚类等，对词向量进行聚类。对这些聚类算法的实现细节，本书不做过多介绍。首先使用 K 均值算法对人物进行分类。K 均值聚类（K-Means Clustering）是一个基于欧氏距离对向量进行分类的算法，距离越近，被分到同一类的概率也越大。K 均值算法的实现可以从第三方模块 Scikit-Learn 中导入。Scikit-Learn 是一个机器学习的第三方 Python 模块，可以使用 pip 安装：

```
$ pip install scikit-learn
```

安装后，导入 K 均值算法：

```
In [60]: from sklearn.cluster import KMeans
```

K 均值算法需要指定聚类的数目 k。对于聚类问题，其聚类的数目没有严格的规定，可以根据实际情况选择，通常会选择多个数目进行比较分析，从而确定一个最优的数目。例如，选择 k=3，将《天龙八部》中对应人物的词向量聚成 3 类：

```
In [61]: k = 3
```

```
In [62]: label = KMeans(k).fit(vects).labels_
```

K 均值聚类算法会根据向量之间的距离，自动将这些向量分成 3 类，并在对象 label 中保存每个词向量对应的类别。

在 k=3 的情况下，label 的值可以取 0、1 或 2，分别表示属于第一、二、三类。

利用 label，可以将每一类对应的人物显示出来：

```
In [63]: for i in range(k):
    ...:     print("第{}类:".format(i+1))
    ...:     print(" ".join(chars[label==i]))
    ...:
第 1 类:
马五德 小翠 不平道人 甘宝宝 天狼子 太皇太后 无崖子 止清 天山童姥 本参
本观 本相 出尘子 冯阿三 古笃诚 兰剑 平婆婆 石嫂 司空玄 司马林 玄苦 玄生
玄痛 耶律莫哥 李春来 李傀儡 刘竹庄 朴者和尚 竹剑 阿洪 阿胜 波罗星
来福儿 努儿海 宋长老 苏辙 吴长风 辛双清 严妈妈 余婆婆 岳老三 张全祥
单伯山 单季山 单小山 单正 段正明 宗赞王子 苟读 华赫艮 郁光标 卓不凡
范百龄 哈大霸 吴光胜 梦姑 神山上人 神音 室里 姚伯当 幽草 哲罗星 龚光杰
贾老者 康广陵 容子矩 桑土公 唐光雄 奚长老 诸保昆 崔绿华 符敏仪 菊剑
梅剑 游骥 游驹 傅思归 葛光佩 缘根 鲍千灵 智光大师 褚万里 瑞婆婆 端木元
黎夫人 谭公 赫连铁树 谭青 摘星子 慧方 慧观 慧净 慧真 穆贵妃 薛慕华
吴领军 易大彪
第 2 类:
木婉清 王语嫣 乔峰 萧峰 阿朱 阿紫 段誉 段正淳 钟灵 虚竹 游坦之 慕容复
第 3 类:
刀白凤 丁春秋 马夫人 巴天石 邓百川 风波恶 公冶乾 包不同 乌老大 云中鹤
白世镜 本因 过彦之 玄慈 玄寂 玄难 叶二娘 左子穆 李秋水 全冠清 阮星竹
朱丹臣 阿碧 鸠摩智 耶律洪基 苏星河 段延庆 范骅 赵钱孙 钟万仇 秦红棉
徐长老 崔百泉 萧远山 慕容博 谭婆
```

可以看到，将人物聚成三类时，这些人物可以明显地被归为主角、配角和跑龙套三类。也可以使用 k=2 或 k=4, 5, ...对人名进行聚类，得到不同的分析结果，这里不再一一分析。

层次聚类（Hierarchical Clustering）是另一种常用的聚类算法。与 K 均值聚类只是简单给出各个向量所属类别不同，层次聚类可以得到一个层层递进的结构，用来表示聚类的层次。具体来说，层次聚类有两种实现形式：自顶而下的方式认为所有的向量都属于同一类，再按照某种方式对它们进行细分，直到每个向量都属于不同的类为止；自底而上的方式认为每个向量都属于同一类，按照某种方式（比如距离远近）对某些类进行合并作为新的类，直到所有向量都属于同一类为止。不管哪种方式，层级聚类算法都会保留整个细分或合并的过程，从而得到一个类似层级的结构。

在 Python 中，层次聚类的模块可以从 SciPy 模块中导入：

```
In [64]: import scipy.cluster.hierarchy as sch
```

换一本小说进行分析，先得到《倚天屠龙记》中所有人物对应的词向量：

```
In [65]: novel = "倚天屠龙记"
```

```
In [66]: chars = np.array([c for c in character_info[novel] if c in model.wv])
In [67]: vects = np.array([model.wv[c] for c in chars])
```

利用层次聚类函数 sch.linkage()对《倚天屠龙记》中人物的词向量进行层次聚类，再使用 sch.dendrogram()函数绘制出聚类结果对应的图像，并将图像中纵轴的坐标设置为词向量对应的文字：

```
In [68]: Y = sch.linkage(vects, method="ward")
In [69]: _, ax = plt.subplots(figsize=(5, 30))
In [70]: Z = sch.dendrogram(Y, orientation='right')
In [71]: idx = Z['leaves']
In [72]: ax.set_xticks([])
In [73]: ax.set_yticklabels(chars[idx], fontproperties=font_song)
In [74]: ax.set_frame_on(False)
In [75]: plt.show()
```

对于上面用法的细节，建议参考函数的帮助文档，这里不做详细介绍。考虑到生成的图片较长，为了方便，本书只展示部分聚类结果，如图 10-6 所示。

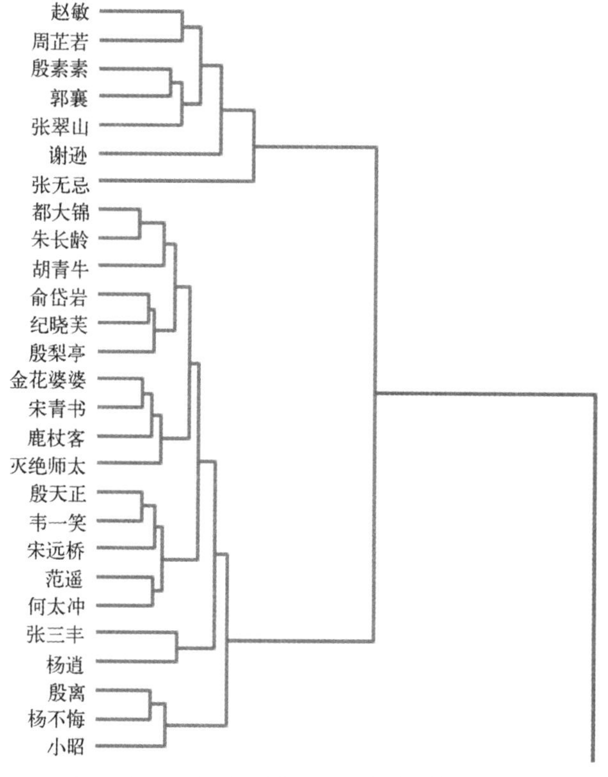

图 10-6 《倚天屠龙记》人物层级聚类（部分）

图 10-6 显示了层次聚类的部分结果。层次聚类的结果通常通过一种层级结果进行表示，例如，“赵敏”和“周芷若”组成一类，“殷素素”和“郭襄”组成一类，“殷素素”和“郭襄”组成的类与“张无忌”一个人在更高的层级组成一个新的类，以此类推，层层递进，直到所有的人物都属于同一个大类为止。

可以看到，图 10-6 中的部分聚类的结果对应于小说《倚天屠龙记》中的主要角色。与主角“张无忌”比较接近的人物有赵敏、周芷若、父亲张翠山、母亲殷素素以及义父谢逊，这比较符合剧情的设定。此外，书中与主角张无忌相关的另外三位女性角色“小昭、殷离和杨不悔”也被聚在了一起。层次聚类的结果可以从一定程度上反映出小说中的人物关系，也验证了词向量模型的合理性。

除了人物，还可以考虑对帮派名称进行层次聚类分析：

```
In [76]: chars = np.array([c for c inbang_info if c in model.wv])
In [77]: vects = np.array([model.wv [c] for c in chars])
In [78]: Y = sch.linkage(vects, method="ward")
In [79]: _, ax = plt.subplots(figsize=(5, 30))
In [80]: Z = sch.dendrogram(Y, orientation='right')
In [81]: idx = Z['leaves']
In [82]: ax.set_xticks([])
In [83]: ax.set_yticklabels(chars[idx], fontproperties=font_song)
In [84]: ax.set_frame_on(False)
In [85]: plt.show()
```

帮派聚类的部分结果如图 10-7 所示：

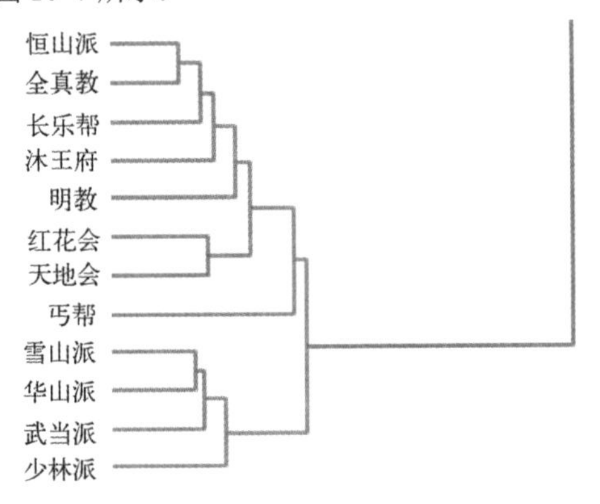

图 10-7　帮派层级聚类（部分）

从图 10-7 中可以看到，在小说中，被重点描述的主要帮派都被聚在了一起，例如少林派、武当派被聚在一类，红花会与天地会被聚在一类等。

最后，再看武功的聚类分析，对武功进行层次聚类：

```
In [86]: chars = np.array([c for c in kungfu_info if c in model.wv])
In [87]: vects = np.array([model.wv[c] for c in chars])
In [88]: Y = sch.linkage(vects, method="ward")
In [89]: _, ax = plt.subplots(figsize=(5, 30))
In [90]: Z = sch.dendrogram(Y, orientation='right')
In [91]: idx = Z['leaves']
In [92]: ax.set_xticks([])
In [93]: ax.set_yticklabels(chars[idx], fontproperties=font_song)
In [94]: ax.set_frame_on(False)
In [95]: plt.show()
```

武功层级聚类的部分结果如图 10-8 所示：

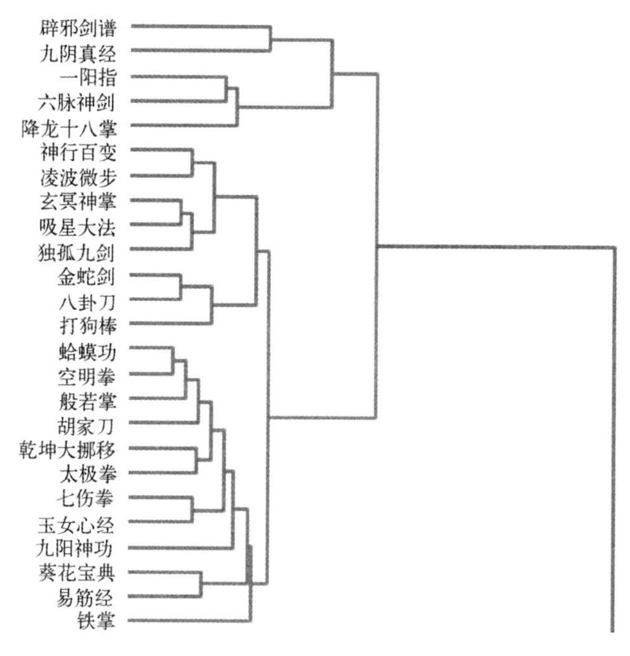

图 10-8　武功层级聚类（部分）

通过图 10-8 可以得到一些有趣的结果，比如一阳指和六脉神剑、神行百变与凌波微步等有相关性的武功被聚在了一起。聚类结果的好坏本身不存在一个固定的标准，通常聚类只作为一种手段，帮助更好地认知和理解数据。

10.5　本章学习笔记

本章通过使用 Python 分析中文小说这个案例，对数据分析的一些基本流程进行了介绍，可以帮助读者了解如何使用 Python 进行一些简单的数据分析处理。对于更高层次的案例和项目，则需要从实际问题出发，掌握相关的算法和知识，才能取得更好的分析结果。

学完本章，读者应该能够了解和掌握如何进行数据分析的几个基本步骤。

1. 本章新术语

本章涉及的新术语见表 10-1。

表 10-1　本章涉及的新术语

术　语	英　文	释　义
数据分析	Data Analysis	一个用统计分析方法对数据进行分析、提取有用信息和形成结论的过程
数据预处理	Data Preprocessing	将原始数据处理成特定格式的过程
词频	Word Frequency	某个单词在文本内容中出现的次数
词向量	Word Vector	一种用向量表示一个词的形式
独热编码	One-Hot Encoding	一种用 0-1 向量表示单词的方法
余弦相似度	Cosine Similarity	一种用夹角余弦大小衡量向量相似度的方法

（续）

术　语	英　文	释　义
聚类	Clustering	按照某种机制将一组对象分成多个类的过程
K 均值聚类	K-Means Clustering	一种基于距离的聚类方法
层次聚类	Hierarchical Clustering	一种层次的聚类方法

2．本章新函数

本章不涉及新函数。

3．本章 Python 2 与 Python 3 的区别

本章不涉及 Python 2 与 Python 3 的区别。

第 11 章 Python 案例 2：手写数字分析

近年来，机器学习的应用越来越流行，使用 Python 机器学习的技术对数据进行处理也逐渐成为一种通用的范式。本章将从一个手写数字分析的案例出发，简单介绍 Python 机器学习的应用。

本章要点：

● 通过案例了解机器学习的一些基本运作模式。

11.1 数据的获取与处理

手写数字数据集 MNIST 是一个经典的机器学习数据集，其官方网址为 http://yann.lecun.com/exdb/ mnist/index.html。

该数据集由 60000 万张图片训练集和 10000 万张图片测试集组成。训练集（Training Set）与测试集（Test Set）是机器学习研究中常用的概念，通常研究者在训练集上进行数据建模得到相应模型，并在测试集上测试该模型的效果指标。

很多 Python 的第三方机器学习模块已经将 MNIST 作为基础数据集集成在模块中，不过，本书为了给读者展示完整的机器学习分析流程，将从原始的官方网址进行数据的获取与处理。利用 urllib 模块和 gzip 模块，可以将数据从官方网址下载到本地的 mnist 文件夹：

```
import os
import urllib.request
import gzip
import shutil
if not os.path.exists('mnist'):
    os.mkdir('mnist')

def download_and_gzip(name):
    if not os.path.exists(name + '.gz'):
        urllib.request.urlretrieve(
            'http://yann.lecun.com/exdb/' + name + '.gz',
            name + '.gz'
        )
    if not os.path.exists(name):
        with gzip.open(name + '.gz', 'rb') as f_in,
             open(name, 'wb') as f_out:
            shutil.copyfileobj(f_in, f_out)
```

```
download_and_gzip('mnist/train-images-idx3-ubyte')
download_and_gzip('mnist/train-labels-idx1-ubyte')
download_and_gzip('mnist/t10k-images-idx3-ubyte')
download_and_gzip('mnist/t10k-labels-idx1-ubyte')
```

由于该数据为“.gz”压缩格式，需要使用 gzip 这个模块进行解压，同时使用 shutil.copyfileobj()函数对两个文件对象进行复制。

从官网的介绍可以知道，该数据集由四个文件组成，分别为训练集的图片和标记以及测试集的图片和标记，且数据格式为二进制格式，每个数据以 1B（即 8bit）存储，在 NumPy 中，1B 对应的数据类型为“uint8”，因此，可以利用 np.fromfile()函数读取这些数据：

```
import numpy as np
train_x = np.fromfile('mnist/train-images-idx3-ubyte', dtype='uint8')
train_x = train_x[16:].reshape((60000, 28 * 28)).astype(float) / 255
train_y = np.fromfile('mnist/train-labels-idx1-ubyte', dtype='uint8')
train_y = train_y[8:].reshape((60000))

test_x = np.fromfile('mnist/t10k-images-idx3-ubyte', dtype='uint8')
test_x = test_x[16:].reshape((10000, 28 * 28)).astype(float) / 255
test_y = np.fromfile('mnist/t10k-labels-idx1-ubyte', dtype='uint8')
test_y = test_y[8:].reshape((10000))
```

本书用 train_x、test_x 表示图像数据，train_y、test_y 表示数据对应的标记。

读取出来的数据可以使用 Matplotlib 可视化。利用 plt.imshow()函数，可以对训练集的前 100 个数字进行可视化，得到如图 11-1 所示的图像：

```
from matplotlib import pyplot as plt
imag = np.zeros((10 * 28, 10 * 28))
for i in range(10):
    for j in range(10):
        imag[i*28:(i+1)*28, j*28:(j+1)*28] = \
                        train_x[i*10 + j].reshape(28, 28)
plt.imshow(imag, cmap='gray')
plt.axis(False)
plt.show()
```

图 11-1　手写数据集可视化示意图

11.2　数据建模和效果分析

MNIST 数据集是一个经典的机器学习数据集，被用于各种机器学习基础算法的测试。其基本任务是一个数字的分类问题，即给定一张手写数字的图片，让计算机通过在训练集上建模得到一个模型，判断该数字所属的类别。模型的好坏以该模型在测试集上预测的准确率为评价标准。

本节将通过一些基础机器学习算法在 MNIST 数据集上的应用，给读者介绍 Python 中一些基础机器学习算法。受限于篇幅，本书对机器学习算法的细节不做过多的介绍。

1. K 近邻算法

K 近邻算法是一类最基础的分类算法。其基本思想很简单，在给定一组训练数据集的情况下，对于一个未知的数据，首先从训练数据集中找到与该数据最接近的 K 个训练数据，最终的分类结果由这 K 个训练数据的众数决定，即选择这 K 个训练数据中最多的那个分类作为最终结果。第三方模块 Scikit-Learn 已经实现了基础的 K 近邻算法。Scikit-Learn 模块可以通过 pip 或 conda 命令安装：

```
$ pip/conda install scikit-learn
```

利用该模块的子模块 sklearn.neighbors 中的 KNeighborsClassifier 类，可以给出 K=1，3，5，7，9 时 K 近邻算法的准确率。假设数据已经被导入为 train_x、test_x、train_y 以及 test_y，则 K 近邻算法的代码可以实现为：

```
from sklearn.neighbors import KNeighborsClassifier
for k in (1, 3, 5, 7, 9):
    neigh = KNeighborsClassifier(n_neighbors=k)
    neigh.fit(train_x, train_y)
    acc = neigh.score(test_x, test_y)
    print(f"{k=}, {acc=}")
```

该代码的输出结果为：

```
k=1, acc=0.9691
k=3, acc=0.9705
k=5, acc=0.9688
k=7, acc=0.9694
k=9, acc=0.9659
```

可以看到，当 k=3 时，预测的准确率是最高的。

2. 主成分分析降维后进行 K 近邻算法

多种算法可以组合使用来得到更好的结果。可以使用之前学到的主成分分析（PCA）算法，对原始数据降维到一个更好的表示空间进行 K 近邻。Scikit-Learn 模块在子模块 sklearn.decomposition 中提供了 PCA 类来完成 PCA 的降维。利用该类，可以得到维度分别为 10、20、30、40、50 时，K 近邻算法的效果：

```
from sklearn.neighbors import KNeighborsClassifier
from sklearn.decomposition import PCA
for n in (10, 20, 30, 40, 50):
    pca = PCA(n_components=n)
    pca.fit(train_x)
```

```
    train_x_pca = pca.transform(train_x)
    test_x_pca = pca.transform(test_x)
    neigh = KNeighborsClassifier(n_neighbors=3)
    neigh.fit(train_x_pca, train_y)
    acc = neigh.score(test_x_pca, test_y)
    print(f"{n=}, {acc=}")
```

程序输出的结果为：

```
n=10, acc=0.9244
n=20, acc=0.9686
n=30, acc=0.9743
n=40, acc=0.9748
n=50, acc=0.9752
```

3. 神经网络算法

在学术界和工业界，神经网络算法越来越成为热点的研究方向。神经网络算法全称人工神经网络算法，是一种模仿生物神经网络的结构进行数学建模的算法，用于函数的估计或求近似值。对于神经网络算法，Python 有很多有效的第三方模块（如 TensorFlow 或 PyTorch 等）实现，本书使用 TensorFlow 作为演示神经网络的模块。TensorFlow 模块可以通过 pip 或 conda 命令安装：

```
$ pip/conda install tensorflow
```

考虑到兼容性问题，对于 Windows 用户，本书建议读者使用 conda 安装。本书使用的 TensorFlow 版本为 2.8.0。TensorFlow 中有非常多的接口与功能，受限于篇幅，本书不能对其一一介绍，仅使用一些非常基础的功能来完成程序的演示。本书使用 Keras 接口来完成基础神经网络的构造。Keras 是基于 TensorFlow 的一个高级神经网络接口，其官网地址为 https://keras.io/。

利用 Keras，可以构建一个简单的神经网络，建模代码如下：

```
import tensorflow as tf
from tensorflow import keras
from tensorflow.keras import layers
model = keras.Sequential(
    [
        keras.Input(shape=(28 * 28,)),
        layers.Dense(512, activation='relu'),
        layers.Dense(10, activation='softmax')
    ]
)
model.summary()
model.compile(loss="sparse_categorical_crossentropy",
              optimizer="adam",
              metrics=["accuracy"])
model.fit(train_x, train_y, batch_size=128, epochs=15, validation_split=0.1)
score = model.evaluate(test_x, test_y, verbose=0)
print("Test loss:", score[0])
print("Test accuracy:", score[1])
```

该神经网络仅有一个 512 维的隐藏层，经过隐藏层后，直接得到数字属于各类的概率。这个神经网络的准确率约为 0.9837，由于神经网络的部分参数存在随机性，该值每次运行的结果不一定一致。

可以修改网络结构，使用更复杂的网络得到更好的结果：

```
model = keras.Sequential(
    [
        keras.Input(shape=(28 * 28,)),
        layers.Dense(512, activation='relu'),
        layers.Dense(256, activation='relu'),
        layers.Dense(128, activation='relu'),
        layers.Dense(10, activation='softmax')
    ]
)
```

该神经网络增加了多层神经网络结构，该结构的准确率约为 0.9822。

使用带 Dropout 机制的神经网络：

```
model = keras.Sequential(
    [
        keras.Input(shape=(28 * 28,)),
        layers.Dense(512, activation='relu'),
        layers.Dropout(0.1),
        layers.Dense(256, activation='relu'),
        layers.Dropout(0.1),
        layers.Dense(10, activation='softmax')
    ]
)
```

该结构的准确率约为 0.9829。

使用图像中常用的卷积神经网络：

```
model = keras.Sequential(
    [
        layers.Reshape((28, 28, 1), input_shape=(28*28,)),
        layers.Conv2D(32, kernel_size=(3, 3), activation="relu"),
        layers.MaxPooling2D(pool_size=(2, 2)),
        layers.Conv2D(64, kernel_size=(3, 3), activation="relu"),
        layers.MaxPooling2D(pool_size=(2, 2)),
        layers.Flatten(),
        layers.Dropout(0.5),
        layers.Dense(10, activation="softmax"),
    ]
)
```

该结构的准确率约为 0.9918。

11.3 本章学习笔记

本章以对 MNIST 手写字体数据集的处理为例，对一些常用的机器学习算法的应用进行了简要介绍，可以帮助读者了解如何使用 Python 进行一些基础的机器学习处理。对于更高层次的应用，则需要从实际问题出发，掌握相关的算法和知识，才能取得更好的结果。

学完本章，读者应该做到了解机器学习处理数据的几个基本步骤。

1．本章新术语

本章涉及的新术语见表 11-1。

表 11-1　本章涉及的新术语

术　语	英　文	释　义
训练集和测试集	Training and Testing Set	机器学习数据集的一种划分方式

2．本章新函数

本章不涉及新函数。

3．本章 Python 2 与 Python 3 的区别

本章不涉及 Python 2 与 Python 3 的区别。